海洋文明研究

Maritime Civilizations Research

（第一辑）

苏智良　主编
薛理禹　执行主编

中西書局

U0795524

发刊词

苏智良*

记得有人说，中华文明是黄色的文明。滔滔黄河之滨，广袤黄土之上，华夏祖先栽种粟米，烧土制陶，造就了发达的农耕文明。农耕文明，不仅是世代炎黄子孙安身立命的根本，也是历代中原王朝开疆拓土的基石。黄色，是土地的颜色，是中原人民生活的基调，也是中原专制皇权的象征。

然而，单一的黄色，并不能囊括全部中华文明。数千年来，东海之滨，江南地区，南海之畔，岭南大地，另一种蔚蓝色的海洋文明也在潜滋暗长。海滨的贝丘遗址告诉后人，海洋同样也能提供丰富食材，养育我们的祖先。漫漫历史长河中，海洋从未成为人类的禁地。划着独木舟，远古的先民远渡汪洋，将足迹从东亚大陆延伸到太平洋上的大小岛屿。越人就是优秀的航海民族，凭借高超的造船技术，驰骋于东南海域。一代代中国人不惧风浪险阻，驾驭帆船，勇敢地踏上艰险莫测的海上之旅，或为经商贸易，或为寻求真知，或为传播文化，或为寻求生机……

浩瀚的历史长卷中，海洋赐予人们的恩惠数不胜数。比如海上贸易，不仅推动商品流通，也促进了物种传播，不仅使沿海地域兴起无数的繁荣港市，也给长期地狭人稠的东南海疆带来宝贵的发展机遇。历史上东南沿海的国际都会——唐代的扬州、广州，宋元的杭州、泉州，皆是商贾云集，百货凑聚，繁盛异常，无不归因于对外贸易的开放。绚烂的思想文化，也通过海路远涉重洋，给世界的文明进步带来深远影响。尤其是十五世纪后，新航路的开辟催生了大航海时代，东亚与西方通过海路骤然接近，海上贸易急剧扩大，科技与思想文化交流日益频繁。全球化时代终于来到了！由此开始，称雄于海洋，就能引领全球；重视海洋文明，就意味着不落后于世界。

与其说陆以洋分，毋宁说陆以洋合。中华文明是多元文明，它以农耕文明为主，也包容游牧文明和海洋文明，海洋文明是中华文明的源头之一和组成部分。

可悲的是，在古代中国，沿海民众从海洋文明的发展中获益，而统治者却对蓝色海洋深感恐惧。在后者的眼中，海上贸易的利润无足轻重，而臣民与海外的交流却足以对专制统治构成威胁，于是一道道海禁法令接踵而至，甚至让严酷异常的迁海令荼毒数十载，中国的海洋文明遭受到前所未有的困境——不仅是物质上的巨大损失，更是精神上的横遭摧残。长期的禁海锁国，让中华民族终究错失了与世界接轨的良机。蓝色文明之殇，终究是国之殇。

---

* 作者简介：苏智良，中国史学会理事、上海历史学会副会长、上海师范大学学术委员会主任、上海师范大学人文与传播学院院长。

迈入近代后，随着五口通商，沿海城市进入近代化进程，我国也逐渐融入全球化。广州、上海、天津等沿海城市的崛起，逐渐形成海陆联动的发展方式，这种文明的转变是海洋文明的一种表现。改革开放以来，我国的经济和社会发展突飞猛进，上海、宁波、深圳……越来越多的港口跻身世界名港之列。在文化上，冒险、开放、商业契约等海洋文明的精神日益宏扬，具有现代性、开放性、包容性、时尚性和创造性的特征。如今，走向海洋，已成为国家的远大战略。

然而，中华海洋文明的特征是什么？哪些因素促进了中华海洋文明的发生与发展？我们的海洋文明史阶段怎样划分？如何进行我们的海洋叙事？南方沿海地区与北方沿海地区的相同与差异是怎样的？这些问题需要我们去研究、探索与解答。

当下，研究海洋文明，探索蓝色海疆，是时代的召唤、国家的希冀，也是本刊创办的初衷。我期待作者与读者一道努力，促进中国海洋文明史的研究。

目　录

南宋的海防体系及其职能

黄纯艳*

摘　要：北宋以西北三路陆防为主，未建立海防体系，而南宋背海立国，十分重视海防建设，设立了海防水军和兵寨，形成了以浙西路沿海诸兵寨、浙东路明州诸兵寨和淮东路沿海兵寨构成的北方海防体系，其主要职责是拱卫临安，实际作用主要是弹压海盗；浙东路台州、温州，福建和广南两路沿海兵寨构成了南方海防体系，其主要职责是保卫沿海社会和海上贸易的安全，主要作用也是弹压海盗。南宋海防体系在保障沿海社会稳定和海上贸易安全方面发挥了积极作用，但在对外防御中实际作用甚微。

关键词：南宋　海防体系　职能

北宋边防重心是以沿边三路为主的陆防，海防处于次要地位。南宋西部边防以川陕和荆襄陆防为主，鄂州以东则以江海防为重心。南宋对海防的高度重视和严密举措是以往历代所未曾有过的。现有研究对于南宋海防的水军设置、海防机构、防御体系及其运行等，强调了海防"在南宋的国防格局中具有事关全局的地位"，但海防区域格局及其区别、人员和兵寨配置，以及海防的防卫特点等仍可进一步讨论。① 南宋海防发挥了怎样的实际作用也是需要重新评价的问题。特别需要从南宋海防防御目标的战略设计和实际功能等角度作客观的评述。

一、北宋海防的设置及特点

戴埴认为，只有三国等分裂时期"南北分境，仗以防江。建炎南渡始有防海之说"②，即南宋才开始有了海防。如果从建构海防体系、建立海防观念的角度说，南宋才有了海防之说是成立的。北宋没有成熟的海防经验可借鉴，如汪应辰所说"海道用兵，自昔未有著其法者"③，宋代以前各代都没有。但是，北宋时已有了局部的海防措施。北宋边防重心是西北沿边三路的陆防，

* 作者简介：黄纯艳，云南大学历史学院院长，上海师范大学人文与传播学院兼职教授。

① 顾宏义：《南宋两浙沿海的水军》，载朱瑞熙等主编《宋史研究论文集》第十一辑，巴蜀书社 2006 年；王青松：《南宋海防初探》，《中国边疆史地研究》2004 年第 3 期。

② 戴埴：《鼠璞》卷上《防海》，文渊阁《四库全书》影印本。

③ 汪应辰：《文定集》卷二《措置海道回奏》，文渊阁《四库全书》影印本。

但也并非如宋人所说"自与北朝通好,不曾根究海上北界"。实际上在河北路和京东路也有针对辽朝的海防。熙宁八年(1075)朝旨规定登州有"刀鱼战棹司每季那巡检一员,将带兵甲,下北海驼基岛驻札,系以驼基石为界"。政和八年登州升为边州,"登州与北界渤海水路相望,虽称四百里之远,缘风顺一日可到。今升为边州,所以戒不虞也"。有臣僚上奏进一步扩大海防的巡防范围,"驼基孤外,乞以末岛、鸣呼岛为界。自末岛之南,又有钦岛,逐岛各乞添置卓望兵员,往来巡逻。如此,则缓急不致失事"。①

苏轼详细地叙述了北宋京东路各州的海防情况:"登州地近东北,号为极边,塞外山川隐约可见,便风一帆奄至城下。自国朝以来常屯重兵,教习水战,旦暮传烽以通警急。每岁四月遣兵戍驼基岛,至八月方还,以备不虞。自景德以后屯兵常不下四五千人,除本州诸军外更于京师、南京、济、郓、兖、单等州差拨兵马屯驻。"庆历二年(1042)"创置澄海水军、弩手两指挥,并旧有平海两指挥并用,教习水军以备警急,为京东一路捍屏。敌知有备,故未尝有警"。"近岁始差平海六十人分屯密州信阳、板桥、涛洛三处","更差澄海一百人往莱州,一百人往密州","今后登州平海澄海四指挥兵士并不得差往别州屯驻"。② 除了防辽,也同时防御海盗。北宋登州有海盗。刘涣知登州时,"益治刀鱼船备海寇,寇不敢犯"③。王仲宝还曾专门受命"乘驿捕登州海贼百余人,获之"④。"京东路青、密、登、莱、潍五州边近大海,自来逐州沿海巡检司各有入海捕贼刀鱼战棹船"⑤。沿海各州都有防御海盗的机构和兵船。

京东路沿海因为对辽防御而受到特别的重视。北宋除在京东路,特别是登州地区设立了专门的海防机制外,其他各路沿海的防卫还是混同于陆防,且尚未得到有意识的重视。以福建路情况为例:宋仁宗以前"福建路沿海州军与外界水路通接,自来未曾别作防备"⑥,更未设置海防水军。庆历四年福建沿海四州设都巡检,"漳、泉、福、兴都巡检内殿崇班林克勤营军员兵级二百九十一人,置廨宇于泉州惠安,后分置永泰县辜岭"。元丰二年(1079)因提刑闾丘孝直"请沿海州军控扼地分移置巡检","于是辜岭都巡检寨移闽县方山渡北岸置"。⑦ 该年宋神宗令"新差知福建曹某候到任,专切用心经制。应系沿海地分,外寇可来之处立便擘画防扼设备",泉州、福州、漳州、兴化军等海边州军海口设置了镇寨,派驻巡检,"把扼海路"。至和、嘉祐年间蔡襄在福建还看到四州分设巡检的情况:"福州闽安镇把港及钟门巡检一员,在海上封桩舶船;泉州有同巡检一员,去城七里,每年下海封桩舶船;漳州旧有黄淡头巡检一员,号为招舶,亦是夏间下海;兴化军巡检一员,却在兴化县山中,去军城百里,海上别无巡检。"而且"漳州黄淡头巡检后因转运使高易简奏,移置龙岩县山中大池驿,去州七日,防备盗贼,因此废罢招舶"。⑧

沿海州军士兵没有水战训练,完全形同虚设,"逐州兵士并不会舟船,出入海路,收捉茶盐,如遇贼人斗敌,多被贼船惯习水势,立见伤损",完全没有贯彻和体现宋仁宗"沿海州军要得兵甲

---

① 《宋会要辑稿·兵二九》,上海古籍出版社 2014 年,第 9239 页。

② 苏轼撰,张志烈等主编:《苏轼全集校注·文集》卷二六《登州召还议水军状》,河北人民出版社 2010 年,第 3005—3006 页。

③ 《宋史》卷三二四《刘涣传》,中华书局 1977 年,第 10493 页。

④ 《宋史》卷三二五《王仲宝传》,第 10513 页。

⑤ 陈次升:《谠论集》卷二《上徽宗乞修战船状》,文渊阁《四库全书》影印本。

⑥ 蔡襄撰,吴以宁点校:《蔡襄集》卷二一《乞相度沿海防备盗贼》,上海古籍出版社 1996 年,第 369 页。

⑦ 《淳熙三山志》卷一八《兵防》,《宋元方志丛刊》本,中华书局 1990 年,第 7932—7933 页。

⑧ 蔡襄撰,吴以宁点校:《蔡襄集》卷二一《乞相度沿海防备盗贼》,第 370 页。

习会水战以防急缓”的原意。蔡襄建议恢复兴化军和漳州沿海巡检，设“漳州管界巡检，去城五里，却令兼带招舶，每年出海。兴化军管界巡检移近军城，给与舟船，令往来海上巡警”，并恢复“福、泉、漳州，兴化军旧有刀鱼船及巡检司。入海舟船量与修整，旧有舟船亦乞量置五七只。其宣毅兵士差下巡检司，并令教习舟船，谙习水势”①，使其稍具防海的能力。

但是福建沿海四州巡检士兵的来源还是步兵，数量也十分有限。四州都巡检熙宁五年就整差拨巡检下厢禁军，“定二百人为额，从福州差拨步军”。元丰三年闰九月“巡检下例招土兵。唯都巡检以地分阔远，仍旧轮差就粮禁军、教阅厢军。宣和令格复以一百七十五人为额。六年，京东安抚使董正封条具收捕盗贼利害，应都巡检下士军乞依一指挥以上三百人为额”②。据上述，可见北宋福建路尚未设置专门的海防水军，沿海各州虽设巡检，但都用步军，宋仁宗后期设置了针对海上防御的巡检或兵寨，但兵力有限，多则三百人，少则一百七十五人，且缺乏训练。

不仅福建如此，广南也是这样。广南沿海“自南汉之后，海贼子孙相袭，大者及数百人，州县苦之”③，存在海盗之患。北宋时广南设有“东西海巡检战棹刀鱼船”和“廉、钦州沿海战棹都巡检”，又有战棹司，熙宁十年宋朝对交趾用兵时“战棹司舟船与贼战斗，颇有杀伤”。广州还设有战船场使臣一员。④ 这些机构负有海防之责。太平兴国中，杨允恭任广州市舶使兼广连都巡检使，广南沿海海盗仍然十分猖獗，“贼有叶氏者，众五百余，往来海上。允恭集水军，造轻舠，掩袭其首，斩之。余党弃船走，伏匿山谷，允恭伐木开道，悉歼焉。贼寇每遇风涛，则遁止洲岛间。允恭领众涉海，捕之殆尽，贼皆望风奔溃。又抵漳、泉贼所止处，尽夺先所劫男女六十余口还其家”⑤。海盗甚至肆虐于两浙、福建到广南沿海。仁宗朝，军贼鄂邻流窜于海上，成为海盗，“沿海诸州军长吏处置乖方，人户骚动”。北宋时出现这样的大股流窜海盗时，朝廷会派捉贼使臣。宋仁宗曾任命李元伯为捉贼使臣，从两浙沿海追捕鄂邻，直到广南。⑥ 但北宋还未见设置专门的海防水军。直到南宋初，福建和广南“两路帅司，并无战舰水军，遇有海寇，坐视猖獗，不能进讨，止是于沿海摆布些小兵卒，为保守之计”⑦。直到绍兴三十二年(1162)，广南西路经略安抚提刑司还说到“广西琼、雷、化、钦、廉等州自来不曾置水军，遇有海贼冲犯，如蹈无人之境”。该年招募水军四百，用先锋战船六只，面阔一丈六尺，又大战船四只，面阔二丈四尺，二百人在雷州驻扎，二百人于琼州驻扎，⑧才有了海防水军。

可见，北宋除在山东设置了数量有限的海防水军外，两浙、福建和广南的海防主要依靠巡检土兵，出现大股海盗时则由朝廷派遣捉贼使臣，海防设置总体而言还比较薄弱，更未形成海防体系。

---

① 蔡襄撰，吴以宁点校：《蔡襄集》卷二一《乞相度沿海防备盗贼》，第 371 页。

② 《淳熙三山志》卷一八《兵防》，第 7932—7933 页。

③ 《宋史》卷三〇九《杨允恭传》，第 10160 页。

④ 《续资治通鉴长编》卷六六“景德六年八月癸丑”、卷三三七“元丰六年七月乙丑”、卷二八一“熙宁十年三月戊午”、卷一七六“至和元年六月丙申”，中华书局 2004 年，第 1485、8131、6882、4263 页。

⑤ 《宋史》卷三〇九《杨允恭传》，第 10160 页。

⑥ 蔡襄撰，吴以宁点校：《蔡襄集》卷二一《论军贼王伦》，第 365—367 页。

⑦ 李纲：《李纲全集》卷八二《论福建海寇札子》，岳麓书社 2004 年，第 829 页。

⑧ 《宋会要辑稿·方域一八》，第 9625 页。

二、南宋江海防体系的构建

相对于北宋而言,南宋海防有了质的变化。南宋初对江防和海防作了地理的分界。建炎三年(1129)以"吏部郎官郑资之除沿江措置防托,监察御史林之平为沿海措置防托,并许辟置僚属。所管地分,之平自杭州至太平州,资之自池州至荆南府"。"(郑)资之请募客舟二百艘,分番运纲把隘,(林)之平请募海舟六百艘防扼。""林之平自(建炎三年)春初遣诣泉、福,召募闽、广海舟,为防托之计,故大舟自闽中至者二百余艘。"①即太平州以下长江段直至杭州都划为海防范围。孝宗朝基本稳定为将浙西路常州、江阴军、平江府沿江纳入海防,浙西路镇江府和江东路建康府及其以上则划为江防。乾道三年(1167)知建康史正志兼沿江制置使,"自建康至鄂渚舟师并令总之"②。镇江设防江军,另有都统司。但在长江口附近,江海防的划分不是绝对的。平江府许浦水军主要职责是海防,但"累蒙朝廷调遣本司兵船前去建康,直至江、池、鄂渚应援,防护江面"③。

(一)南宋海防机构和海防水军的设置与分布

南宋初曾试图从淮东、两浙到福建,建立统一的海防体系,设立了统领闽、淮、两浙四路海防的机构。绍兴二年五月,以仇悆充"福建、两浙、淮东沿海制置使","置司平江之许浦镇"。同年七月吕颐浩建议:金朝从海道北来,航路有二:一是从深海直至定海县(称浙东航路);二是自通、泰沿海岸南下,直至临安府江岸(称浙西航路),"万一有警,制置一司必不能照应两路事宜。乞令仇悆管浙西、淮东路,别差一员管浙东、福建路"④。于是以仇悆为浙西沿海制置使,置司许浦镇,吕源为浙东、福建沿海制置使,置司定海县,分为两个海防体系。

金朝退兵以后,沿海制置司看似已成闲余机构。绍兴二年十二月有臣僚提出,浙西沿海制置使仇悆"别无措置,但责巡尉分地而守,州县官皆可任此事"。浙东、福建沿海制置使"吕源在浙东,尤为端闲"。于是绍兴三年六月宋高宗"诏省浙东沿海制置司","(吕)源俟来春结罢,其海舟令明州守臣兼领"。只是因为"控扼山东海道,尚为不可废者",乃命"(仇)悆移司定海县,并浙东领之"。⑤ 仇悆以知明州兼沿海制置使,统领淮东、浙西两路和浙东路海防。福建路海防事务不再归属沿海制置使管辖。绍兴三年七月以郭仲荀知明州兼沿海制置使。⑥

此后沿海制置司几经分合。绍兴六年十月为加强对金朝的海上防卫,强调"通州管下料

① 《宋会要辑稿·兵二九》,第9253页;《建炎以来系年要录》卷二〇"建炎三年二月庚申"、卷三〇"建炎三年十二月己卯",中华书局2014年,第464、685页。

② 周应合:《景定建康志》卷二五《制置司》,《宋元方志丛刊》本,中华书局1990年,第1734页。王应麟《玉海》卷一三二《绍兴制置使大使》载同事称"总建康至鄂渚舟师"(第2445页)。《宋史》卷三四《孝宗二》称,知建康府史正志兼沿江水军制置使"自盐官至鄂州沿江南北及沿海十五州水军悉隶之",江苏古籍出版社1987年,第641页。今从《景定建康志》及《玉海》。

③ 范成大:《吴郡志》卷五《御前许浦水军寨》,《宋元方志丛刊》本,中华书局1990年,第722页。

④ 《宝庆四明志》卷三《置司官》,《宋元方志丛刊》本,中华书局1990年,第5027页。

⑤ 《建炎以来系年要录》卷六一"绍兴二年十二月丙申",第1213页。

⑥ 王应麟:《玉海》卷一三二《绍兴制置使大使》,广陵书社2003年,第2446页。

角最系贼船来路紧切控扼去处”，又以梁汝嘉为浙西、淮东沿海制置使，王彦副之，[①]机构以“浙西、淮东路沿海制置使司”为名，实际又恢复了分路负责的格局，[②]只是绍兴三十二年在宋金交战状态下一度临时以李宝为浙东、西、通、泰、海州沿海制置使。[③] 自仇悆开始，知明州所兼沿海制置使不再冠以浙东、福建沿海制置使而仅称沿海制置使，直属枢密院，名籍、财用、器甲、船具之数季月一报枢密院，军情三日一报枢密院及尚书省，[④]管辖范围“以绍兴府，温、台、明州为地分”。绍兴八年令以浙东安抚使知绍兴府兼使司，绍兴十年恢复以知明州兼任。十一年罢沿海制置司，隆兴元年(1163)复置司，“仍以绍兴府，温、台、明州为地分”，所部州县军兵、将官、巡尉及本地分内屯泊官兵并听节制。[⑤] 浙西、淮东沿海制置司后废罢。孝宗朝浙西水军先后改隶殿前司和御前军，于许浦置水军都统司，统管浙西路沿海水军，称御前水军。[⑥]浙西江阴军、顾迳、澉浦水军都归属于许浦水军都统司管辖，[⑦]负责浙西沿海和长江口的海防。

设于明州的沿海制置司有三个基本特点。一是知明州兼沿海制置使成为稳定设置，隆兴元年赵子潚以知明州兼沿海制置使以下，赵伯圭(两次出任)、张津、赵恺(两次出任)、赵彦逾、韩元礼、赵善湘、叶梦鼎等都是以知明州(庆元府)兼沿海制置使。[⑧] 二是沿海制置司已经成为只负责浙东一路海防的机构，即“以绍兴府，温、台、明州为地分”。韩元礼称“温、台、明、越四郡海道辽阔，盗贼出没不常。州县各顾其私，不相统一，出彼入此，无由捕获。于是专立沿海制置一司以统之，假以刺举之权，故能使沿海州县戮力一心，不敢私自纵容，盗贼无所隐庇”[⑨]。仇悆和赵伯圭也曾说“温、台、明、越四州地分阔远，海道浩渺，欲自越州至温沿海处，随宜并置烽火，以相应接”，“温、台、明州海道有贼出没，已捕获贼徒”。[⑩] 他们在沿海制置使任上也仅考虑浙东路的海防问题。三是沿海制置司同时管辖沿海州县军事，即所部州县军兵、将官、巡尉及本地分内屯泊官兵并听节制。

浙东沿海制置司水军南宋初人数不详。绍兴十一年“兵随司罢”，罢除沿海制置司水军。三十一年宋金开战，明州城下复屯殿前司水军二千人。隆兴元年沿海制置司复置，正值海寇朱百五等猖獗，这二千殿前司水军归知明州兼沿海制置使赵子潚指挥。二年，寇平，赵子潚奏请朝廷

---

① 王应麟：《玉海》卷一三二《绍兴制置使大使》，第 2446 页。

② 《宋会要辑稿·职官四〇》，第 3992 页。

③ 《宋会要辑稿·兵一八》，第 8999 页。

④ 《宝庆四明志》卷七《制置司水军》，第 5069 页。

⑤ 《宝庆四明志》卷三《置司官》，第 5027 页。《宋会要辑稿·职官四〇》载：绍兴九年正月应知绍兴府充浙东路安抚使周秘上奏称，虽已有沿海制置司归并浙东安抚司之令，而无其实，浙东安抚使职衔亦不带兼沿海制置使字。该年经周秘奏请，浙东安抚司才兼沿海制置司职事，仅一年，又恢复知明州兼沿海制置使旧制。见第 3992 页。

⑥ 《建炎以来朝野杂记》甲集卷一八《平江许浦水军(江阴、左翼、摧锋、延祥、江上水军)》，中华书局 1990 年，第 422 页。

⑦ 《建炎以来朝野杂记》甲集卷一八《平江许浦水军(江阴、左翼、摧锋、延祥、江上水军)》，第 422 页；《宋史》卷一八八《兵志二》，第 4633 页。

⑧ 参《宋会要辑稿·职官六〇》、《选举三四》、《职官四〇》、《职官三七》，第 3993、3994、4684、5918 页；《宋史》卷二四七《赵彦逾传》、卷四一三《赵善湘传》、卷四一四《叶梦鼎传》，第 8768、12402、12434 页。

⑨ 《宋会要辑稿·兵一三》，第 8876 页。

⑩ 《宋会要辑稿·兵二九》，第 9255 页；《选举三四》，第 5916 页。

将二千水军留用于明州,并再“乞招置水军一千人”,“自是明州驻兵为额三千”。乾道七年沿海制置司统制林文“自福州带来水手一千,拨付兵额,始有四千人”。正因为重新恢复后的沿海制置司基础兵员来自殿前司,所以武官设置皆依殿前司体制,即“制置水军本殿司,故有统制、统领以统之”①。乾道五年“以明州定海县水军为御前水军”②,但沿海制置司仍然存在。

绍兴三十年“浙西及通州皆有海舟,兵稍合万人”③。这是对金战事将起的特殊形势下各地调集的兵马,非浙西水军的定额。乾道中,浙西水军先后改隶殿前司和御前军,以许浦水军都统司统管浙西路及楚州等淮东路沿海水军,最初“以三千人为额”④,《吴郡志》直接称“御前许浦水军”。乾道七年以七千人为额,淳熙三年(1176)因冯湛奏请增额五百人,五年又因于友奏请再增额五百人。⑤《琴川志》称浙西“水军凡八千人”⑥,应该就是指淳熙五年的数额。以后又陆续增加。绍熙元年(1190)增福州寄招梢碇水手三百二十人,续增水手一百八十人;嘉泰四年(1204)招募贩倭人二十人;开禧二年(1206)增招收三色军兵五百人、效用一百人;嘉定十五年(1222)增招梢碇水手八百四十人,“与元管军兵总以万人为额”⑦。宝庆元年(1225)许浦水军又增招至一万四千人。⑧

许浦都统司水军分屯于江阴、顾迳、澉浦等地,都统司“兵额虽曰万人,除分屯顾迳、黄鱼垛、江阴寨及楚州管下淮海等处捍御,出江下海,巡捕盗贼,诸杂轮流差使,逃亡名阙外,许浦在寨人数无几”⑨。分屯于江阴的水军,乾道四年初置三百人,后“自泉州调发”二千人,沿海制置司驻屯千人,“逮淳熙末,累增至四千人”。⑩ 顾迳水军淳熙间为五百人,后增五百人,又增千人,达二千人。宝庆元年顾迳水军又“增招二千人”⑪。澉浦水军初于“淳祐间拨许浦水军百人于长墙山下,岁易一戍”。开禧元年始置澉浦水军寨,屯一千五百人。⑫ 绍兴三十年“遣明州水军三百戍昆山黄鱼垛,巡捕槽船之为盗者”⑬。但许浦水军分屯黄鱼垛人数不详。浙西水军还有“常州管下魏村镇水军寨,定额五百人,实仅三百五十人”⑭。乾道五年淮东路通州置水军,⑮人数不详,属许浦水军都统司管辖。

福建水军主要是殿前左翼军水军和安抚司巡检水军。左翼军由绍兴年间屯驻福建的殿前司军扩编而成。绍兴十八年应泉州士民之请,朝廷命殿前司刘宝军留驻闽中,以备盗贼,与福建

① 《宝庆四明志》卷七《制置司水军》,第5068—5069页。
② 《宋史》卷三四《孝宗二》,第647页。
③ 《建炎以来系年要录》卷一八六“绍兴三十年九月己丑”,第3603页。
④ 《建炎以来朝野杂记》甲集卷一八《平江许浦水军(江阴、左翼、摧锋、延祥、江上水军)》,第422页。
⑤ 范成大:《吴郡志》卷五《御前许浦水军寨》,第722页。
⑥ 《琴川志》卷一《许浦水军寨》,第1163页。
⑦ 范成大:《吴郡志》卷五《御前许浦水军寨》,第722页。
⑧ 范成大:《吴郡志》卷五《御前许浦水军寨》,第722页;《琴川志》卷七《许浦御前水军》,第1218页。
⑨ 范成大:《吴郡志》卷五《御前许浦水军寨》,第722页。
⑩ 《建炎以来朝野杂记》甲集卷一八《平江许浦水军(江阴、左翼、摧锋、延祥、江上水军)》,第422页;《宋史》卷一八八《兵志二》,第4633页。
⑪ 范成大:《吴郡志》卷五《御前许浦水军寨》,第722页;《琴川志》卷七《许浦御前水军》,第1218页。
⑫ 常棠:《澉水志》卷上《军寨门》,第4633页;《宋史》卷一八八《兵志二》,第4633页。
⑬ 《宋史》卷三一《高宗八》,第595页。
⑭ 黄震:《黄氏日抄》卷七一《总所差踏江北三沙围田回幕申提刑司状》,文渊阁《四库全书》影印本。
⑮ 《宋史》卷一八八《兵志二》,第4633页。

安抚司部分军队合编为殿前司左翼军，共二千七百七十五人，并听刘宝节制。次年安抚司再拣选一千五百人，绍兴二十五年复招刺吐浑一千五百人，驻扎泉州，漳州亦屯戍三百人。① 此后的左翼水军有三千人。② 左翼军水军设置级别低于许浦水军。“许浦系御前水军，置副都统制”，而“左翼止差统制官”。③

广东水军南宋初人数不详，“乾道五年增至二千人”，即摧锋军水军二千人。另有潮州水军“乾道四年置，二百人”④。淳熙四年二月下诏“镇江、建康府，池、鄂州都统司御前水军、沿海制置司、武锋军，各于所管水军正、副将内，选择大使臣以上，能统众、曾于海道立功之人，保明一员，申枢密院”⑤，从中选拔广州水军统领。可见南宋对广东水军建设的重视。广西琼、雷、化、钦、廉等州自来不曾置水军，绍兴三十二年招募水军四百，于琼州和雷州各屯驻二百人。⑥

除了殿前司、御前、沿海制置司，以及左翼军、催锋军等正规水军外，地方的巡检所辖土兵和县尉所辖弓手也是海防力量的组成部分。江海防“有刀鱼船战棹巡检，江、河、淮、海置捉贼巡检”，“凡沿江沿海招集水军，控扼要害及地分阔远处，皆置巡检一员，往来接连，合相应援处则置都巡检以总之”⑦。各路皆设巡检，属安抚司。浙东路“绍兴府余姚县眉山、三山、庙山诸寨，皆系沿海控扼去处。内安抚司水军统辖眉山寨驻札一员，三山、庙山寨官各一员，并明州沿海制置司海道干当使臣三员，并专以捕盗为职”⑧。明州有九寨巡检土军，共一千四百八十三人，“与定海水军相为犄角”⑨。其中三姑、烈港、海内、岱山、管界五寨兵额一千一百一十八人。名义上沿海制置司可以节制安抚司系统的土军，“土军亦听水军统制节制”，但节制常常是徒有其名，“虽听水军节制，然各有寨官统辖，无舟船可以往来，水军相去遥远，所谓节制者皆具文”。⑩ 浙西路沿海也有土兵，许浦巡检寨、福山巡检寨和白茆巡检寨各有土兵一百四十四名，淳祐九年(1249)置福山水军、江湾水军三百人，⑪同时有防江防海之责。

福建路左翼水军人数不多，安抚司辖下巡检土兵担负着重要的海防职责。福州管辖的最重要的巡检寨是连江县荻芦寨和侯官县延祥寨。绍兴六年七月福建安抚司“奏置水军三百人，分隶福、兴、漳、泉都巡检(荻芦、延祥)两寨，每寨一百五十人”，“以安抚使司水军统领兼福、兴都巡检使”。绍兴九年四月福建都巡检迁于荻芦寨。此后福建水军人数总体不断增加。绍兴二十八年应福建安抚司奏请，荻芦、延祥两寨水军各以三百人为额，次年从土豪水手共拣土兵六百三十一人，其中荻芦寨选取一百五十四人。乾道七年荻芦寨水军添至五百五十人，淳熙年间又减为四百四十五人。延祥寨水军绍兴十五年以五百人为额，二十六年大部分被拨隶泉州，仅存一百

---

① 《淳熙三山志》卷一八《兵防》，第7933页。
② 《建炎以来朝野杂记》甲集卷一八《平江许浦水军(江阴、左翼、摧锋、延祥、江上水军)》，第422页。
③ 真德秀：《西山真文忠公文集》卷九《申枢密院措置军政状》，《四部丛刊》初编本，上海商务印书馆1929年。
④ 《宋史》卷一八八《兵志二》，第4633页；《建炎以来朝野杂记》甲集卷一八《平江许浦水军(江阴、左翼、摧锋、延祥、江上水军)》，第422页。
⑤ 《宋会要辑稿·职官三二》，第3835页。
⑥ 《宋会要辑稿·方域一八》，第9625页。
⑦ 《宋史》卷一六七《职官七》，第3982页。
⑧ 《宋会要辑稿·职官四八》，第4370页。
⑨ 《开庆四明续志》卷五《新建诸寨》，《宋元方志丛刊》本，中华书局1990年，第5985页。
⑩ 《宝庆四明志》卷七《制置司水军》，第5069页。
⑪ 《琴川志》卷七《许浦御前水军》，第1219页。

二十八人,二十八年又增补为三百人。绍兴三十年管二百九十七人,一半被调往明州,仅存一百四十九人,三十一年再次增招至四百五十人。乾道七年增至六百人,淳熙年间管五百五十二人。① 上述所见荻芦、延祥两寨水军乾道七年人数最多,共计一千一百五十人,淳熙年间共计九百九十七人。《建炎以来朝野杂记》称福州延祥寨千人,②应该是指福州管辖荻芦、延祥两寨水军之和。淳祐三年"诏福州延祥、荻芦两寨并置武济水军,摘本州厢、禁习水者充,千五百人为额"③,人数有所增加。除荻芦、延祥两巡检寨以外,福州还有海口巡检、甘蔗洲巡检等。兴化军、泉州和漳州沿海皆有海防兵寨,所屯水军既有左翼水军寨,也有安抚司土兵寨,但具体人数的记载甚略。绍熙元年泉州水军和漳州水军共有六百人,④应该是土兵水军。左翼水军在泉州所设宝林、法石、永宁三寨屯驻水军共五百七十六人。⑤

县尉所管弓手有捕盗之责,沿海县分就包括讨捕海盗。"明州外邑曰昌国,曰象山,皆居海中,海道盗贼出没,全籍县尉随时擒捕。"⑥史籍常见县尉捕捉海盗的记载。如,漳州沙淘洋海战中,"晋江县尉捉到贼探朱十四一名,惠安县捉到贼探林庆郎一名",逃往北洋的海盗"续被温州乐清县尉捉获"。⑦ 方信孺任番禺县尉,有"盗劫海贾",方信孺乘海盗在沙滩上分赃时,出兵抓捕,"不失一人"⑧。王柟任通州海门尉,"乘轻舟入海涛,捕剧贼小吴郎,并其徒十七人获之"⑨。王卿月任温州乐清尉,见温州"海寇充斥",筹划讨捕。⑩

但弓手人数有限。绍兴三十年知明州象山县俞光疑说:象山县管内海洋阔远,常有贼船结集,县尉所管弓手仅四十五名,而明州"五县尉司各管弓手八十余名"。在他的请求下象山县弓手增为八十名。⑪ 但即使增为八十名,遇到大股海盗也无能为力。这就是包恢所说的"寨、尉等力小势轻,固若不足以敌","福州又仅有延祥、荻芦两寨之兵稍识海道,曾谙水战。若其它诸尉诸寨非深谙习者,但可为助耳"。⑫

不论是巡检土兵,还是县尉弓手,都是正规水军的来源。汪应辰说"明州水军有选于诸寨土军者,有选于本州禁军者,有取于诸州弓弩手者"⑬,而福建左翼水军的重要来源就是分拨延祥巡检寨土兵,因而正规军水军和地方水军两个军事系统难以割裂。

从上述可见,南宋水军兵力配置以浙西路沿海最多,浙东、福建和广南依次减少。但浙东路明州正规水军最多时达四千人,另有地方水军。就一州而言,明州兵力配置甚至可能超过了浙西水军都统司所在的许浦。浙西和浙东明州正规水军人数已经超过其他地区,但宋朝仍常调集

---

① 《淳熙三山志》卷一八《兵防》,第 7933—7934 页。
② 《建炎以来朝野杂记》甲集卷一八《平江许浦水军(江阴、左翼、摧锋、延祥、江上水军)》,第 422 页。《宋史》卷一八八《兵志二》称福州荻庐、延祥寨"乾道七年添招,凡五千人",显然是错误的,见第 4632 页。
③ 《宋史》卷四二《理宗二》,第 826 页。
④ 《宋史》卷一八八《兵志二》,第 4633 页。
⑤ 《西山真文忠公文集》卷八《申枢密院措置沿海事宜状》。
⑥ 《宋会要辑稿·职官四八》,第 4362 页。
⑦ 《西山真文忠公文集》卷八《泉州申枢密院乞推海盗赏状》。
⑧ 《宋史》卷三九五《方信孺传》,第 12059 页。
⑨ 《宋史》卷三九五《王柟传》,第 12062 页。
⑩ 楼钥:《攻媿集》卷一〇二《太府卿王公(卿月)墓志铭》,文渊阁《四库全书》影印本。
⑪ 《宋会要辑稿·职官四八》,第 4362 页。
⑫ 包恢:《敝帚稿略》卷一《防海寇申省状(福建提刑)》,文渊阁《四库全书》影印本。
⑬ 汪应辰:《文定集》卷二《措置海道回奏》,文渊阁《四库全书》影印本。

福建、广东的水军和船只往浙西和明州驻防。绍兴三十年"有旨广州、泉州、福州三大寨水军拣选强壮各一半,起赴明州"①。乾道七年,枢密院又说明州沿海制置司所招水军"不谙水势",乃从"广东于增招水军内抽差五百人,福州新招水军尽行发遣,及两处官船、器甲等,并乞量抽。船只,福州延祥寨三只,荻芦寨两只,刘崎一只,南匿寨一只,泉州宝林寨三只,潮州水军两只,广东水军天帝元黄宇字号五只,并来明州驻札"②。福建与浙东的被征调船也有发往浙西沿海的:"福建、浙东岁调番船,分戍顾迳、吴江等八处,而总之许浦都统司,以防海也。"③特别是福建船户擅长航海,每年都被征调到两浙防海,即"起福建人船来许浦者,正以其船及舵师皆牢壮谙熟"④。如乾道八年诏福建安抚司"将已招水军五百人毕数起发,仍令诸寨选择堪壮大船五只乘载,往沿海制置司水军收隶"⑤。淳熙二年福建路"发五百七十艘,用柁师、水手万四千人"⑥。而且不仅征调水军,普通船户也被轮番征调,"朝廷向来将福建沿海人户舟船籍定数目,分作甲、乙、丙三番,轮流差使"⑦。福建海船一丈二尺以上登记征调。⑧

南宋海防体系的构建基本遵照了李纲提出的"防备海道"方略:"朝廷既遣兵将分屯明、越以备不虞,而沿海州县巡尉弓兵,数不为少,合之则势强,分之则势弱。宜命帅司并提刑司,团结成军,于要害地摆布控扼;又募海上土豪,自备舟船,巡绰捍御,许以将来事定,重与推赏。"⑨即由正规水军、巡尉武装和濒海居民共同构成海防力量。正规水军固然担负着海防的主要责任,但巡尉武装和濒海居民在日常防卫和剿捕海盗中都发挥了重要作用,特别是在福建和广南沿海防御海盗中作用更为突出。

(二)南宋海防兵寨的布局

上述各路海防在人员、船舶方面的供给、保障上可以看出南宋各路海防有轻重之别,且其任务各有重心。浙西路和浙东路明州海防的主要任务是对北防御和拱卫行在临安,这无疑是全国海防格局中的重心,是需在人员和船只上优先保障的重点防卫区。福建和广南则主要是保障海上贸易和沿海地区安全,处于次要地位。海防兵寨的布局也体现了这一点。

浙西路海防兵寨主要是为了拱卫行在临安而布局的,最重要的是平江府许浦水军寨。"建炎、绍兴间,水军尝戍江阴及许浦、福山诸处,无一定之所。"⑩许浦水军寨设置于乾道六年,是浙西水军都统司所在地,也是最重要的水军寨,经过了认真的勘察选址。御前水军统制冯湛"躬亲遍历相视海道控扼去处,数内苏州(平江府)许浦镇实控扼之要,港汊深远,可以安泊舟船,土地高广,可以安立寨栅,比之江阴屯驻之地公议差胜,且去淮甸不远,斥堠相继,易于探报。比之定

① 《淳熙三山志》卷一八《兵防》,第7934页。

② 《宋会要辑稿·食货五〇》,第7134页。

③ 徐鹿卿:《清正存稿》卷一《轮对第二札》,文渊阁《四库全书》影印本。

④ 周必大:《文忠集》卷一四八《许浦海船置舵师回奏》,文渊阁《四库全书》影印本。

⑤ 《宋会要辑稿·食货五〇》,第7134页。

⑥ 朱熹撰,刘永翔等点校:《晦庵先生朱文公文集》卷九六《陈公(俊卿)行状》,上海古籍出版社、安徽教育出版社2002年,第4474页。

⑦ 周必大:《文忠集》卷八二《大兄奏札》。

⑧ 《淳熙三山志》卷一四《版籍类五》,第7901—7902页。

⑨ 李纲:《李纲全集》卷一〇三《与宰相论捍贼札子》,第982—983页。

⑩ 《琴川志》卷七《许浦御前水军》,第1217页。

海驻札之地尤为良便"①。从针对自北方沿海南向长江口的防卫而言,许浦的地位比江阴和定海更为便利和重要。淳熙元年对许浦港作了大修,港口长三十八里,"面六丈五尺止八丈,底二丈五尺止三丈五尺",许浦口十六里内,浦面阔二十余丈,港口岸"筑通行大路,面一丈五尺止二丈,已皆平坦坚实"②,已经是一个优质军港。

昆山县顾迳作为许浦的辅助兵寨也是海防重地。顾迳水军称为许浦左军,设左军统制驻屯。顾迳在许浦东百余里,"与黄鱼垛相望,转料角,越沙窖,拒山东海界"③。许浦水军都统制吴英曾说:"本司驻札许浦,分屯列戍,管认江海界分渺阔,责任匪轻。所管隘口唯顾迳最是紧要。盖缘坐落杨子大江末流,去海甚近。北通沙窖,密迩敌境。"地理位置十分重要,兵力最多时超过两千人。许浦港虽称良港,但水深不如长江口的顾迳港。顾迳港修有优良的船坞,"港岸开坞,取令深阔,将战船尽数入坞安着,如法搭盖,不拘大小潮泛,并要浮动,出入快便"④。因而顾迳是许浦都统司大型深水海战船(南船)的停泊港,"海、湖战船尽泊此港"⑤。而淳熙十一年以前许浦水军都统司的泊船之地是青龙镇,该年殿前司奏请"本司水军驻札许浦,所管南船寄泊青龙,人船相离数百里,遇有发遣前去取船,水陆迂枉。兼青龙港窄狭,水流湲急,欲将南船尽数移戍昆山县顾径港"。朝廷派人考察,认为"顾径港屯泊南船,比之青龙港稍深,去海颇近,委实利便"。于是顾迳成为许浦水军主要泊船港。淳熙十三年"福建路起发到海船",其中"大南船二十二只,依旧就顾径安泊,差拨官兵一千人,将带衣甲、器械戍守战船"。⑥

许浦以西,江阴是最重要的海防兵寨。乾道二年殿前司自泉州遣发"官兵二千人,募海船二十六艘,差左翼军统领李彦椿部率,于江阴军岸次系泊,弹压海贼"⑦。此外如上文所述,常州魏村有水军驻扎,也是海防兵寨。许浦以南海防兵寨有澉浦和金山。澉浦镇"东达五里泉湖,西通交广,南对会稽,北接江阴、许浦,中有苏州洋,远彻化外",特别是扼守钱塘江口,为临安门户,"可泊舟帆,亦险要处",设置了澉浦水军寨。⑧ 浙西诸水军中"惟澉浦去京师为近","澉浦之外又有所谓金山,乃应干舟楫所必经从梢泊之地",因吴潜建议而"招水军千人于金山,又为澉浦之外拓"。⑨

就拱卫临安的共同职责而言,明州海防与浙西实为一体,如"平江府许浦水军与定海水军月差将官巡海,互至书历"⑩。明州海防是由若干兵寨组成的兵寨系统,沿海有九寨巡检,曰鲒埼、大嵩、管界、海内、白峰、岱山、三姑、岑江、螺头。⑪ 其中海内、白峰、管界等寨属定海县。⑫ 定海水

---

① 范成大:《吴郡志》卷五《御前许浦水军寨》,第722页。
② 《宋会要辑稿·方域一六》,第9607页。
③ 《琴川志》卷七《许浦御前水军》,第1219页。
④ 《宋会要辑稿·食货五〇》,第7137页。
⑤ 范成大:《吴郡志》卷五《御前许浦水军寨》,第722—723页。
⑥ 《宋会要辑稿·食货五〇》,第7137页。
⑦ 《宋会要辑稿·食货五〇》,第7132页。
⑧ 常棠:《澉水志》卷上《水门》,第4662页。
⑨ 《开庆四明续志》卷五《新建诸寨》,第5983页。
⑩ 《宝庆四明志》卷七《制置司水军》,第5069页。
⑪ 《开庆四明续志》卷五《新建诸寨》,第5984页。
⑫ 《宋会要辑稿·方域一九》,第9672页。

军每季轮差五十名、将佐一员、战船三只巡防诸寨。① 岱山、三姑山、烈港、岑江等寨属昌国县。昌国县诸寨管横江水、土军，以六百三十八人为名额，管巡船三十六只。昌国县诸兵寨中三姑山是都巡检寨，“岑江、冽港置两指挥使子寨，以为犄角”。该寨没有港汊，“仅可摆布战船五只，摊载水军三百人”，但地理位置重要，“系北洋冲要之地，凡海舟自山东放洋而南，欲趋浙之东西，必自此分道”。“三寨土军听定海水军统制节制。每岁拨二百五十人同水军五十人，各三百人出戍三姑。以十月朔往，三月朔还”，同时另派水军一百人、战船三只往来巡逻探报，使三姑不至单弱。②

宋朝设置明州水军是拱卫临安的重要举措之一，即“自中兴南渡，立国钱塘，所以创许浦水军于平江，创澉浦水军于嘉兴，创定海水军于庆元，无非为京师左右前后门户之防”。上述诸寨设置可谓严密，但都处于大洋航路上，金朝若自山东南下，“自胶西放洋，绕淮东料角诸沙之外，自有径截洪道，直达前所谓嘉兴之金山，不必更放大洋不测之渊而至定海”，即不必经过上述诸寨，而可从里洋航路或外洋航路直入钱塘江，因而吴潜指出，“定海水军防制倭、丽则有余，屏蔽京师则不足”。在他的建议下又设置了向头寨，屯水军五百人。“向头近在定海之里，其面势与金山相直，南抵钱塘，东接温、台，西通苏、秀，北达青、齐，海舟胥此焉出”，位于钱塘江口南岸，“至钱塘江只一潮汛”，可“与金山、澉浦相接，实为行朝密布第二重门户”。③

各寨之间设立烽燧铺，相互呼应。自金山以至徘徊头，创立烽燧，接连澉浦声势。“定海水军一体措置，联络声援”，于“险要均布地界置立烽燧”。定海水军烽燧以招宝山为起点，分为三路。一路自招宝山至海道壁下山，共十二铺；一路自招宝山至沿海向头寨，共九铺；一路自招宝山至沿江本府看教亭，共五铺。铺用兵五名，合干人一名，往来照管巡辖，日则举旗，夜则举火。若“海洋十二铺脱遇云雾四塞，日不堪举旗，夜不堪举火，则以响炮为号”④。

明州海防不管是兵力配置，还是兵寨设置，都可谓严密，是浙东路海防重心。其他三郡都征调民船到明州，将“台、温、明、越四郡民船屯泊于岱山、岑江、三姑山、烈港四处”⑤。戴栩说，浙东沿海四州中“明、越犹为重镇。若温、台则素无兵备，守令自财赋期会之外未尝过而问焉”⑥。越州（绍兴府）海岸皆在杭州湾内，海防重要性和实际设置远非明州可比。温州和台州则更不受重视。

淮东路海防要地首数通州。通州“东北正系海口，南接大江，最为要害”。建炎元年在这里派驻“教阅水战人兵，及募人许备战船，入海卓望。昼以旌旗、夜以明火为号”，“于要害处，筑土台觇望”。⑦ 而通州军事要地是料角。绍兴六年“分海舟八十艘，屯通州之料角”，诏令淮南“措置控扼海道事务”。⑧ 韩世忠曾说：“明州定海、秀州华亭、苏州许浦、通州料角，皆海道要地，不可不备。”⑨把料角的重要性与定海、许浦相提并论。李文渊曾说：“海道虽亘数千里，其要害不

① 《开庆四明续志》卷五《新建诸寨》，第 5982 页。
② 《宝庆四明志》卷二〇《昌国县志全》，第 5253 页；《宋会要辑稿・方域一九》，第 9671 页。
③ 《开庆四明续志》卷五《新建诸寨》，第 5982—5983 页。
④ 《开庆四明续志》卷五《新建诸寨》，第 5985—5986 页。
⑤ 《开庆四明续志》卷五《新建诸寨》，第 5988 页。
⑥ 戴栩：《浣川集》卷四《论边备札子》，文渊阁《四库全书》影印本。
⑦ 《建炎以来系年要录》卷八“建炎元年八月戊午”，第 223—224 页。
⑧ 《建炎以来系年要录》卷一〇二“绍兴六年六月丁酉”，第 1925 页。
⑨ 《宋会要辑稿・兵二九》，第 9254 页。

过数处,宜用舟师,如通之东签料角、平江黄牛垛头是也。”①更把料角置于数一数二的地位。其次,楚州向东达淮河海口,有“地名皂鱼沟、北沙一带抵接淮海,与山东沿海相对”,派驻楚州兵马钤辖,“管海船二百余只,搬运海州军粮、间探之类”,乾道五年又“创置使臣二员,从祐踏逐土豪有材力、谙晓地利、众所推服之人,专充管辖海船,机察淮海盗贼”,也是海防要地。②

从上述可见,长江口南岸西起常州魏村、江阴,平江府许浦、顾迳、黄鱼垛,秀州华亭;长江口向北有通州料角,楚州皂鱼沟、北沙等,向南到钱塘江口北岸的金山、澉浦,以及钱塘江口南岸兵寨密集的定海、向头等,形成了环卫临安的严密的海防体系。

福建滨海的南四州设置了海防体系,“福州尾也,漳、泉首也,福州、兴化之间中也”③,沿海四州设有兵寨,密切相关,以福州和泉州兵寨最为严密。福州最重要的海防兵寨是荻芦寨和延祥寨,其中荻芦寨是都巡检治所(见上文),此外还设有多个兵寨。侯官县有甘蔗洲巡检寨,北宋时即是漳、泉、福、兴同巡检治所,兵员定额一百人。福清县有海口巡检,绍兴三十年有水手六十三人,乾道七年增招土兵,以八十四人为额。长溪县有烽火巡检,北宋时为福州沿海六县巡检,初定兵级三百人,熙宁五年更定一百人为额。绍兴三十年为五十六人,乾道七年增为七十七人。罗源县有南湾巡检,管连江罗源海道,北宋时兵士以七十人为额,绍兴九年有水手五十六人,乾道七年增为一百八人。④ 淳熙二年知福州陈俊卿说:“福州十三寨,合千九百人,而拣中者已千七百余人,所余逐寨不过十人。”⑤可见福州兵寨不止于上述。

泉州设有多个兵寨。左翼水军所属初有宝林、法石、永宁三寨,后又增加围头寨。宝林寨在泉州城南一里,远离大海,海防功能不强。法石寨则“正为防海要冲之地”。永宁寨“阚临大海,直望东洋,一日一夜可至彭湖”。围头为泉州南方门户,“南北洋舟船往来必泊之地,旁有支港,可达石井,其势甚要”。围头之南有烈屿,“自南洋海道入州界,烈屿首为控扼之所,围头次之。烈屿既有土豪乡兵可恃”。围头另创小寨,约以百人为额,“上可接永宁,下可接烈屿,前可以照应料罗、吴屿等处,内可以控捍石井一带港口”。烈屿驻扎土豪乡兵显然属泉州地方管辖。泉州本州管下还有沿海四寨,“其紧切者二:在晋江曰石湖,在惠安曰小兜”。特别是小兜寨,扼守泉州北方,“海道自北洋入本州界,首为控扼之所”⑥。另有石井寨、漳泉管下巡检司寨。漳州有漳浦、沿海中栅巡检二寨;兴化军有吉了、迎迁巡检二寨。⑦ 这些兵寨各有分管地界,“巡绰海道,合令诸寨分认地界。自岱屿以北,石湖、小兜主之,每巡至兴化军寨蓼寨止。自水澚以南,永宁、围头主之,每巡至漳州中栅寨止。自岱屿门内外直至东洋,法石主之,每巡至永宁止。逐月一巡”⑧。

上文论及广东催锋军有水军二千人,潮州有水军二百人,广西雷州和琼州各置水军二百人,皆是专门的海防军队。广州在北宋时就“置巡海水师营垒,在海东西二口,阔二百八十丈。至屯

① 韩元吉:《南涧甲乙稿》卷一九《右朝请大夫知虔州赠通议大夫李公(文渊)墓碑》,文渊阁《四库全书》影印本。

② 佚名撰,李之亮点校:《宋史全文》卷二五上“乾道五年四月辛卯”,黑龙江人民出版社 2004 年,第 1711 页;《宋会要辑稿·食货五〇》,“皂鱼沟”《宋会要辑稿》称“死鱼沟”,应为一地,见第 9248 页。

③ 包恢:《敝帚稿略》卷一《防海寇申省状(福建提刑)》。

④ 《淳熙三山志》卷一九《兵防类二》,第 7941 页。

⑤ 《晦庵先生朱文公文集》卷九六《陈公(俊卿)行状》,第 4475 页。

⑥ 《西山真文忠公文集》卷八《申枢密院措置沿海事宜状》。

⑦ 《宋会要辑稿·食货五〇》,第 7136 页。

⑧ 《西山真文忠公文集》卷八《申枢密院措置沿海事宜状》。

门山二百里，治舠鱼入海战舰”[①]。潮州设有海门寨。《明一统志》载“海门寨在海阳县，宋时置，有海门等三寨”[②]。此外，南恩州阳江县“有海口、海陵、博腊、遂训等四寨”[③]。

广西沿海有防交趾之责。广西路钦州濒海设有寨铺四：咄步寨、抵掉军铺、如洪镇、如昔军铺；廉州设有二寨：鹿井寨和三村寨。[④] 雷州海康县下有冠头寨。[⑤] 南宋末，李曾伯担心蒙古自交趾经海路来侵，“交人颇长于舟楫”，“敌虽不操舟，恐安南羽翼之”，他请求“自朝廷遣调福建、广东兵船一千人来戍钦州”，而且认为：“不但钦当备，雷、廉接壤风帆，迅速可至，其可忽哉?”李曾伯在此后的奏章中说到“钦州兵船，今止蒙朝廷调到闽、广两项共一千人”，“所有广东兵船则七月初三日起发，福建兵船则七月十三日经过广州，前去雷、廉、化州”，可见他关于调发福建和广东水兵往戍广西沿海的建议得到了实行。而且广西本地也调兵造船，往钦州防御，“更于雷、化并海近州刷差官民海艘，约亦须可凑及千人。自七月后当并令往钦屯泊”，钦州“已造到轻捷海船二十只，更接续多数增置”。[⑥] 钦州是对交趾实行海上防卫的最重要的军事要地。

三、南宋海防的职能

包恢在《防海寇申省状》中说到南宋北起浙东、南到广东的海防体系：“北而浙东诸郡，南而广东，须一体严行措置，乃常山蛇之势也。盖以三路而论，则广东首也，浙东尾也，福建中也。”[⑦] 他并没有把浙西路和淮东路包含在其中。其中主要的原因是浙西沿海，加之淮东通、楚二州和浙东明州形成了另一个目标不同的海防体系。由此，我们可以把南宋沿海各路的海防分为两个体系：浙西路、淮东路沿海和明州为北方海防体系，其主要目的是拱卫行在临安，具有很强的政治使命；浙东路台、温二州及福建、广东、广西沿海为南方海防体系，其主要目的是弹压海盗，保障海上贸易和沿海地区的安全，在这一点上浙东路的台、温二州与明州有显著区别；广西沿海有对交趾防御的目的，南方海防体系的使命有更多的社会经济色彩。

宋代围绕着临安设置了西起常州、江阴，南到明州的弧形防御圈，设置了魏村、江阴、许浦、顾迳、料角、金山、澉浦、向头、定海等一系列兵寨和要塞，正规水军最多时达一万八千人，浙西一路沿海水军最多时就达一万四千人，超过浙东、福建和广南正规水军之和。这些水军属于殿前司或御前军，船只器械及钱粮当然较其他水军更有保障。而明州配置的正规水军和巡检土兵组成的海防力量也达五千多人，超过福建和广南任何一州。而且福建、浙东温州和台州，乃至广南人船例年征调到明州和浙西驻防，使明州和浙西的兵员更超过上述之数。尽管兵员最多，仍常叹船多人少。如常州管下魏村镇水军寨定额五百人，实仅三百五十人，通计大小船舶共五十九

---

① 曾公亮等：《武经总要》前集卷二〇《边防》，文渊阁《四库全书》影印本。

② 李贤等：《明一统志》卷八〇《潮州府》，文渊阁《四库全书》影印本。

③ 《宋史》卷九〇《地理六》，第2238页。

④ 曾公亮等：《武经总要》前集卷二〇《边防》。

⑤ 《宋史》卷九〇《地理六》，第2244页。

⑥ 李曾伯：《可斋续稿》后卷五《条具广南备御事宜奏》、《回奏宣谕》、《回奏宣谕安南事》；后卷七《奏节次调军赴邕钦宜融捍御》；后卷八《回宣谕奏》。

⑦ 包恢：《敝帚稿略》卷一《防海寇申省状（福建提刑）》。

只。“通大小每船以二十人乘驾,非千余人不可。今人数不及三分之一,船多军少”,船有干阁损坏之忧。有人感叹“江南之兵方以多船为虑”。可见,浙西和明州成为战船保障最充分的地区。福建是最重要的海船制造地,每年有数百艘海船征调到明州和浙西,但福建“左翼虽有水军之名,舟楫之具初无一有”①,船只是非常紧缺的。这都是因为船只和人员都首先保障了浙西和明州。从兵力配置和兵寨设置看,北方海防体系的浙西路和明州是海防的重中之重,淮东海防是浙西海防的附属和延伸。南方海防体系的浙东路台州和温州及福建、广南海防则处于次要地位。我们也可以将两个海防体系概括地称为首要区域和次要区域。

北方海防体系建立之初,人们特别强调对金朝海上防御的重要性,调集多路人、船保障浙西和明州海防,并非仅仅是为了防御海盗对临安的侵扰,而主要是为了构建防止金朝自海路攻击临安的严密屏障。宋人分析,金朝从海路南下,“或入浙东,或入浙西”。若来浙东,“山东海船乘风而来,必先经由三姑”,“所以于三姑山置都巡检寨”。② 还有定海县诸兵寨。金人若“由大洋以窥定海”,亦有诸寨扼守;若“由转料从里洋而窥扬子江,则有许浦水军”;若“由外洋而窥浙江,则有澉浦、金山水军”。又“置向头一寨,与金山、澉浦相接,实为行朝密布第二重门户”。而且定海水军任务有三:一是三洋巡逴,即“自烈港转苏州大洋,远至许浦”;二是北事探望,即“自神前等处,远至海驴礁”;三是港口守把,即“去寨近,更番归哺”。③ 可谓设置周密,无懈可击。

宋朝多次判断金朝或伪齐可能由海路发动袭击。建炎三年九月“谍报金人治舟师,将由海道窥江、浙,遣韩世忠控守圌山、福山”④。绍兴二年又“探报,敌人分屯淮阳军、海州,窃虑以轻舟南来,震惊江、浙”,沈与求则认为这是“其造海舟,虑为虚声以惧我”。⑤ 结果果如其言。绍兴三年宋将徐文所部海舟六十、官军四千三百泛海叛逃伪齐,向刘豫建议“沿海无防虞之人,可以径至二浙”,并“犯通、泰等州”,但未能到两浙沿海。⑥ 同年,郭仲荀知明州,担心金人乘风汛南侵,乃“遣小舟入海为斥堠,屯兵港口,据要会以待之”⑦。次年,宋朝得知刘豫调集登、莱、沂、密、海五郡之兵二万人、战舰五百只,以叛将徐文为前军,“声言欲袭定海县”⑧。结果金人和伪齐都未南侵。乾道年间,赵伯圭知明州,从降人口中得知金朝“欲直犯吾境,或讹传连结高丽者”。“上下疑之,王(赵伯圭)益治战舰,严阅习,以张军声”,派明州人徐德荣前往侦察,才知消息不实。⑨ 而实际上,除了建炎绍兴之际及绍兴末年宋金在明州和镇江一带有小规模水战外,基本没有在浙西沿海发生水战,对金的防御仅停留于战略防御层面。如李邴对金朝南侵可能性的分析:“必先以一军来自淮甸,为筑室反耕之计,以缀我师。然后由登、莱泛海窥吴、越,以出吾左,由武昌渡江窥江、池,以出吾右。”⑩但是孝宗朝以后并无对金的海战,金朝事实上也从来不具备从海上威胁南宋的实力,绍兴三十一年仅有的一次从海上进攻南宋的企图也在胶西海战中

---

① 《西山真文忠公文集》卷九《申枢密院措置军政状》。

② 《宋会要辑稿·方域一九》,第 9671 页。

③ 《开庆四明续志》卷五《新建诸寨》、《探望》,第 5989—5990 页。

④ 《宋史》卷二五《高宗二》,第 468 页。

⑤ 《建炎以来系年要录》卷五四“绍兴二年五月辛酉、癸未”,第 1108、1116 页。

⑥ 《建炎以来系年要录》卷六七“绍兴三年八月丙戌”,第 1314 页。

⑦ 《建炎以来系年要录》卷六八“绍兴三年九月乙亥”,第 1342 页。

⑧ 《建炎以来系年要录》卷七八“绍兴四年七月丁丑”,第 1484 页。

⑨ 楼钥:《攻媿集》卷八六《皇伯祖太师崇宪靖王(赵伯圭)行状》。

⑩ 《宋史》卷三七五《李邴传》,第 11608 页。

被南宋长途奔袭的水军彻底扼杀在萌芽之中。也就是说,高宗朝以后对金朝南侵的防御都只是战略防御,北方海防体系构建的严密的海防设置,并未在实际上发挥对金的防御作用,其事实上的主要作用是防御海盗。

那么,宋朝在明州和浙西布置数量庞大的水军是否有由海路北伐之谋呢?南宋朝野之中确实有这样的议论。建炎四年吕颐浩就曾建议用调集于明州的福建等路海船"遣兵北向,分二万由海道趋文、登,以摇青、齐;分二万由淮阳趋彭城以撼郓、濮"。绍兴二年吕颐浩再次请求"因夏月举兵北向,以复中原","于明州留海船三百只,令范温、阎皋乘四月南风北去,径取东莱"①。他认为"大讲海船之利,以扰伪齐京东诸郡、河北诸郡及敌(笔者注:指金朝)中诸郡","趁南风而去,得北风乃归。金人虽有铁骑百万,必不能御"。② 张浚绍兴十年主持军政时,曾"大治海舟至千艘,为直指山东之计",但未得高宗的进军命令。绍兴末,张浚还谋划"益募福建之海舟,由东海以窥东莱,由清河以窥淮阳。张子盖自镇江来谒,浚与图取山东之计"③。宋孝宗即位后,陈俊卿建议"分遣舟师直捣山东",因双方议和而罢。④ 民间也有人建议并自请北伐,如"温州有王宪者,自谓习于海道,又谓已招诱团结二千余人,更乞朝廷应付人船器械,欲以直捣登、青"。但汪应辰认为"未见其可,诚如其说,于彼固未有甚损,而在我初无益也"⑤。这代表了南宋官僚中更理性的意见。而事实上也如其所言,除了绍兴三十一年李宝奔袭胶西,大败金朝船队外,宋朝并未进行过海路北伐。

可见,北方海防体系对金朝的防御基本上停留于战略防御层面,而除了建炎四年和绍兴三十一年金朝大举南侵的水战外,几乎没有实际海上战事。北方海防体系实际发挥的海防作用主要是防御海盗。而就防御海盗的意义而言,保护海上贸易的正常秩序远比消除临安的军事威胁重要。宋人说,明州定海县屯驻御前水军数千,一个重要原因就是该地是"带江濒海之地,蛮舶之贾于明,明舟之贩于他郡,率由此出入"⑥。定海水军主要的作用就是征剿海盗,具体事例颇多,此不赘举。

南方海防体系的主要职责就是防御海盗,保护海上贸易和沿海社会安全。南宋政府十分重视海上贸易。宋高宗曾一再强调"市舶之利颇助国用","市舶之利最厚,若措置合宜,所得动以万计"。⑦ 连南夫论海寇之患,谓"国家每岁市舶之入数百万,今风信已顺而舶船不来。闻有乘黄屋而称侯王者。臣恐未易招也"⑧,指出海盗严重影响了市舶贸易。南宋君臣不仅认识到"国家之利莫盛于市舶",而且认识到阻碍海上贸易对国家和商人都是不利的,商贩日疏,使"商贾之受弊有四,官中之亏损有二"。一言以蔽之,海上贸易对商人而言可得生计,对国家而言"于国计诚非小补"⑨。除了海盗破坏国家统治秩序、挑战国家权威以外,保护贸易是南宋国家防御和打

---

① 《建炎以来系年要录》卷三七"建炎四年九月辛丑"、卷六〇"绍兴二年十一月己巳",第 828、1198 页。

② 吕颐浩:《忠穆集》卷二《论舟楫之利》,文渊阁《四库全书》影印本。

③ 杨万里撰,辛更儒笺校:《杨万里集笺校》卷一一六《张魏公(浚)传》,中华书局 2007 年,第 4414 页。

④ 《宋史》卷三八三《陈俊卿传》,第 11785 页。

⑤ 汪应辰:《文定集》卷二《论敌情当为备海道未可进》。

⑥ 《宝庆四明志》卷一八《定海县志第一》,第 5226 页。

⑦ 熊克:《中兴小纪》卷三二"绍兴十六年八月戊戌";《建炎以来系年要录》卷一一六"绍兴七年闰十月辛酉",第 2158 页。

⑧ 《建炎以来系年要录》卷八八"绍兴五年四月戊午",第 1702 页。

⑨ 《建炎以来系年要录》卷一八六"绍兴三十年十月己酉",第 3614 页。

击海盗的一大动力。

近海贸易和远洋贸易对于福建和广南的重要意义更为明显。“福、兴、漳、泉四郡全靠广米以给民食,而福建提舶司正仰番船及海南船之来以供国课。今为贼船所梗,实切利害。”广东也是一样。李纲曾说“广南、福建路,近年多有海寇作过,劫掠沿海县镇乡村,及外国海舡、市舶司上供宝货,所得动以巨万计”①。福建、广东一带海盗“劫米船以丰其食,劫番船以厚其财,掳丁壮、掳舟船以益张其势”,常“持枪仗上岸劫掠”,“劫掠地岸人家粮食,需索羊酒,专俟番船到来,拦截行劫”,抢劫人员、船只和财物,对海上航行和沿海社会安全造成巨大影响。特别是每年四五月间,正值西南季风,海船回航之时,“必有遭其剽劫者,岂不亏失国课？又福、泉、兴化三郡全仰广米以赡军民。贼船在海,米船不至,军民便已乏食。粜价翔贵,公私病之”②。可以看到海盗不仅危害远洋贸易的番舶,而且影响到近海贸易,“海盗不时出没,米商舶贾间遭劫掠”③,同时对沿海百姓也造成威胁,“奸眊航海,出没风潮间,钞贾舶,扰岛民,释而不诛,殆且滋蔓”④。陈淳特别指出海盗之害对濒海百姓生计的影响:“海道不宁,米船百货为之不通,而郡民生生之具蹙。”⑤海商为了对抗海盗而结伙贸易。提举广南市舶姚焯言“时商舶且来,而海道未可涉”,“近有海南纲首结领艅伴前来,号为东船,贼亦素惮”。而更主要的还是依靠官府剿捕。⑥ 所以,保护远洋贸易、近海贸易和沿海社会安全都是宋朝海防的重要职责。

有学者认为南宋海防实行以海上防御为主的海防战略。⑦ 但从南宋海防设置特点看,南宋海防不论对金朝还是对海盗,都是海岸防守。韩元吉曾提出,宋朝对金的海防其要不在海上争战,而在海岸防守:“海路从横,惟借风势,一夕千里。若以兵斗于舟楫之上,万无决胜之道。或值风涛,安可会合？惟当聚兵要害,控扼其港口,轻舟往来以为巡逻。严其斥堠,坚其城壁,使敌至不敢越,既越不可归,乃谋之善者。”⑧这与吴潜的看法是一致的。他认为海战与陆战不同,敌人纵有千艘万樯,在海中被风水影响,不能形成合力攻击,“我但得精卒三千人,坚好之舟三十只,屯泊于贼所必经之地,一舟过则杀一舟,自可使之无复遗类”⑨。而且南宋福建、广南正规水军有限,主要依靠巡检土兵、县尉弓手和民众防御,显然只能以被动防守为主。如上所述,巡检土兵和县尉弓手人数有限,而以土豪募水手“以御小寇或可,御大敌诚非计也”⑩。尽管南宋不论是造船技术,还是海军力量都是周边国家所望尘莫及的,但如上引,汪应辰对海上北伐的看法是“于彼固未有甚损,而在我初无益”。他甚至还提出应放弃海上防御,而仅需海岸防御。他说自古“未闻北人浮海用兵者”,金人“使其无胶西之败,遂能深入,亦送死耳。凡海船之来必候潮然后能入港,易舟然后能登岸,诚有强弓劲弩,乘高据要以待之,可使坐毙也。若海船不用,其所

① 李纲:《李纲全集》卷八二《论福建海寇札子》,第 829 页。
② 《西山真文忠公文集》卷一五《申枢密院乞修沿海军政》、《申尚书省乞措置收捕海盗》。
③ 《西山真文忠公文集》卷八《申枢密院乞节制左翼军状》。
④ 周必大:《文忠集》卷一〇五《赐观文殿大学士左光禄大夫知福州陈俊卿辞转官不允诏》。
⑤ 陈淳:《北溪大全集》卷四五《与李推论海盗利害》,文渊阁《四库全书》影印本。
⑥ 《建炎以来系年要录》卷八七“绍兴五年三月壬辰”,第 1668 页。
⑦ 王青松:《南宋海防初探》,《中国边疆史地研究》2004 年第 3 期。
⑧ 韩元吉:《南涧甲乙稿》卷一三《上贺参政书》。
⑨ 《开庆四明续志》卷五《新建诸寨》,第 5983 页。
⑩ 韩元吉:《南涧甲乙稿》卷一三《上贺参政书》。

省当以百万计矣”①，代表的正是南宋消极防御的海防策略，并无任何向海外进行军事拓展的意图。

四、结　论

北宋的边防以陕西、河东和河北沿边三路为重心，几乎没有来自海上的安全威胁，因而没有建立系统的海防，只在登州等京东路沿海设置了数量有限的海防水军，以对辽防御，主要作用也仅是巡视边界和防御海盗；南方沿海各路的海防主要依靠巡检土兵，出现大股海盗时则由朝廷派遣捉贼使臣，海防设置总体而言还比较薄弱，更未形成海防体系。

南宋偏安江南，金朝版图包括了淮河入海口以北的海岸线，南宋将位于钱塘江口的临安作为行在，海上的安全成为南宋君臣的忧患。同时，南宋海上贸易进一步繁荣，而国家实行社会控制的力量却日益衰弱，破坏沿海地区社会稳定和海上贸易的海盗日益猖獗。因此南宋建立了北方海防体系和南方海防体系两大海防体系。

北方海防体系是海防的重点区域，主要职能是拱卫临安。设置了从常州魏村往东、长江口往南到钱塘江口北岸的金山和澉浦，南岸的定海诸寨和向头，长江口以北的淮南沿海等地严密的海防要地和兵寨，配置的兵员也远远超过福建、广南和浙东温、台等地。南宋统治者设置北方海防体系，有防御金朝自海路进攻，以及由海路攻金的设想，而事实上，除建炎末的明州海战和绍兴末的胶西海战外，双方都无由海路攻击对方的举动。北方海防体系的实际作用是防御海盗。

南方海防体系主要职责是防御海盗、保障沿海社会和海上贸易的安全，兵寨设置和兵力配置都远少于北方海防体系，是海防的次要区域。而且南宋时南方海防体系的兵力和船只每年都稳定调往北方海防体系各主要防御要地，体现了南宋海防以北方海防体系为重的特点。

南宋海防体系虽受到统治者的重视，筹划周密，但在国防体系中与江防相比仍处于次要地位，在弹压海盗、保障沿海社会和海上贸易安全上发挥了积极作用，但在对外防御中基本上实际作用甚微。

---

① 汪应辰：《文定集》卷一五《与陈枢密》。

The Constitution and Function of the Coastal Defense System of the Southern Song Dynasty

Huang Chunyan

Abstract: The Northern Song Dynasty focused on land defense in the three districts in the northwest, but did not establish coastal defense system, whereas the Southern Song Dynasty was backed by the sea and therefore valued the organization of coastal defense. The Southern Song Dynasty established coastal defense navy and defense fortresses. The fortresses in the coastal area of Zhexi District, in Mingzhou of Zhedong District and in the coastal areas of Huaidong District constituted the coastal defense system in the north, the main function of which was to defend Lin'an; but its actual purpose was to suppress pirates. The fortress in the coastal area of Taizhou and Wenzhou of Zhedong District, in the coastal area of Fujian and Guangnan District constituted the coastal defense system in the south, and its main function was to guard coastal society and the safety of maritime commerce, and its main role was in the crackdown of pirates. The coastal defense system of the Southern Song Dynasty played an active part in protecting coastal society and maritime trade, but was ineffectual in foreign defense.

Keywords: the Southern Song Dynasty, coastal defense system, function

如清请封与自发改号：越南阮朝嘉明时期（1802—1840）国号问题析论*

韩周敬**

摘　要：越南在阮朝嘉隆和明命时期，其国号经历过多次变化，国号制度也经历了由单一国号制至双重国号制的转变，具体而言：在本国境内，其国号从“南越”一转为“大越南”，再转为“大南”；在对清朝的交涉中，则经历了从“安南”至“越南”的更动。这段时期只有短短四十来年，但却经历了如此频繁的国号更迭，这既体现了阮朝国内对自身认同标准的调整，也表明了清阮宗藩关系下名实问题的复杂性。

关键词：阮朝　嘉隆　明命　国号　宗藩关系

公元1802年，阮福映击败西山军，建立阮朝。同年五月和十一月，阮福映两次遣使赴清，请赐国号“南越”。清朝君臣认为“南越”“名实既不相符，体制犹为未协”①，因而于嘉庆八年（1803）改赐以“越南”之号。但在阮朝内部，该国号长期以来并未行用，嘉隆帝在接受“越南”之后不久，就改国号为“大越南”，1839年明命帝又更为“大南”，此后“直到20世纪前三十年间，随着字母文学和民族主义思潮的扩展，‘越南’国号才逐渐开始运用”②。国号既是现实国情的体现，又表明了后世对前世国统的继承，如果将阮朝更改国号之举置于清阮关系的复杂背景下来考虑，则又牵涉到双方在既有格局中的博弈问题。历来学者在解析阮初国号问题时，大多只取某个国号加以阐发，③未有描画

* 本文为国家社科基金重大项目“环南海历史地理研究”（项目编号：12ZD144）、国家社科基金青年项目“越南古代史学研究”（项目编号：15CSS004）的阶段性成果之一。

** 作者简介：韩周敬，暨南大学历史地理研究中心博士生。

① 清军机处：《军机处录副奏折》，收入陈智超编《古代中越关系史料汇编》，中国社会科学出版社1982年，第493页。

② K. W. Tylor, *A History of the Vietnamese*, Cambridge University Press, 2013, p. 398.

③ 相关研究参见以下论著：Bửu Cầm（宝琴），*Quốc hiệu Việt Nam và Đại Nam*, Tập san Sử Địa, 1970, số 16, Tr. 107－112；许文堂《十九世纪清越外交关系之演变》，《台北“中央研究院”近代史研究所集刊》2000年第34期；Yu Insun（刘仁善），*Lịch sử quan hệ Việt Nam-Trung Quốc thế kỷ XIX: Thể chế, triều cống, Thực và hư*, Nghiên cứu lịch sử, số 9 năm 2009，此文的中译名为《19世纪的越中关系和朝贡制度：理想与现实》，发表于《东北亚历史杂志》2009年第6卷第1期；[日] 吉开将人《“南越”国长阮福映》，《史朋》2007年，卷40；《“越南”国号问题再考：军机处录副奏折に见る阮福映》，《东南アジア学会会报》第95号，2011年11月，第12—13页；Choi Byung Wook（崔秉旭），*Southern Vietnam under the Reign of Minh Mang (1820－1841)*, Cornell University Press, 2004, pp. 131－132; Alexander Barton Woodside（亚历山大·伍德赛德），*Vietnam*（转下页）

阮初国号的变迁全景,以及其下之深层动因者。由于阮朝国号的更动俱发生于嘉隆和明命二朝(1802—1840),笔者以此时段为研究时段,以其间国号的更动为切入点,试图发掘国号变迁之全程,并对国号寓意、变迁原因及其对清阮关系的影响等相关问题作些探讨,尚祈方家教正。

一、阮朝初立与定国号"南越"

《大南实录》载:"(阮福映)以今年(按:1802年)五月初一日昭告天地,次日昭告列圣,纪元'嘉隆',以一统纪,新视听。"①1802年五月初二纪元"嘉隆"这一举动,标志着阮朝的正式建立。同月,"以郑怀德为户部尚书充如清正使,吴仁静为兵部右参知、黄玉蕴为刑部右参知充副使"②,携国书至清朝求封。查理·梅伯在其著作《安南国近代史》中提及了此份国书的法文版,内中记载阮福映自称为"南越国王"("roi du royaume de Nam-Viet")③。铃木中正④和刘仁善⑤俱以"南越国王"是误译,原文当为"南越国主"或"南越国长",但原文究竟是"国主"还是"国长",二氏俱未点明。笔者则认为,此处的"南越国王"乃"南越国长"之误译,因清朝《军机处录副奏折》中也记载了此次郑怀德如清之事,其中即记阮福映为"南越国长"。同年十一月,阮福映又遣黎光定为使,请封"南越"国号,《军机处录副奏折》亦记其为"南越国长"。⑥ 阮福映既自称为"南越国长",则当时阮朝当以"南越"名国。《军机处录副奏折》记阮福映为"南越国长",只是照实抄写阮福映的表文而已。

与《军机处录副奏折》中照实抄录的"南越国长"不同,后出的《清实录》、《清史稿》中涉及此段史事,俱称阮福映为"农耐国长"。这是因为后来嘉庆帝驳回了阮福映赐"南越"国号之请求,"南越国长"之号在清朝的叙述语境中遂不得成立,故而后世史臣在修撰《清实录》、《清史稿》时,只以阮福映的兴起之地为号,而记其为"农耐国长"。

阮福映请赐"南越"国号的行为,引起了嘉庆朝君臣的警觉,从1802年十二月二十三日保宁上书请求"所有该国长请赐名南越之处,应无庸议"⑦开始,清朝和阮朝围绕国名问题,进行了反复的博弈。请封正使郑怀德在其《艮斋诗集自序》中对此间过程有详载:

> 广西巡抚孙玉廷督令缴原表,务使改请从"安南"国。本国后文以"安南"经为伪号,不

(接上页)*and the Chinese Model: A Comparative Study of Nguyen and Ch'ing Civil Government in the First Half of the Nineteenth Century*, Harvard University Press, 1971, pp. 120-122;杜晓梅:《安南国书与嘉庆初期中越关系》,《故宫文物月刊》第379期;郑文:《关于"大南"国号》,《印支研究》1982年第3期;韩周敬、王永伟:《阮福映请赐"南越"国号之事考论》,《地方文化研究》2014年第1期。

① 张登桂等编:《大南实录正编》第一纪卷一七,日本庆应义塾大学言语文化研究所发行,东京有邻堂1965年,第2页。

② 《大南实录正编》第一纪卷一七,第9页。

③ Charles B. Maybon, *Histoire moderne du pays d'Annam (1592-1820)*, Paris: Librairie Plon, 1919. Reprinted (Westmaead, Englang: Gregg International Publishers, 1972), pp. 375-376.

④ [日]铃木中正:《清越关系的建立》,《爱知大学文学论丛》33—34合刊,1966年,第351页。

⑤ [韩]刘仁善:《19世纪的越中关系和朝贡制度:理想与现实》,《东北亚历史杂志》2009年第6卷第1期。

⑥ 以上所引两处《军机处录副奏折》之内容,均收入陈智超编《古代中越关系史料汇编》,中国社会科学出版社1982年,第490—492页。

⑦ 清军机处:《军机处录副奏折》,收入陈智超编《古代中越关系史料汇编》,中国社会科学出版社1982年,第493页。

肯从命，为此，巡抚孙布政公峨、按察使清安泰勒请使命轮流辩难，诱使具修表文，附寄回奏，求速送改。禀以议自上裁，非出强专命之事，孙抚台甚加忧惧，忙赴太平府近关修书，往复关头候命，羽檄交驰。加以两国之兵，因寇乱初平，于关上地头，未免各张声势，与递送使事接递公文，兵弁守候，并严整节，而国号一事，彼欲固要而我国不肯转从，往复文书，辩论未定，以故外间讹传二使部已为内地拘禁。于是，北城总镇公经委问行往桂探候。癸亥四年，因后表所叙我国"先有越裳，后有安南"之语，事经先朝廷议，准许使部经程进京(以此遂封为"越南"国)。①

可见，在最初交涉之时，阮福映的态度十分强硬，声称"不允即不受封"②，这和清朝"务使改请从'安南'国"的立场背道而驰，其后阮朝使臣"再三复书辩折"③，致使双方沿边军民转生疑忌，不利于交邻关系的保持，因而清朝的态度也逐渐转变，由"固要"而转为制定"越南"之号。清朝颁赐"越南"国号，在嘉庆八年六月己丑，④但清使正式南赴升龙宣谕，则在嘉庆九年春正月。⑤ 此后在进呈清朝的国书中，阮朝遂以"越南"自称。

对于"越南"二字的囊括范围，学界亦有不同的看法。传统的说法认为"越"指越裳，"南"即安南，⑥亚历山大·伍德赛德继承和细化了这一观点："'越'代表这个国家的旧有部分，即黎朝大越国时期的北部和中部地区；'南'代表了新辟之地，即南方的殖民地，这块地区此前从未纳入传统越人王国的治下。"⑦但近年来，崔秉旭提出了一种新的看法："这个国号并未将嘉定地区囊括在内，因为嘉定直到明命晚期，才归入阮朝治下。"⑧崔氏的说法，建立在他对明命时期对嘉定政策的悉心研究上面，他认为嘉定地区在黎文悦主政时期，地位相当独立，直至黎文悦死后，随着黎文魁之乱的平定和废城置省、改派流官等各项措施的推行，嘉定地区才真正地归于阮朝统治之下。笔者则认为，"越南"一词被阮朝君臣接受，是有其特定背景的，即1802年嘉隆一统罗河南北，不但继续统治原广南国领地，还将原黎郑故地括入辖内，因此"越南"一词，应须指代阮朝全境，方足为嘉隆乐见，至于嘉定地区的地位，属于阮朝的内部行政问题，与"越南"国号是否成立关系不大，因此，笔者赞同陈重金和亚历山大·伍德赛德的意见。

综上所言，自1802年五月初二阮福映建元起，至嘉隆三年(1804)春正月，是阮朝以"南越"为国号的时期。此前的李朝、陈朝和后黎朝，都奉行双重国号制，即对内自称时用一个国号，而

---

① ［越］郑怀德：《艮斋诗集自序》，香港中文大学新亚研究所1962年，第132页。

② 《大南实录正编》第一纪卷二三。

③ 《大南实录正编》第一纪卷二三。

④ 《清仁宗实录》卷一一五："(嘉庆八年六月己丑)改安南国为越南国，封阮福映为国王。"

⑤ 《大南实录正编》第一纪卷二三记："嘉隆三年春正月……清帝遣布森赍诰、敕、国印来宣封，又赐彩缎、器皿诸品物。"阮朝嘉隆三年，即清嘉庆九年。

⑥ ［越］陈重金著，戴可来译：《越南通史》，商务印书馆1992年，第307页。

⑦ ［美］Alexander Barton Woodside："The word *Viet* stood for the older part of the country, the northern and central areas, which had borne the name *Dai Viet* under the *Le*. The word *Nam*, 'south', referred to the newer areas, the colonized south, which had never previously been involved in the traditional Vietnamese kingdom." See *Vietnam and the Chinese Model: A Comparative Study of Nguyen and Ch'ing Civil Government in the First Half of the Nineteenth Century*, Harvard University Press, 1971, p. 120.

⑧ ［韩］Choi Byung Wook："But in my opinion the court did not consider revising the state title to include reference to Gia Dinh until the later years of Minh Mang reign." See *Southern Vietnam under the Reign of Minh Mang (1820-1841)*, Cornell University Press, 2004, p. 132, footnote 10.

在对北方宗主国的国书中又采用其他国号。但在1802年五月初二至1804年正月这段时期内,阮朝国号的使用情况比较特殊:一方面阮朝对内以"南越"名国,对清朝亦以此号反复交涉辨折,可见它暂时抛去了前朝的双重国号制,而改用单一国号;另一方面,清朝又始终不承认"南越"之号,只许其"仍以安南为称"①,"务请改从安南国"②,可见此时期内清朝只承认"安南"国号。③ 由此亦可知,清朝注重的是历史权利的承继,力图稳固既有的格局和交往体系,阮朝则强调现实力量的更动,并试图在维持传统关系大格局不变的前提下,摆脱对清朝的藩属地位。通过对阮福映请赐"南越"国号缘由的解析,我们可以更清晰地认识到此点。

二、阮福映弃"安南"而请"南越"探析

(一)阮福映放弃请封"安南"

上文已经述及,1802年,阮福映先后于五月和十一月,两次派遣使者奉表于清,请赐国名"南越"。④ 越南自李朝英宗受"安南"国号,直至西山,袭用不绝,历朝对此均无异议,何以此时阮福映独欲更改呢?对此,当时的使华正使郑怀德有记:

> 彼(按:指清朝)以请封表内所请为"南越"国一语,颇与两粤古号相同为关碍。经奉天朝运机大臣诘责,广西巡抚孙玉庭督令缴原表,务使改请从"安南"国。本国后文以"安南"经为伪号,不肯从命。⑤

所谓"经为伪号",即阮惠曾受清封"安南国王"一事。由于广南国灭于西山之手,新、旧二阮势如水火,因此旧阮后裔阮福映才斥新阮之西山为旁系闰统,"安南"随之沦为"伪号"。

日本学者吉开将人通过对《军机处录副奏折》、《清实录》等资料的研究,对此事提出了另一种见解:"在实现越南国王被册封之前,存在阮福映自称'南越国长'和清朝对他的称呼'农耐'并用的情况……这是阮福映为了与清朝建交时能够避开篡夺'安南'之污名所采取的策略。"⑥笔者认为吉开氏之说有一定道理。阮朝是灭掉西山朝建立的,亦即它的建立是对清—西山朝宗藩关系的打破。在清—西山关系语境中,阮福映所代表的旧阮势力只能是西山治下的地方割据力量,虽然清朝自始至终都在观察这场安南内战,并决定根据实力变化而取舍,但一旦旧阮真的击败了西山朝,那么随之而来的名分秩序中各个要素的骤变,势必会给原本常态化的中国和安南关系带来许多变数,甚至由于之前的联络不多,旧阮还可能引起清朝的猜疑、拒斥。这些都是阮福映请封之前必须考虑周备的。故此,在请封表文中,除了宣称祖辈的继统优势、西山的统治无道,以及抚恤清朝风难船民、

① 清军机处:《军机处录副奏折》,收入陈智超编《古代中越关系史料汇编》,中国社会科学出版社1982年,第493页。
② [越]郑怀德:《艮斋诗集》,第132页。
③ 清朝正式决定颁赐"越南"国号在嘉庆八年(1803)六月,但正式抵达越南宣封则在1804年正月,此处以正式宣封时间为准。
④ 《清史稿·越南传》。
⑤ [越]郑怀德:《艮斋诗集》,第132页。
⑥ [日]吉开将人:《"南越"国长阮福映》,《史朋》2007年,卷40,转引自山崎岳著;青格力译《2007年日本的明清史研究》,《中国史研究动态》2009年第7期。

遣送陆海盗贼等措施外，阮福映刻意弃用传统的“安南”国号，以避开“篡夺”西山朝之污名。

(二) 阮福映请赐“南越”国号之缘由

关于请“南越”国号之缘由，阮福映在表文中自承：“窃念臣之先祖，辟土炎郊，日以浸广，奄有越裳、真腊等地方，因建国号南越，父传子继，两百余年。”①是以“伏望圣聪曲垂轸顾，锡以荣封，兼赐国号南越”②。解析阮福映的表文可知，其请赐“南越”国号主要缘由有二：

第一，为了国号与国土的名域相谐。越南学者陈重金对此点也有过精到阐释，其言曰：“(嘉隆)请改国号为南越，因取安南之南、越裳之越，故名。”③所谓“安南之南”，即阮主所辟之广南国境域，由于安南后黎朝的疆土只延展到富安之石碑(Da Bia)山，以南之地已不属之，因此陈重金将阮主新辟的石碑山以南之地称为“安南之南”；而“越裳之越”，乃以古名代指后黎朝之疆域。此时阮福映奄有安南后黎朝之境土与广南国之新辟地，又以广南国为其先祖所立，故而将“南”置于“越”前，组成“南越”国号，因以请封。

第二，为了袭取祖名。以时间推算，阮福映表中所称的两百余年前之“先祖”，即广南国第一代阮主阮潢。但揆之史事，阮潢虽是广南国的开辟者，却一直称臣于后黎，并未单独立国；又，阮潢若立国，兹事体大，越史对其必然大书特书，但观所存越史，无论官私，俱无一字记之。④ 不惟阮潢一代，其后的历代阮主都未称“南越”国号。因此阮福映在进表中所称先祖“建国号南越”之事，显系“权宜之计，并非有所凭据”⑤。

但阮福映以名域相谐和继承祖号为名而请赐“南越”的要求，最终遭到了清嘉庆帝的拒绝，因为“南越”国号使嘉庆朝君臣产生了不好的联想。从语内语境来看，在越南语法中，“Nam Việt”(“南越”)为“越之南地”，但译成汉语“南越”后，意思就变成了“南之越地”。在越南语“越之南地”的语义中，阮福映意指古越族分布地的南方部分。但清朝在解读“南之越地”时，是以其所在之中国北境为参照的，自此南瞰，“南之越地”也囊括了两广。由于阮福映之疆土只在两广以南，“若该国复南越之古，名实既不相符，体制尤为未协”⑥，因此嘉庆帝遂拒绝之。

从语外语境来看，“南越”之名，曾在汉时为赵佗所用，“御黄屋左纛，称制与汉并”⑦。这与清朝的立场是对立的，清朝在对待周边属国的态度上，“既强调天下一视同仁的神圣理想，又无时无刻不渗透着形塑自我优越的迷思”⑧，因此它不能容忍其属国有一丝一毫的僭越之举。阮

---

① 清军机处：《军机处录副奏折》(嘉庆七年)，收入陈智超编《古代中越关系史料汇编》，中国社会科学出版社 1982 年，第 492 页。

② 清军机处：《军机处录副奏折》(嘉庆七年)，收入陈智超编《古代中越关系史料汇编》，中国社会科学出版社 1982 年，第 492 页。

③ [越] 陈重金著，戴可来译：《越南通史》，商务印书馆 1992 年，第 307 页。

④ 越南官史存世者，主要有《大越史记全书》、《钦定越史通鉴纲目》和《大南实录》，私史主要有黎贵惇的《抚边杂录》，这些史书都未记载阮潢建“南越”国之事。

⑤ 孙宏年：《清代中越宗藩关系研究》，黑龙江教育出版社 2006 年，第 40 页。

⑥ 清军机处：《军机处录副奏折》(嘉庆七年)，收入陈智超编《古代中越关系史料汇编》，中国社会科学出版社 1982 年，第 492 页。

⑦ 《史记》卷一一三《南越列传》。

⑧ [新] Wang Gungwu(王赓武), *Early Ming Relations with Southeast Asia: A Background Essay*, in John K. Fairbank ed., *The Chinese World Order*, op. cit, pp. 20 - 33.

福映提出"南越"国号,暗示了其与清朝在名分秩序中的对等性,这是清朝所不乐见的。故此,《清仁宗实录》云:"阮福映求封'南越',显有恃功要请情事,恐其心存叵测,所有广东、广西一带海道边关,俱着密饬地方官留心防备,不可稍涉懈弛,将此各传谕知之。"①

事实上,阮福映本人"好观古史"②,"崇尚儒术,垂情礼乐"③,而其使臣如黎光定、郑怀德悉为华侨,为越南文学史上著名的"嘉定山会"之开创者,汉文汉诗造诣也极高,自能明辨"南越"在越南语和汉语中的语义差别,对于赵佗南越国之史事亦必了然于胸,他们应该可以预料到,以其表书中所列的两条理由来请封"南越"之号,势必遭到拒绝,因此这两条理由,应非其实际想法。那么他们请赐"南越"国号的真实缘由到底是什么呢?

笔者认为有三。第一,前文在论阮福映弃请"安南"国号时已分析,即阮福映以请"南越"来缓冲自身因为打破清—西山宗藩格局而带来的压力。稍后的清阮交涉证明,阮福映此举实属多虑:在宗藩关系架构下,至要之务理应是维护此种架构本身的存在,在1789年西山阮惠击败清军、灭亡后黎朝时,清朝就转而采用温和的政策,没有再次派兵南下。同样地,当阮朝的建立对清朝—西山朝这种宗藩格局产生打破效应时,清朝也会适时调整策略。在西山朝君臣尽被阮福映俘获、无人前来告救的情况下,清朝已经没有乾隆五十三年(1788)那样的出兵理由,因而它的选择只有一个,即承认新兴阮朝。但是,无论后续事态如何发展,阮福映在事前就以"南越"为请,以作为规避风险的举措,这是十分必要的。

第二,我们可从清朝对阮福映此举的评论中窥出端倪:"阮福映边徼小夷,此时即全有安南,亦不过交趾故地,何得遽称南越?安知非欲夸示外夷,故请易国号先为尝试?"④中越之间久远的封贡往来,不仅在越南朝廷中被视为中越关系的常制,而且在民间也得到广泛的共识,历代越南王朝建立后,如不荷蒙中国之封号,"不独无以服国人之心,且杂杜邻土之衅"⑤。学者们也将"得到中国的认可"作为越南政权合法化的五个必备条件之一。⑥ 反之,越南也自觉地将获取中国的封号,作为其在与周边国家交往中的一种手段来使用。

阮朝建立之后,在中南半岛建立了亚宗藩关系体系,⑦老挝、真腊等清朝属国,同时也向阮朝称藩。如果将中越传统的宗藩关系称为"元体系",则阮朝和周边属国的这种亚宗藩关系,可称为"次体系",因为亚宗藩关系体系就是由"元体系"派生而出的,因之,"次体系"必然会受到"元体系"的极大影响。元体系中诸国的地位、层级、名分、关联度等诸种要素的变动,会引起次体系的相关要素的变化。阮朝通过请赐"南越"国号,就有以干扰元体系来深化其在次体系中的影响的意图:如所请之"南越"国号能得准许,阮朝就会获得名分地位的提升,连带引发的则是中南半岛诸国对其实力的猜想和敬畏,这样,阮朝在与周边国家的外交操作中,就具备了巨大的优势,其建立的中南半岛亚宗藩关系体系也将更为稳固。

---

① 《清仁宗实录》卷一〇五,中华书局2008年,第25页。

② [越]张登桂等编:《大南实录正编》第一纪卷一八,日本庆应义塾大学语言研究所整理,东京有邻堂1961年。

③ 《大南实录正编》第一纪卷三五,第3页。

④ 《清仁宗实录》卷一〇六,第22页。

⑤ [越]黎统:《邦交录》,越南汉喃研究院抄本复印本,书号A691/1—2,第172页。

⑥ 牛军凯:《王室后裔与叛乱者——越南莫氏家族与中国关系研究》,世界图书出版公司2012年,第17页。

⑦ 古代越南和周边国家的亚宗藩关系,最早由我国越南史专家戴可来先生指出,参见氏著《略论古代中国和越南之间的宗藩关系》,《中国边疆史地研究》2004年第2期。亦有学者称之为"亚朝贡体系",见左荣全《略论越南亚朝贡体系——兼论与东亚朝贡体系之异同》,《南洋问题研究》2014年第2期。

第三，阮福映请赐"南越"国号，实乃越南长期以来自尊其国、间隔华夷意识之流露。黎初阮廌《平吴大诰》曰："惟我大越之国，实为文献之邦，山川之封域即殊，南北之风俗亦异。粤赵丁李陈之肇造我国，与汉唐宋元而各帝一方，虽强弱时或不同，而豪杰世未尝乏。"①吴士连曰："五岭之于我越，是为险塞，国之门户，犹郑之虎牢、虢之下阳者也。帝越者固宜设险守国，不复使之失也。赵氏一失其守，国亡统绝，土宇瓜分，南北之势成矣。"②这些安南士人的字里行间蕴含了强烈的与中国侔的分强观念，此种观念的内核是"自尊其国"意识。"自尊其国"乃是越南千余年的北属史造成的。降至阮朝，由于清朝在先前曾败于西山军，西山军又败于阮朝，受盛大武功之鼓舞，这种意识愈发膨胀，其国内需要树立一个历史王朝来作为此种意识之象征。自越南现存最早的史籍《越史略》设《赵纪》，以赵佗为安南国统开创者之后，越南士人都将曾与汉朝并立的赵佗南越国看作越南国统之发端，因此，如欲择一王朝作为托古之标的，南越国是当仁不让的。

而在越南自尊其国的意识中，还夹杂有间隔华夷之潜流。阮福映曾宣称："中国之于外夷，治以不治，彼以诚来斯受之。"③又言："朕不忍驱中国之兵，以为远役也。"④"中国之兵，岂夷狄报怨之具耶？"⑤此处的"中国"是指阮朝，清朝则被另称为"北朝"⑥。从名分秩序的立场来看，这里的"中国"从实土国家被置换成了一个概念国家，在这个抽象的"中国"里，判别正统性的标准不在于历史权利和疆土大小，只看其所谓的政统和道统是否延续。而在阮朝看来，"清之得明，以匈奴入中国，以夷变夏"⑦，清朝是"以夷变夏"的"夷"，已经不是"中国"；而阮朝奄有全越，"取之于西山，非取之于黎氏，名正言顺，迨过于清"⑧，因而它自己才是中华文化的继承者，是"中国"。因此，阮福映在其国内，"将中国使用的朝贡一词改为'邦交'，贡使一词改为'如清使'，意图与中国形成平等的关系"⑨。

越南古代自尊其国和间隔华夷这两种意识，实际上是一体两面的。正是受其驱使，黎末儒宗吴时仕才提出了弃掉"安南"、更改国名的主张：

> 国名既赐，犹加"安"字于"南"字之上，宋人有强我之意，迄今未之能改。必欲正名，惟称"南越国"乃可耳。我国英君良使代不乏人，改正国号，其必有所待焉。⑩

吴时仕的论调并非只是其个人想法，而是在为当时整个士林发声。阮福映好经史之学，受此种思想之濡染自然甚深，加上前文所言的规避风险、"夸示外夷"以巩固亚宗藩体系的需要，所以才在进表中提出赐名"南越"之请求。

---

① ［越］阮廌：《抑斋集》卷三《文类》，河内通信文化出版社 2001 年，第 319 页。
② ［越］吴时仕：《舆地志注释》，越南国家图书馆藏，书号 R. 2016。
③ 《大南实录正编》第一纪卷二六，第 22 页。
④ 《大南实录正编》第一纪卷三八，第 12 页。
⑤ 《大南实录正编》第一纪卷四一，第 24 页。
⑥ 如《大南实录正编》第二纪卷四二："考之北朝历代会典所载文武品衔各十八阶。"
⑦ 《大南实录正编》第二纪卷一三七，第 16 页。
⑧ 《大南实录正编》第二纪卷一三七，第 16 页。
⑨ 许文堂：《十九世纪清越外交关系之演变》，《台北"中央研究院"近代史研究所集刊》2000 年第 34 期。
⑩ ［越］吴时仕：《舆地志注释》，越南国家图书馆藏，书号 R. 2016。

三、以“大越南”名国与阮福映复国号为“大越”之事辨析

(一)阮福映以“大越南”为国号

清阮双方关于“南越”国号的论争,以清朝颁赐、阮朝接受“越南”国号而休止。“越南”这一国号为何能暂时平息双方论争呢?《清实录》对于嘉庆赐封“越南”一事记道:

> 该国先有越裳旧地,后有安南全壤,天朝褒赐国封,著用“越南”二字,以“越”冠于上,仍其先世疆域;以“南”字列于下,表其新锡藩封。且在百越之南,与古所称“南越”不致混淆,称名既正,字义亦属吉祥,可永承天朝恩泽。①

《大南实录》对此则言:

> 清帝恐失我意,遂以越南名国,来书言:从前抚有越裳,已称南越,又得安南全境,循名责实,自当总前后所辟疆土肇锡嘉名。其定以“越”字冠于上,示我国承旧服而克继前徽;以“南”字列于下,表我国拓南交而新膺眷命。名称正大,字义吉祥,且与内地两粤旧称迥然有别。②

比较两者大同小异的记载可知,双方都强调了在处理“越南”国号问题上的三个基点:

第一,事惟务实。“南越”为赵佗南越国之旧称,其疆域涵盖两广及阮朝北部疆域,因此阮朝不当以“南越”名国,但其又确实占有越裳和安南之地,因此国号必须要符合疆域之实,“越南”因实而名,最是合宜。

第二,治在正名。“南越”国号所蕴含的自尊其国和“夸示外夷”的性质,不利于清阮宗藩关系的构建,清朝遂调整“南”、“越”两字次序,相较“安南”来讲,“越南”既肯定了阮朝的历史统系,又认可了其现实权利,即使阮朝循名责实,反向推之,“越南”也同样合于事理,阮朝难以再用疆土的变化来作借口。

第三,体制允协。“南越”国号是清阮交涉的一大难题,阮朝既已明言“安南”为伪号,清朝如果仍强以“安南”名阮朝,则其势必怨怼难平,但“南越”国号又嫌疑重大,不可准许,“越南”之号则比较恰当地解决了名实问题,使得清阮双方仍沿袭了清朝和后黎朝、西山朝的宗藩体系。以上三点就是“越南”国号能够暂时平息论争的原因。

清朝以“越南”代替“南越”,比较完满地处理了阮朝的诉求,因而阮朝部分士人对于此国号的评价是比较务实和积极的。嘉隆六年黎良慎为黎光定《华原诗草》作序:“晋斋黎公特以兵部尚书充求封正介,是行也侈旧邦之崇称,创新封之国号,事体尤重,为皇朝使命第一科。”③郑怀德则言:“以此遂封为越南国,盖以善加调度,彼此两全,善得事体。”④这种评论比较清楚地看到了清阮双方在国号问题上的僵持局面,以及解决手段上的政治灵活性。

但对于另一部分固执地认为“越南”本非阮朝之所求,因而阮朝在国号问题上仍未得到公正

---

① 《清仁宗实录》卷一一一。

② 《大南实录正编》第一纪卷二三。

③ [越]黎光定:《华原诗草》,收入《越南汉文燕行文献集成》第9册,复旦大学出版社2010年,第94—95页。

④ [越]郑怀德:《艮斋诗集》,第132页。

待遇的人来说，这种结果虽亦属双赢，却并非等利，如阮福映本人虽接受了“越南”之号，但对内并未以之名国，而是在词前崇以“大”字，以“大越南”国自称，是以《大南实录》载：“我皇考世祖高皇帝奄有安南，爰建国号为‘大越南’国。”①其后的明命十九年(1838)，明命帝更对内更异国号，这种举动可视为宿怨之升格。

(二)《国史遗编》嘉隆十一年“复国号为大越”辨正

据《大南实录》载，1804年春正月阮朝接受“越南”国号，一直沿用到阮圣祖明命十九年，其间未有改号之事。明命十九年，始改国号为“大南”，明命二十年正式施行。但据《国史遗编》载，在此前的嘉隆十一年，阮朝亦有更改国号之举，其文曰：“(嘉隆十一年十二月)复国号曰大越。”②陈荆和先生认为此条记载可补《大南实录》之阙，③郑文亦引此条记载，认为嘉隆十一年改号确有其事。④

事实上，《国史遗编》这条记载的可靠性很成问题。首先，此条记载不见于他种文籍，尤其是官方史书《大南实录》，乃是孤证，未可遽加采信；其次，现存的阮朝货币中，有铸造于明命十四年的“越南元宝”⑤金条，《大南实录》载：“(明命十四年春三月)命铸造黄金百两锭一百，锭名‘越南元宝’。”⑥(金锭式样见图1)如果嘉隆十一年确曾改“越南”为“大越”，那么此元宝便不当名“越南”，而应为“大越”。

图1 明命十四年铸“越南元宝”

越南元宝 百两金锭，长141 mm，宽62 mm，厚25 mm，重3 834.85克，明命十四年铸。

① 《大南实录正编》第二纪卷一九〇，日本庆应义塾大学言语文化研究所发行，株式会社白桥印刷所出版，1977年，第1页。

② [越]潘叔直：《国史遗编》，香港中文大学新亚研究所1965年，第81页。

③ [越]潘叔直：《国史遗编》，香港中文大学新亚研究所1965年，第81页。

④ 郑文：《关于“大南”国号》，《印支研究》1982年第3期。

⑤ 云南省钱币研究会、广西钱币学会编：《越南历史货币》，中国金融出版社1993年，第314页。

⑥ 《大南实录正编》第二纪卷九一，第32页。

那么会不会另有一种可能,即阮福映时虽已改国号为“大越”,但为了掩清朝之耳目,明命帝在铸造元宝时故意使用“越南”之名呢?笔者认为这也不可能。虽然阮朝向来奉行双重国号制,清朝君臣亦知之,但只要越南不公然在名分秩序上对其发动挑战,清朝亦未便加以干涉,故而越南也没必要因为清朝的疑忌而故意隐讳国号。明命十九年阮朝改国号为“大南”之后,就立即铸造了“大南元宝”①(见图 2),以作为昭示正统的象征之物,②这说明阮朝为了避免清朝疑忌而隐其国号的假设,并不能成立。

图 2 明命十九年铸“大南元宝”

《国史遗编》所记他种史事往往与《大南实录》相合,为何偏偏在变更国号这等重大问题上不一致呢?阮朝明命帝的一段话可以给出答案,《大南实录》载其谕旨曰:

> 我皇考世祖高皇帝奄有安南,爰建国号为“大越南国”。其历书但单书“大越”二字,于理本是无妨,向来行之已历年纪,乃有草野无识之徒,见安南国陈、黎历朝历日亦有“大越”字样,谬认雷同,妄生疑讶。③

---

① 云南省钱币研究会、广西钱币学会编:《越南历史货币》,中国金融出版社 1993 年,第 315 页。

② 无论是中国还是越南,在古代新朝建立、新帝即位或国号变更时,都会重新铸造钱币,以作为象征和宣传。因此,牛军凯在《王室后裔与叛乱者——越南莫氏家族与中国关系研究》一书中,将“铸钱币”作为一个政治家族在国内取得合法政治地位的五大必经途径之一,见氏著序言,第 17 页。

③ 《大南实录正编》第二纪卷一九〇,第 1 页。

明命帝眼中所谓的“草野无识之徒”，是指文化知识较为贫乏的普通民众。明命十四年，一位在越南从事印刷业的清人在信中即写道：“其国名为‘大越’。”①他之所以这样说，应该是得自与普通越人的日常交流经验。但是，从上引明命帝这段谕旨中可知，阮朝所通行之“大越”，非为陈朝和后黎朝之国号，而是阮福映“大越南”国的略写。“大越”与“大越南”国通用，在越南史书中还有一些例子，如在由吴高郎编撰、呈明命帝观览的《国朝处置万象事宜录》中即是如此，此书卷一第19页载：“大越南国乂安镇镇守阮、协镇阮、参协黎，肃书于万象国王。”②卷二第76页则言：“倘该国该蛮或有循习，递将品物，供贡于大越国，亦听依前体例。”③由此可知，《国史遗编》所记的阮福映改国号为“大越”之事，应是时人混淆了陈、黎“大越”与“大越南”国略写之“大越”的结果，而作者潘叔直生年较晚，对此种传闻，应得之耳食，而非亲历，在记述之时，又疏于考证，是以给了后人以误导。

基于上述论证，我们可以断言，《国史遗编》关于嘉隆十一年“复国号为大越”的记载并不准确，嘉隆三年春正月之后，阮朝俱奉“大越南”为国号，从未更名为“大越”，这也是《大南实录》未记载此次所谓变动的原因。“大越南”国号的使用时间，自嘉隆三年春正月清使正式赐封“越南”国号之后，一直到阮朝明命十九年更名“大南”为止，共计35年。阮朝对内称“大越南”国，对清朝则自称“越南”，两者含义不尽相同，因而亦可视为双重国号。

四、明命更名“大南”及其寓意

阮朝明命十九年春正月，御史阮文谅疏请更改国号：

> 自古帝王，一代之兴，必建国号，或取其由兴之地，或取其所封之国，取其兆者有焉，取其易者有焉，非故为是以相异，盖所以明世代而垂永久。南服自有国以来，其建国号，揆之帝王阙如也。而所谓“南越”者，亦百粤中之一，乃自古所命之名，非一代有兴之号，迨乎后世史臣将本姓而称呼，如丁黎李陈黎是也。我国朝开创云初，未暇改越之旧号，今南北无事，天下太平，请建国号以新南服，庶垂后为千万世帝王之师法。④

此奏疏中阐明了国号与国统之间的关系，并刻意强调了阮朝本身国号与清朝所赐之号的差别，进而提出建立阮朝自有国号的建议，不可谓没有说服力。

但阮文谅忽视了一点：“越南”国号虽是清朝所赐，但经历了清阮双方反复的程序确认，阮朝内部至少在表面上，已经认可了其正义性和合法性。在此种语境下，如果阮文谅不承认“越南”是阮朝的自有国号，那么也就否认了嘉隆帝阮福映确立清阮关系的努力，是以此举遭到了明命帝的驳斥：

> 我越自陈黎以前称“安南”国，本朝改号“越南”，内外臣民素所闻见，阮文谅平生学识安

---

① 此处为英语之照译：“The title of the country is, the Grat Yue.” *Journal of Occurrences*，1833年1月，收入《“中国研究”外文报刊汇刊·中国丛报》，广西师范大学出版社2008年，第386页。

② ［越］吴高郎：《国朝处置万象事宜录》卷一，第19页。

③ ［越］吴高郎：《国朝处置万象事宜录》卷二，第76页。

④ 《大南实录正编》第二纪卷一八八，第29—30页。

在,而国家大号,乃尔不知?且彼风宪中人,何乃出言狂妄至此?其即革职发镇西军次效力。①

明命帝言语中虽并未刻意提及清朝所赐之号与阮朝自有国号的差别,但从其稍后主动更改国号的举动来看,他对确立自有国号的重要性是有充分认识的。明命十九年春三月,圣祖阮福晈宣布从明命二十年起,废止“大越南”国号,而代之以“大南”。《大南实录》对此事有详载:

戊戌明命十九年春三月甲戌,初定国号曰“大南”。谕曰:我国朝自太祖嘉裕皇帝南极肇基,暨列圣日增式廓,抚有越裳之地,故国中原号“大越”,历书亦以此二字冠之,本非袭用安南之别称“大越”者。比至我皇考祖高皇帝奄有安南,爰建国号为“大越南”国,其历书但书“大越”二字,于理本无妨,向来行之已历年纪,乃有草野无识之徒,见安南国陈、黎历朝亦有“大越”字样,谬认雷同,妄生疑讶,则所关国体不细。朕稽诸往古,如唐宋以前,多以兴王之地为奄有天下之号,至元明又嫌循袭故称,即以美字为国号,暨大清原称满洲,后复改为“大清”,皆因辰随宜,事以义起。兹本朝奄有南方,提封日辟,东边一带,讫于南海,绕过西溟,凡戴发含齿,皆隶版图,海澨山陬,尽归率土。原称“越南”,今称“大南”,更明名义,而“越”字亦在其中矣。《诗》云:“周虽旧邦,其命维新。”信符名实。准嗣后国号,宜称“大南”国,一切文字称呼,即照此遵行。或间有连称“大越南”国,于理犹是,永不得复称“大越”二字。其协纪历本年业已颁行,不必一一更换,仍须改印数千张历面呈进,候颁给京外官员,俾明大号。余即以明命二十年为始,改著“大南”字样颁行,以正名称,播告迩遐,咸孚闻听。②

《国史遗编》亦载此事,并引诏文曰:“其改国号曰大南,以二十年为始,或称大越南国亦宜。”③潘叔直认为“大南”国号“或称大越南国亦宜”,与明命帝诏书中“或间有连称大越南国,于理犹是”的表达一致。山本达郎在编写《越南中国关系史》时,也沿袭了明命帝诏书和潘叔直之说,认为“大南”为“大越南国”的简称,④笔者对此甚为赞同。

除欲澄清因为“大越”之号流行而在民间引起的歧义之外,明命帝更改国号还另有理由:“我国本称‘大越’,今疆宇日辟,大于南方,故以‘大南’称之。”与嘉隆时期的阮朝疆域相比,明命时期的疆土发生了明显的变化,这种变化主要源于两起事件:第一是明命七年,万象为暹所破,所属之镇宁(今老挝川圹地区)、玉麻及乐丸三峒(今老挝沙湾拿吉地区)、芒虎七蛮,咸愿归附阮朝,阮朝于其地建立镇宁、玉麻、临安等府,将原先属于统治区的镇宁诸地,升格为间接行政区;第二是明命十六年真腊内乱,阮朝将原设于南荣(今柬埔寨金边)之安蛮堡,改设为镇西城,其下设三十三府和二蛮,⑤并逐渐改土归流。崔秉旭认为:“‘大南’国号反映了原本分立的三个地区,此时俱归阮朝统治之下,这三个地区为:越人的安南、占人的越裳,以及陆真腊之

① 《大南实录正编》第二纪卷一八八,第30页。
② 《大南实录正编》第二纪卷一九〇,第1—2页。
③ [越]潘叔直:《国史遗编》,香港中文大学新亚研究所1965年,第278页。
④ [日]山本达郎:《越南中国关系史》,山川出版社1975年,第494页。
⑤ 《大南一统志》嗣德本“高绵”。

地。"①因之，阮朝自居南方之大国，以"大南"自号。

正如前文所言，"北朝"乃是越南对清朝的称呼，"大南"国号明显有与"北朝"对举之意，其中所蕴含的重构清阮名分关系的意图十分明显。这一意图实际上是对阮福映以"南越"请封一事的延续：首先，在明命帝的阐释下，"大南"既为"大越南国"之简称，表明他并未否定阮福映建立清阮关系的政治实践；其次，当初阮朝接受"越南"之号，只是一种权宜之计，并非心甘情愿，因此"大南"国号又是阮朝宿怨的爆发和对清朝抗议情绪的自我表达。

但明命帝改号之举，在朝臣中并非全无异议，协办大学士武春谨在明命二十年春三月所进请安折中就认为"大南"曾为侬智高所用之国号，阮朝以正统而用闰号，于礼不合。明命帝下谕曰：

> 以朕所见，我国本称"大越"，今疆宇日辟，大于南方，故以"大南"称之。若谓侬智高曾有此号，不可蹈用，则夫唐周汉宋之号，古后皆有之，究竟真伪自别。我今亦号"大南"，使天下后世，试观与前"大南"为何如耳。庸何妨乎？且国之有号，不过以殊称，原非有甚意义，独不思大明、大清之号，果何取义乎？②

明命帝此语，乃是在实力和时势基础上，对名分的重新界定。侬智高之"大南"，只是摇摆于宋朝和李朝之间的从属政权，以正统观来看，不具有合法地位，因而与阮朝没有可比性。而阮朝之"大南"，在明命帝看来，不但符合疆域实况，而且继承了前代的名分，乃承继李、陈、黎诸朝的正统王朝，此亦明命帝深具自信之根源所在。

明命帝第三十七子阮绵寯在《孝史略诠》中说："(夏禹)承舜道统，后胤封在我大南越国。"③根据其书署名"大南皇亲藩盛国公绵寯述著"④来看，此书作于明命帝正式更改国号之后，即明命二十年之后。阮绵寯素通经义，对"大南"国号之寓意自当了然于胸，不可能谬以之为"大南越"国。因此，笔者认为，此处的"后胤封在我大南越国"一句，在"大南"和"越国"之间应该读断，而不应合而解之，误以为大"南越国"。前引明命帝谕旨已经明言："原称越南，今称大南，更明名义，而'越'字亦在其中矣。"⑤阮绵寯以"大南"国号加于"越国"之前，以"大南"崇本朝之名，以"越国"明历代之统，其中崇奉今朝、论列名实之义，与明命帝谕旨正合。

由于明命晚期越南国内政局不稳，因而并未将"大南"国号提报清朝。自明命二十年至明命二十一年，阮朝奉"大南"为国号，但在对清朝的表书中仍以"越南"自况。"大南"为"大越南"国之省称，而"大越南"是阮福映不满"越南"国号，自褒其名的产物。从词义上看，"大越南"国尚保有些许对清朝颁赐国号的尊重之意，"大南"则完全是与"北朝"对举的意味，是以，陈荆和先生认为："这明显地是明命帝所抱的基于越南霸权主义而产生的东西。"⑥"大南"国号的出现，标志着明命帝在自尊其国的路上走得更远了。

---

① Choi Byung Wook, *Southern Vietnam under the Reign of Minh Mang (1820－1841)*, Cornell University Press, 2004, p. 132.

② 《大南实录正编》第二纪卷二百，第 8 页。

③ [越] 阮绵寯：《孝史略诠》，《儒藏》精华编(越南之部一)，北京大学出版社 2013 年，第 21 页。

④ [越] 阮绵寯：《孝史略诠》，《儒藏》精华编(越南之部一)，北京大学出版社 2013 年，第 21 页。

⑤ 《大南实录正编》第二纪卷一九〇，第 1 页。

⑥ 陈荆和：《〈大南实录〉与阮朝硃本》，《中国东南亚研究会通讯》1987 年 1—4 期合刊。

五、结　语

自1802年五月初二阮福映建元起,至嘉隆三年春正月,是阮朝以"南越"为国号的时期。与此前的李朝、陈朝和后黎朝都奉行双重国号制的做法不同,在1802年五月初二至1804年正月这段时期内,阮朝国号的使用情况比较特殊:一方面阮朝对内以"南越"名国,对清朝亦以此号反复交涉辨折,可见它抛去了前朝的双重国号制,而改用单一国号;另一方面,在清嘉庆八年六月"改安南国为越南国"之前,清朝又始终不承认"南越"之号,只许其"仍以安南为称",是此时期内清朝只承认"安南"国号。

自嘉隆三年春正月清使正式赐封"越南"国号之后,一直到阮朝明命十九年更名"大南"、二十年正式施行为止,共计三十六年。阮朝对内称"大越南国",对清朝则自称"越南",两者含义不尽相同,此时段可视为双重国号制时期。自明命二十年春正月至明命二十一年,阮朝奉"大南"为国号,但在对清朝的表书中仍以"越南"自况,亦为双重国号制时期,此种情况一直延续到中法战争后中越宗藩关系解除。

总之,在阮朝嘉隆和明命时期,其国号制度经历了单一国号制至双重国号制的转变,具体而言:在本国境内,其国号从"南越"一转为"大越南",再转为"大南";在对清朝的交涉中,则经历了从"安南"至"越南"的更动(见文末"阮朝嘉明时期对内对外国号变化表")。这段时期只有短短四十来年,但却经历了如此频繁的国号更迭,这既体现了阮朝国内对自身认同标准的调整,也表明了清阮宗藩关系下名实问题的复杂性。

阮朝嘉明时期对内对外国号变化表

时段＼内外称呼	阮朝自称	清朝称呼
1802年五月初二至1804年春正月	南越	安南①
1804年春正月至1839年春正月	大越南	越南
1839春正月至1840年	大南	越南

注:① 清朝于1803年六月定议颁赐阮朝以"越南"国号,但直到1804年春正月,清使方至升龙赐封,因此,此处以1804年阮朝正式受封时间为准,此前在清朝仍以"安南"名之。

Ask for State Name and Then Change it Spontaneously: Research on the Problem of Nguyen Vietnam's State Name under the Reign of King Gia Long and Minh Menh (1802-1840)

Han Zhoujing

Abstract: In the period of Gia Long and Minh Menh in Ngyuen danasty, whose state name had been changed for many times, and whose state name system also experienced some changes: from single name to double names. Specifically speaking, the country name converted from "Nam Viet" to "Dai Viet Nam", and then "Dai Nam" in the Nguyen danasty; at the same time, when it established and developed the relation with Qing danasty, the state name converted from "An Nam" to "Viet Nam". Although there was only 40 years during this period, but the changes indicated that Nguyen danasty was continuing adjusting its self-identification standards, and made clear that the complexity of the Suzerain vassal relation during Qing and Nguyen.

Keywords: Nguyen danasty, Gia Long, Minh Menh, state name, the suzerain vassal relation

对唐代岭南地区货用金银问题的再考察

杨心珉*

摘　要：有唐一代，政府不承认金银的货币地位，并限制金银的开采，社会上也不直接以金银作为货币直接使用。尽管唐人议论中有大量关于岭南地区以金银用于交易的记载，但这些金银并未固定地成为一般等价物，而是普通物资，因此这些史料反映的其实是该地区物物交换的风俗。部分学者以广州海外贸易使用金银作为货币的判断亦不准确，从《中国印度见闻录》的记载来看，当时对外贸易中使用的货币仍是铜钱。

关键词：唐代　岭南地区　金银

一、唐代金银货币地位的丧失

在中国古代，金银很早就被纳入了法定货币的范畴。秦时，黄金即被规定为上币，而这一制度亦在两汉时得到继承。魏晋南北朝时，由于战乱的影响，作为生活必需品的谷帛地位得到提升，而金银的货币作用则因矿冶业的废弛而相对减弱，但伴随着民族融合进程的加快，中亚、西亚乃至欧洲的一些通行金银币进入了中原。从现有的考古材料看，仅陕西一地的南北朝墓葬就多有出土萨珊、拜占庭金银币的记录，①而南方的江苏②、广东③等地，也发现过萨珊帝国的金银币。《北史・王昕传》载："悦数散钱于地，令诸佐争拾之，昕独不拾。悦又散银钱以目昕，乃取其一。"④又《南史・吕僧珍传》载："及僧珍生子，季雅往贺，署函曰'钱一千'。阍人少之，弗为通，强之乃进。僧珍疑其故，亲自发，乃金钱也。"⑤这些文献中提到的金银钱，应该就是这些异域货币。尽管由于面值过于巨大，这些金银钱可能在日常交易中并不常见到，但没有资料表明政府禁止其流通，因此其货币功能应当仍然存在。到了唐代，情况出现了明显的变化。

在唐代，金银从未成为政府承认的法定货币。据《唐六典》称，"金银之属谓之宝，钱帛之属

* 作者简介：杨心珉，湖州师范学院社会发展与管理学院讲师。

① 姜宝莲、袁林：《陕西发现外国金银币述略》，《新疆钱币》2004 年第 3 期，第 107 页。

② 邵磊：《南京出土萨珊卑路斯银币考略》，《中国钱币》2004 年第 1 期，第 56 页。

③ 孙莉：《中国出土萨珊银币的形式特征与时空分布》，《新疆钱币》2004 年第 3 期，第 58 页。

④ 李延寿等：《北史》，卷二四，中华书局 1974 年，第 882 页。

⑤ 李延寿等：《南史》，卷五六，中华书局 1975 年，第 1397 页。

谓之货"①,明确地将金银与具有货币职能的钱币和绢帛加以区别。又据《旧唐书·食货志》载,元和时诏令曾称:"铜者,可资于鼓铸;银者,无益于生人。"②可见在唐政府眼中,金银已不具备货币地位,这与自秦汉以来的古制无疑是不同的,而更为重要的是,唐代建立之初,政府就对金银的开采都设置了极大的限制。据《贞观政要》载,唐初时治书侍御史权万纪曾进言建议在宣、饶二州开采银矿取利,遭到唐太宗严厉斥责,认为此举为"好利贱义"的恶行,权氏甚至因此遭到罢官,这一激烈态度无疑对后世执政者产生了深远的影响。据《旧唐书·食货志》载,元和三年诏称:"又天下有银之山,必有铜矿。铜者,可资于鼓铸;银者,无益于生人。权其重轻,使条专一。其天下自五岭以北,见采银坑,并宜禁断。恐所在坑户,不免失业,各委本州府长吏劝课,令其采铜,助官中铸作。仍委盐铁使条流闻奏。"③可见中唐时政府为了保证关系经济命脉的铜的产量,亦限制银的开采,这使得唐时金银价格因资源不足而居高不下。

据《汉书·食货志》载,西汉时金价约为每斤一万钱,合每两六百二十五文,④这种低价在唐代是不可想象的。据《太平广记》引《报应录》载,有人以金数斤卖得数十万钱,则约合每两六千余文;⑤《夏侯阳算经》亦反映有金一两值六贯又二百五十文;⑥另据《因话录》载,扬州金价贵时达每两八千文;⑦又据《入唐求法巡礼行纪》载,僧圆仁曾以砂金约一两七钱卖得九贯四百文,约合每两五千五百三十文,⑧这已是文献中出现过最低的唐代金价了,可知唐时金价约为汉时十倍之多。这种高价值的特点使得贵金属没有太大机会参与到交易中,而相对于金银与钱币而言,价值居中的绢帛则在市场中占据了主要大额货币的位置。由于价值过大,民众如欲以金银用作交易,需先至市场兑换为钱或绢帛后方可进行交换,如据《因话录》载,有人持金百两,在扬州出卖得钱后才能"复市南货入洛"⑨,《酉阳杂俎》亦载,有人出卖金银铤"办其殓及偿债"⑩。由此可见,金银货币职能的失去,与政府的限制政策应该是有直接关系的。

二、对唐代岭南地区货用金银史料的再认识

中晚唐时,藩镇与民众私采金银的情况日益普遍,贵金属的货币功能也有了一定程度的恢复,但在市场交易中承担主要媒介作用的仍然是钱币或绢帛。然而需要指出的是,从文献记载的情况看,岭南地区的通货情况似乎与这一普遍情况有较大的出入。元稹曾在《钱货议状》中称:"自岭以南,以金银为货币。"⑪韩愈亦在《钱重物轻状》中建议政府下令"禁钱不得出五岭,买

---

① 李林甫等:《唐六典》,卷二〇,中华书局 1992 年,第 540 页。
② 刘昫等:《旧唐书》,卷四八,中华书局 1975 年,第 2102 页。
③ 刘昫等:《旧唐书》,卷四八,中华书局 1975 年,第 2102 页。
④ 班固等:《汉书》,卷二四,中华书局 1962 年,第 1178 页。
⑤ 李昉等:《太平广记》,卷一一八,中华书局 1961 年,第 829 页。
⑥ 钱宝琮校点:《算经十书》,中华书局 1963 年,第 590 页。
⑦ 赵璘:《因话录》,卷三,上海古籍出版社 2012 年,第 151 页。
⑧ [日]圆仁:《入唐求法巡礼行纪》,卷一,广西师范大学出版社 2007 年,第 17 页。
⑨ 赵璘:《因话录》,卷三,上海古籍出版社 2012 年,第 151 页。
⑩ 段成式:《酉阳杂俎》,卷三,上海古籍出版社 2012 年,第 137 页。
⑪ 元稹:《元稹集》,卷三四,中华书局 1982 年,第 396 页。

卖一以银"①。似乎当时该地区流行以金银为货币,而据《隋书·食货志》载:"梁初,唯京师及三吴、荆、郢、江、湘、梁、益用钱。其余州郡,则杂以谷帛交易。交、广之域,全以金银为货。"②如此看来,岭南地区以金银为货币,应是自南朝以来延续的习俗,因此许多学者认为,唐时岭南地区使用金银交易,应是证据确凿的事实了,如萧清在《中国古代货币史》中称:"我国南方岭南一带,进入唐代以后,一直仍沿袭南朝时'交广之域以金银为货'的局面……其后,虽然已用铜钱,但白银为币的事实则一直未废。"③李剑农亦在《中国古代经济史稿》中称:"有唐一代,岭南仍为行使金银之地,银之使用尤多。"④魏道明则在《唐代货币制度杂考》中指出:"唐代岭南地区以金银为货币,史书中有明确的记载……这一点已得到大家的公论。"⑤但笔者认为,这一观点仍有继续推敲的必要。

首先需要指出的是,由于《隋书·食货志》关于岭南地区"全以金银为货"记载的存在,学者们很容易产生金银是该地区通行的主要货币的错觉,而事实情况绝非如此。据《太平御览》引唐人刘恂著《岭表异录》佚文载:"大抵广州人好酒……日有三二十辈生酒行,即两面罗列,皆是女人。招呼鄙夫,先令尝酒。盎上白瓷瓯谓之瓯刮,一刮三文,不持一钱,来去尝酒致嘴者,当垆妪但笑弄而已。"⑥由于金银的面值巨大,不可能切割成适应一般商品交易需要的小额单位,因此其直接参与贸易的空间是有限的,而另一方面,此则史料亦反映出在岭南市场中,铜钱并未受到阻滞,这与货币经济受到破坏的南北朝时期是不同的。钱重物轻的局面形成后,韩愈将钱币的外流视为通货不足的主要原因之一,主张禁止岭南地区用钱,亦说明在对外贸易中,铜钱是主要的交易媒介。当然,铜钱的流通并不与金银用作货币的观点相矛盾,二者完全可以同时行使货币职能,但笔者认为,在做出这一判断前还需对史料进行更为细致的考察。

除了元稹与韩愈的议文,《新唐书·食货志》所录穆宗时户部尚书杨於陵之进言亦曾提到岭南用金银之事,他称:"大历以前,淄青、太原、魏博杂铅铁以通时用,岭南杂以金、银、丹砂、象齿,今一用泉货,故钱不足。"⑦从表面上看,这一史料似乎印证了前文金银与铜钱同时通行的判断,但其实则不然。在史料中,金银并非唯一与钱共用的形式,与其并举的尚有丹砂和象齿。丹砂的受众面极为有限,而象齿则根本无法分割交易,其一般商品属性应该是比较明确的。在元稹所著《钱货议状》中,在谈及岭南地区通用金银之后,元氏继续指出"自巴以外,以盐帛为交易。黔巫溪峡,用水银、朱砂、缯彩、巾帽以相市"⑧,亦将岭南通用金银之风俗与其他边远地区的各种实物经济并举,而事实上,《隋书·食货志》亦载南陈时"其岭南诸州,多以盐米布交易,俱不用钱云"⑨,可见在南朝时,岭南地区的通货形式也并非只有金银。将考察的范围继续放宽后笔者发现,唐时以金银贸易的尚不止岭南一处而已,如据《蛮书》载,唐时云南地区"本土不用钱,凡交

---

① 韩愈:《韩昌黎文集校注》,上海古籍出版社 1986 年,第 595 页。
② 魏征等:《隋书》,卷二四,中华书局 1973 年,第 689 页。
③ 萧清:《中国古代货币史》,人民出版社 1984 年,第 206 页。
④ 李剑农:《中国古代经济史稿》,武汉大学出版社 2006 年,第 477 页。
⑤ 魏道明:《唐代货币制度杂考》,《青海师范大学学报》1994 年第 4 期,第 61 页。
⑥ 李昉:《太平御览》,卷八四五,中华书局 1960 年,第 3778 页。
⑦ 欧阳修等:《新唐书》,卷五二,中华书局 1975 年,第 1360 页。
⑧ 元稹:《元稹集》,卷三四,中华书局 1982 年,第 396 页。
⑨ 魏征等:《隋书》,卷二四,中华书局 1973 年,第 690 页。

易，缯帛、毡罽、金银、牛羊之属”①；另据《文苑英华》所录《祁门新修阊门溪记》载：“祁之茗，色黄而香，贾客咸议愈于诸方，每岁二三月，赍银缗、缯素衣求市。”②可见这些山区市场之面貌亦与岭南地区十分接近。在《资本论》中，马克思如此解释货币的起源：

一种特殊商品只有靠社会的行为方才成为一般等价物。所以，是其他一切商品的社会行为把某种商品搁在一边，而完全用它来表示它们的价值。这种商品的自然形态因此就成了社会通用的等价形态。由于这种社会过程，作为一般等价物，也就成了这种被搁在一边的商品的特殊的社会职能。它因此成了——货币。③

由此可知，只有在市场中较唯一且固定地表现其他商品的价值时，商品才被认为具有了一般等价物属性，从而化身为货币，但前文所列之史料似乎表明，在岭南及其他山野地区的市场中，交易者对于交换的形式并没有普遍而固定的要求，而金银只是作为一般物资被用于交易，换言之，元稹所谓岭南地区“以金银为货币”的描述并不准确，这种交易并非货币对商品的交换，而是在商品经济尚不发达之条件下开展的原始物物交换。

事实上，李埏在《略论唐代的“钱帛兼行”》一文中亦曾提到过这一问题，他不仅发现了南朝时岭南地区交易中不限使用金银的史实，认为“等价形态是否排他地、固定地附着于金或银上面还很难说”，还指出在杨於陵的进言中，“金银和丹砂、象齿只是几种较常流通的商品”。由于其对唐时海外贸易与岭南地区部分城市关系的认识，李氏仍然坚持认为“岭南地区的一般交换水平比中原还低，只是广州等少数沿海城市流通金银”④，但事实上，这一判断恐怕也是不准确的。

三、对岭南地区海外贸易通货性质的再考察

在唐代，广州确实是海外贸易的重要港口，而当时东南亚及西亚绝大部分国家都通行金银币，李氏的判断正是将二者结合之后提出的。另外，史卫亦在《从货币职能看唐代的“钱帛兼行”》一文中指出：“唐代主要用银为币的地区一是河西，一是岭南，不能不说是受国际贸易的影响。”⑤可见其与李氏有相近的思考过程。但需要指出的是，无论是李氏还是史氏，都没有新的证据证明广州的海外贸易确实使用金银作为货币，可见其受唐人议论中相关材料的影响仍然强烈。而从外国史料的记载看，这一结论似乎也犯了想当然的错误。九世纪中期，来往于东亚与西亚间的阿拉伯商人将其旅行经历编纂成《中国印度见闻录》一书，其中多有详细描绘晚唐时期广州社会经济风貌的内容，而目前学界似乎尚未对此书之史料价值有充分的认识，唯张星烺于其所著《中西交通史料汇编》一书中详细介绍此书（书名原为《耶稣纪元第九世纪阿拉伯人及波斯人之印度中国纪程》，第一卷为《苏烈曼游记》，第二卷为阿布·赛义德所述，张氏将之分开讨

① 樊绰：《蛮书》，卷八，《续修四库全书》，上海古籍出版社 2002 年，第 29 页。
② 李昉等：《文苑英华》，卷八一三，中华书局 1956 年，第 4296 页。
③ [德] 马克思：《资本论》，第一卷，人民出版社 1953 年，第 64 页。
④ 李埏：《略论唐代的“钱帛兼行”》，《历史研究》1964 年第 1 期，第 189 页。
⑤ 史卫：《从货币职能看唐代“钱帛兼行”》，《唐都学刊》2006 年第 3 期，第 5 页。

论),①并将其所录史料与中国史籍一一对照,其中多有切合者,可见此书史料价值之高。该书第一卷对广州的通货面貌有如下记载:

> 他们使用铜钱交易。他们有着其他国王所有的那样的国库。但除他们外,没有别的国王占有铜币,因为这是他们的国币。他们拥有黄金、白银、珍珠、锦缎和丝绸。尽管这一切极为丰富,但仅仅是商品,而铜钱则是货币。②

这则史料清晰地说明,在唐时的广州,黄金、白银与其他地区的情况一样,只是一般商品,而真正的货币是铜钱。另外,在同书第二卷,作者再次强调了广州的通货情况:

> 中国人都用铜钱交易,他们嫌弃用迪纳尔(金币)或迪尔汗(银币)做买卖的人。这是有原因的。譬如说,一个盗贼,钻到一个用金币和银币做买卖的阿拉伯商人家里去了,他可以把一万枚金币或数目相同的银币扛在肩上,毫不费力地偷走。这失去钱财的主人,就会因此而陷入破产的窘境。可是,如果在中国人家里失窃的话,至多不过偷去一万枚铜钱……买主不论购置田产和家什,或是购买蔬菜和其他物品,都是按价支付铜钱。在尸罗夫也发现铸着汉字的(中国)铜钱。③

这则史料中提到中国商人嫌弃使用铜钱的理由,自然是出于作者的臆断,而真实的理由应该是此前提到的金银在交易中需要变卖的麻烦。而在尸罗夫港发现铜钱的事实说明,海外贸易亦是以铜钱为交易媒介,这与李氏的判断无疑是矛盾的,却能与韩愈所提到的货币外流的事实相印证。由此可见,唐时岭南交易中使用的金银,其性质为一般物资而非货币,而在广州地区的对外贸易活动中,金银亦没有直接被当作一般等价物使用,而只能以与内地市场一样的间接方式进入市场,这与目前学界流行的主流观点亦有着极大的出入。

结 语

综上所述,有唐一代政府一改自秦汉以来以金银为货币的政策,不予承认金银的货币地位,且人为地限制金银的开采,使得市场中金银的价格极高,不适合作为货币。尽管唐人议论中大量出现岭南地区使用金银交易的记载,但这种交易中的金银并非固定地充当一般等价物的货币,而是普通的物资,故这些史料所反映的其实是原始的物物交换贸易方式。另外,部分学者对广州的海外贸易使用金银作为货币的判断亦不准确,从阿拉伯商人所著《中国印度见闻录》一书记载的情况看,当时对外贸易中使用的主要仍是铜钱,而金银只能以与内地相同的间接方式进入市场。

---

① 张星烺:《中西交通史料汇编》,中华书局 2003 年,第 756 页。
② 阿布·赛义德等:《中国印度见闻录》,中华书局 1983 年,第 15 页。
③ 阿布·赛义德等:《中国印度见闻录》,中华书局 1983 年,第 99 页。

The New Study to the Currency of Silver and Gold by the Tang Dynasty in Ling Nan

Yang Xinmin

Abstract: In the Tang dynasty, the government doesn't accept the currency status to silver and gold, and limit the mine to silver and gold, people also can not use silver and gold to trade directly. Although there are so many records which show people use silver and gold to trade by the Tang dynasty in Ling Nan, but in fact, the silver and gold is not general equivalent but ordinary material in these trade, so these records show the barter exchange in some regions actually. From the records in "The Sketch Book to China and India" we can know that some scholar's opinion which consider people can use silver and gold to trade in Guang Zhou is not correct too. In that time the currency in Guang Zhou is bronze coin.

Keyword: the Tang dynasty, Ling Nan, silver and gold

福建与海上丝绸之路的历史渊源及重要贡献*

徐文彬**

摘　要：本文在前人研究基础上，对海上丝绸之路的概念及范畴加以界定，分阶段探讨了福建与海上丝绸之路的历史渊源，指出其兴于隋唐，盛于宋元，明清时仍维持强劲势头，直到近代才渐趋衰落。福建海上丝绸之路的发展，不仅推动了区域经济发展，维护了社会稳定，促进了中西交流碰撞，推动了明清中国变迁，而且促进了台湾与东南亚的开发，改变了西方社会的消费理念，其影响极为深远。特殊的地理位置、经济中心的东移、区域开发的不断深入，是福建能够在海上丝绸之路上扮演重要角色的原因所在。

关键词：福建　海上丝绸之路　历史渊源　重要贡献

福建地处东南沿海，北与浙江毗连，南与广东相接，与台湾隔海相望，海岸线长达 3 324 千米，大小港湾多达上百处。特殊的地理位置，使福建成为我国对外贸易的重要枢纽、海上丝绸之路的门户。

一、海上丝绸之路的概念及范畴

十九世纪七十年代，德国地理学家李希霍芬（Ferdinand von Richthofen）在 *China: The Results of My Travels and the Studies Based Thereon* 一书中，首次提出“丝绸之路”的概念，其原指两汉时期中国与中亚河中地区以及印度之间，以丝绸贸易为主的交通路线。其后德国历史学家赫尔曼（A. Herrmann）在《中国和叙利亚之间的古丝路》中将丝路延伸至地中海西岸和小亚细亚，确定了丝路的基本内涵。① 丝绸之路“使用越来越广泛，其外延也越来越大，甚至成了中西乃至整个中外多领域交流的代名词”②。该商路以丝绸命名，是因为中国丝绸主要通过该商道远销中亚、欧洲，享有盛誉，以至于当时希腊和罗马称中国为“丝国”。如中国在拉丁文中被

---

* 本文为国家社科基金项目“闽南文化与海上丝绸之路关系研究”（项目批准号：15BMZ063）的成果之一。

** 作者简介：徐文彬，中共福建省委党校副教授。

① 中国大百科全书出版社编：《中国大百科全书·中国历史》，中国大百科全书出版社 1993 年，第 611 页。

② 耿昇：《法国汉学界对丝绸之路的研究》，《西北第二民族学院学报》2002 年第 2 期，第 11 页。

译成 Sina,即源于古希腊文 Sinai。丝绸之路形成于两汉时期,此后两千多年中,成为中外陆路贸易的主干道。

1903 年,法国汉学家沙畹(Emmanuel-Edouard Chavannes)提出:“丝路有陆、海二道,北道出康居,南道为通印度诸港之海道,以婆庐羯为要港。”①他首次提出海上丝绸之路的概念,但未能被学界立即接受。1967 年,日本学者三杉隆敏出版了专著《探索海上丝绸之路》,产生较大影响。二十世纪七十年代初,香港学者饶宗颐在《蜀布与 Cinapatta——论早期中、印、缅之交通》一文的附论部分《海道之丝路与昆仑舶》中,专门讨论了以广州为转口中心的海道丝路。二十世纪八十年代,国内学者陈炎正也致力于此方面的研究,后将其成果辑成《海上丝绸之路与中外文化交流》。此后,随着联合国教科文组织开展海上丝绸之路考察活动及一系列相关学术研讨会的召开,海上丝绸之路的影响不断扩大。

由于地理环境的差异,海上丝绸之路较之陆上丝绸之路,交易的大宗商品除丝绸外,还包括瓷器和茶叶,尤其在明清时期,瓷器和茶叶外贸金额更是大幅超过丝绸。因此学界对其又有“丝瓷之路”、“丝茶之路”、“茶叶之路”等不同称呼,“但丝绸出口贯穿始终,称丝绸之路可以涵盖全体,且更形象,更具浪漫色彩,业已被广泛接受”②。随着研究渐趋成熟,一些学者专门探讨海上丝绸之路的概念,如赵春晨对“海上丝绸之路”作了如下定义:“它是以丝绸贸易为象征的、在中国古代曾长期存在的中外之间的海上交通线及与之相伴随的经济贸易关系。”③但笔者认为,丝绸之路作为地理空间概念,不仅代表中外经济贸易关系,还表现为中外政治文化交流,是依托该商道的古代中外友好关系的综合反映。如张骞出使西域、郑和七下西洋,主要是政治行为,无强烈的经济动机。就范畴而言,唐宋以来,朝鲜、日本、琉球等国与我国往来频繁,深受中华文化的影响,因此海上丝绸之路不仅包括经马六甲海峡进入印度洋、波斯湾、红海,远抵欧洲的南海航线,还应包括前往日本、朝鲜的东海航线,并应将十六世纪后兴起的跨太平洋抵达拉美的航线纳入其中。对于海上丝绸之路的时间下限,是否延伸至近代是学界争论的焦点。陈炎主张除古代海上丝绸之路外,近代亦有海上丝绸之路;林士民、沈建国以宁波港为例,将近代视为海上丝绸之路的萎靡期;陈高华研究员则认为鸦片战争的爆发标志着海上丝绸之路的终结;赵春晨亦认为海上丝绸之路的历史下限是作为古代、近代中国历史分界的鸦片战争。由于近代开埠后,中国社会变迁剧烈,较之传统社会呈现诸多不同,尤其在国际关系方面,有着诸多时代特征,但通过对历史连续体的考察,能够对古代海上丝绸之路有更为深刻的理解,更准确地把握其时代内涵及特殊地位,更好地实践“以史为鉴”的治学理念,因此本文将近代也纳入考察范围。

二、福建与海上丝绸之路的历史渊源

海上丝绸之路是指历史上我国通过海路与各国所形成的贸易网络,由于出口的商品以丝绸、瓷器为大宗,又有“丝瓷之路”之称。它与陆上丝绸之路相辅相成,成为我国与各国友好往

① [法]沙畹著,冯承钧译:《西突厥史料》,中华书局 2004 年,第 167 页。

② 冯定雄:《新世纪以来我国海上丝绸之路研究的热点问题述略》,《中国史研究动态》2012 年第 4 期。

③ 赵春晨:《关于“海上丝绸之路”概念及其历史下限的思考》,《学术研究》2002 年第 7 期,第 90 页。

来、发挥国际影响力的主要途径。在两千多年的岁月中,海上丝绸之路随国际形势不断演变,福建凭借其特殊的地缘优势,在该商贸网络中的地位逐渐凸显。

秦汉时期,海上丝绸之路初步形成。秦始皇统一六国后,派遣大军南下,征伐百越,设置桂林郡、象郡、南海郡、闽中郡,将两广及福建地区纳入了秦朝的版图。汉朝建立后,随着国力的强盛,汉武帝除派遣张骞出使西域,建立以长安为起点、途经河西走廊、远抵安息(波斯,即今伊朗)的陆上丝绸之路外,还积极经略南方,开辟以徐闻、合浦为起始港,途经印度、斯里兰卡的海上丝绸之路,使华夏器物行销西方,深受罗马贵族的喜爱。当时福建虽设立闽中郡,但开发有限,文教未兴,在海外贸易体系中扮演着中转枢纽港的角色,对外直接联系较少,如《后汉书·郑弘传》记载"旧交趾七郡,贡献转运,皆从东冶,泛海而至,风波艰阻,沉溺相系",郑弘上奏,"开零陵、桂阳峤道",改海路运输为陆路运输,可见当时途经东冶(今福州)的航线并不成熟。

魏晋南北朝时期,我国北方地区陷入分裂,少数民族政权林立,战乱不断,局势动荡。中原士民为此纷纷南下,推动南部地区的开发,对外联系日趋频繁,航海贸易逐渐兴盛。如孙吴政权曾派卫温、诸葛直率甲士万人"浮海求夷洲及亶洲",后"但得夷洲数千人还",夷洲即今天台湾,可见当时航海技术已较为先进,能够支持数万人的军队渡海作战。随着对外交流的频繁,中国与东部岛国建立了密切关系。日本邪马台国女王卑弥呼多次派遣使者赴华,被尊为亲魏倭王,获赐金印。许多波斯萨珊商人、天竺僧侣也通过海路来华经商、传法。南海(广州)超越交趾,成为南方海外贸易的主要港口。福建开始在海上丝绸之路中地位凸显。如孙吴政权在此设立典船校尉,建立温麻船屯,作为造船的重要基地,后又在此基础上设立温麻县,隶属晋安郡(今福州)。天竺优禅尼国僧人真谛取海路经东南亚来到广州,在梁朝都城建康等地弘法,后欲归国,辗转至晋安郡,"遂欲泛舶棱伽修国",因"道俗虔请,结誓留之"而作罢,后又泛小船至梁安郡(今泉州),更装大舶,欲返西国。[①] 此处棱伽修国指马来半岛,西国指天竺国,而从福州、泉州均能乘船前往,显示福建与海外的交通亦趋于成熟。

唐代前期,太宗统一全国后,趁东突厥内乱之际,迅速将其平定,被四夷君长推戴为"天可汗",并派兵征服高昌、焉耆、龟兹等国,设立安西都护府管辖四镇,恢复汉朝对西域的治理,陆上丝绸之路遂得以畅通,敦煌、阳关、玉门等地成为沿途商业重镇。与此同时,随着大运河的开通,南北经济文化不断交融,吸引了大食商人、日本遣唐使远渡重洋,来到中国经商、求法,学习中华文化,在南北丝路的共同支撑下,唐朝国力臻于顶峰,成为闻名世界的礼仪之邦,万邦来朝,经济极为繁荣,长安成为世界第一大都市。然而安史之乱后,唐朝国势渐衰,回鹘、吐蕃崛起,安西四镇先后被攻陷,陆上丝绸之路几乎断绝。与此同时,北方藩镇割据,赋税难征,唐王朝只能依靠东南沿海地区维系运作。为开辟税源,唐王朝出台了诸多措施,在广州等地设立市舶司,发展海上贸易。在诸多因素影响下,海上丝绸之路渐渐超过陆上丝绸之路,在我国对外贸易体系中占据了主导地位。广州作为南海交通最重要的港口,不仅有"蛮舶之利,珍货辐凑",而且番人众多,数以万计。除广州外,扬州、明州、登州也成为重要的商埠。福建开始在海上丝绸之路中扮演重要角色。阿拉伯地理学家伊本·胡尔达兹贝(约951—911)在其著作中,将Khanfou(广州)、al-wakin(交州)、Djanfou和Kantou(扬州)列为中国四大贸易港之一。桑原骘藏(1870—

---

① 道宣:《续高僧传》卷一《拘那罗陀传》,《大正藏》第五十册,第430页。

1931)经过考证,认为 Djanfou 即泉州。[①] 许多外国人在泉州生活定居,甚至长眠于此。在泉州东郊灵山,仍保存有该时期修建的伊斯兰教圣墓。福州亦是重要的对外商埠,据立于唐大中十年(856)的《球场山亭记》碑记载,福州"迩时廛闸阓阓,货贸实繁",商业极其兴盛,但"海夷日窟,风俗时不恒",海夷即指前来经商的胡商,由于数量众多,以至于影响了城市风俗。除商人外,日本空海等僧人也来福州开元寺求法,归国后创立了真言密宗。这些都凸显了福建在海上丝绸之路上的重要性。五代十国时期,王审知积极发展闽国海外贸易,招徕海中蛮夷商贾,并开凿黄崎海道,设甘棠港,成为连接南北海运的重要枢纽。

北宋建立后,虽然结束了长时期的分裂局面,却受到辽、西夏等国的军事威胁,陆上丝绸之路受到极大影响,因此海上丝绸之路成为宋代政府财政的重要来源。尤其靖康之变后,南宋政权更积极发展海外贸易,使海上丝绸之路范围不断扩大,出现了一批新兴的港口。除传统的大港外,江南等地的镇江港、青龙镇港、江阴港、杭州港、上海港、太仓港也日渐兴盛,吸引了大批外国商人,享誉世界。尤其值得注意的是,作为南海门户重镇的广州由于官员对海商过度勒索,导致南海番商纷纷来泉州贸易。[②] 至南宋时,泉州已能和广州并驾齐驱。据《宋会要辑稿》记载:"国家置市舶司于泉、广,招徕岛夷,阜通货贿,彼之所阙者,丝、瓷、茗、醴之属,皆所愿得。"[③]至元代时,泉州已经超过广州,被马可·波罗称为"世界东方第一大港"。由于地位重要,元朝政府于至元十六年(1286),在泉州增置泉州行省,后虽合并,仍将泉州作为福建行省省会,故时人称"泉,七闽之都会也。番货远物、异宝珍玩之所渊薮,殊方别域、富商巨贾之所窟宅,号为天下最"[④]。福州发展之势虽不及泉州迅猛,却已是全国丝绸的主要产区,产品远销海外。福建商人的贸易网络北至高丽、日本,南抵南洋,西至孟加拉、大食,闽商成为海上丝绸之路的主力。

明清时期,中央政府实行海禁政策,海外贸易有所衰落。日本、琉球等国通过朝贡方式,定期来华贸易,明清政府对交易的商品、时间、人数都做出严格规定。嘉靖二年(1523),宁波发生"争贡之役",闽、浙市舶司被裁,只有广东留存,更使两地朝贡贸易受到极大影响。尽管如此,福建仍然是海上丝绸之路的重要枢纽,并呈现若干新的特点。其一,贸易中心的转移。由于港口淤塞,泉州港逐渐衰落,至明中期,漳州月港已成为全省外贸的中心,呈现"东接诸倭国,南连百粤疆,货物通行旅,资财聚富商"的气象,然而好景不长,月港也渐趋淤塞,贸易中心再次转移,至明末时,厦门成为新兴的贸易枢纽。省会福州由于地理位置优越,仍然有所发展,郑和七下西洋,均须到长乐候风,再从闽江入海口五虎门出海,其舰队有多艘船只在福州建造,船员也多在福州招募。成化八年(1472),福建市舶司由泉州迁置福州,设立"柔远驿",招待琉球使者,成为中琉贸易的唯一港口。其二,民间贸易兴盛。尽管朝廷实行海禁,福建民众却敢于冲破禁令,闯荡海疆,开拓贸易,形成强大的海商集团,其典型者如郑经、郑成功集团。凭借实力,他们以厦门为基地,收复台湾,与清廷抗衡,海禁期间,更是独揽对外贸易,维系政权长达数十年。大批福建民众赴南洋经商,不仅推动经济交流,而且促进了中外文化碰撞。明清西方传教士通过海路来到福建,设立教会,建造教堂,促进了基督宗教在中国的传播。

---

① 参见苏基朗《刺桐梦华录》,浙江大学出版社 2012 年,第 13 页。

② 杜瑜:《海上丝绸之路史话》,社会科学文献出版社 2011 年,第 136 页。

③ 《宋会要辑稿·刑法二》之一四四。

④ 吴澄:《吴文正公文集》卷一六《送姜曼卿赴泉州路录事序》,文渊阁《四库全书》影印本。

近代之后,在列强武力强迫下,中国对外开埠,较之传统时代的海上丝绸之路已有诸多不同,英、法、美等列强成为贸易的主要对象,交易大宗商品由丝瓷转为茶叶等土特产品,贸易关系由平等转为不平等,上海成为全国的贸易中心。福建在开埠初期,尚居全国领先,五口通商即包括福州、厦门两城市。十九世纪七十年代,福州一度成为国际性茶港,对外贸易总额曾位居全国第二,但却仅维系十余年即告衰落,闽江航道淤塞严重,城市基础设施薄弱,以致解放前夕,时人认为其落后上海达半世纪。厦门开埠后不久,成为中国最大的苦力贩卖中心,英法洋行在厦门设立据点,采取诱骗手段,将数十万华工贩卖到南洋、美洲等地。二十世纪,得益于华侨的投资,厦门城市建设较好,但仍与上海等大城市有相当差距。

总之,福建是海上丝绸之路的主要枢纽,兴于隋唐,盛于宋元,明清仍维持强劲势头,直到近代才渐趋衰落。特殊的地理位置、经济中心的东移、区域开发的不断深入,是福建能够在海上丝绸之路上扮演重要角色的原因所在。福建的外贸港口呈南北两点分布。福州地处闽江下游,为闽中北区域的主要外贸港口。泉州港在宋元时期极其辉煌,后因内河淤塞,闽南区域的外贸枢纽港口遂转移到月港,再转移到厦门。除自然因素外,政治因素也对海上丝绸之路发展影响极大,泉州港的衰落,与明代市舶司迁移有极大关系,而福州凭借省会优势,在朝贡贸易体系中占据优势,换言之,政府的政策导向对港口兴衰能产生决定性影响。

三、福建海上丝绸之路的历史贡献

福建海上丝绸之路的发展,不仅塑造了当地独特的区域景观,而且对全国其他地区,乃至东西方其他国家都产生了极为深远的影响。

(1) 促进中外文化交流。通过海上丝绸之路,福建成为中西文化的交汇处。一方面,中华文化得到弘扬,对日本与南洋等地影响尤深。如唐代日本高僧空海从福州登陆,驻锡开元寺,在当地官员支持下,得以到长安求法,归国后创立了佛教真言密宗,成为日本最大的佛教宗派。明代末年,福建高僧隐元从厦门渡海,登陆长崎,获得德川幕府支持,在京都建造黄檗山万福寺,形成独特的“黄檗文化”,成为日本文化的重要构成部分。明清时期,琉球使者来华均须在福州登陆,在柔远驿驻扎后,再北上京城。因此许多琉球人在福州求学、学艺,回国后加以传播,使两地文化至今仍有颇多相似之处。除东亚外,许多福建人前往南洋经商,对当地文化影响极其深远,如越南李朝创始人李公蕴原籍泉州,陈朝创始人陈日煚原籍长乐,他们仿照中国典章制度,推动当地汉化。明清以来,数以百万计的闽人下南洋,使当地建筑、民间信仰、社会组织刻上了中华文化的烙印。另一方面,西方文化也通过海路,得以向福建传播,如前述真谛大师,毕生致力于弘法,被视为中国佛教四大译经家之一。宋元时期,泉州作为世界第一大港,成为伊斯兰教、景教、摩尼教等多元宗教汇聚之处。明清时期,西方传教士搭乘商船,在福建设教会、建教堂。如礼仪之争的爆发,即是因为担任福建代牧的外方传教会士颜当禁止辖区内的中国教徒祀祖敬孔,以致康熙帝下令禁教。

(2) 推动中国社会变迁。近世以来中国社会呈现诸多变化,与福建海上丝绸之路的发展有着极为密切的关系。首先是人口数量的膨胀。明清之前,我国人口多在 2 000 万至 6 000 万之间徘徊,至乾隆六年(1741)已达到 14 341 万,道光十四年(1834) 40 101 万,增速远超前代,其重要原因即是甘薯的大面积种植。甘薯不仅能在沙地种植，而且产量极高，“一亩收数十石”。甘薯原产于南美，明万历年间，福建人陈振龙将其从吕宋引进，福建巡抚金学下令推广，逐渐在全国种植，成为民众应对灾荒的重要口粮。其次是金融体制的变革。近世之前，铜钱是国内的主要流通货币，常因铜矿匮乏而引发金融危机。明清时期，日本和美洲发现特大银矿，而福建商人通过与长崎、马尼拉等港口的贸易，将国内货物输送到国外，换取新开采的白银运回中国，推动了赋税制度变革。最后是开风气之先。福建人通过海外贸易，拓展视野，对相对保守的农耕文化形成了一定的冲击。如明代思想家李贽为泉州人，在商业氛围浓厚的环境中成长，形成了其反对重农抑商、提倡功利主义的“异端”思想。又如在近代社会转型过程中，福州精英群体敢为天下先、能为天下先，活跃于国内政界、军界、学界，在诸多重大历史事件中扮演关键角色，并呈现人才集聚的特征，出现了林则徐、严复等时代名人，这正是得益于福州在海上丝绸之路上所处的重要地位。①

(3) 改变西方的消费理念。福建海商向西方出口丝绸、瓷器、茶叶，由于全国丝绸产地颇多，尚难以从文献分析福建丝绸对西方社会的具体影响，但德化瓷却在一定程度上改变了西方上层社会的消费理念。根据日本学者记载：“十六世纪初，这种白瓷(德化白瓷)偶然通过葡萄牙的东洋贸易船介绍到西欧以后，立刻得到全欧洲贵族阶层的欣赏和欢迎，并接受无限的订货。”②武夷茶更在相当程度上改变了西方民众的日常生活。十七世纪之前，西方尚没有喝茶的习惯，随着中国茶叶的输入，至十八世纪，英国、法国、北美等地已普遍形成喝茶习俗。这些茶有相当部分为武夷茶，如波士顿倾茶事件中，倒入大海的茶叶正是 VarBohea(武夷变种)。由于对茶叶的巨大需求，十九世纪初，西方人士不断深入武夷山勘察，并趁签订《南京条约》之机，选择福州作为开埠口岸，以便于进口武夷茶。

(4) 促进台湾与东南亚开发。明清之前，台湾岛开发较少，人口以原住民为主。明末时期，郑芝龙以台湾为基地，开展海外贸易，势力逐渐壮大。崇祯元年(1628)，闽南大旱，郑芝龙对于灾民数万人，“人给银三两，三人给牛一头”，运到台湾垦荒。郑成功驱赶荷兰殖民者后，继续以台湾为基地，开展海外贸易，使台湾得到初步开发，成为东亚贸易体系中的重要一环。近代开埠后，台湾的茶、糖、樟脑在欧美市场颇受欢迎，经济发展迅速，逐步实现了近代化。东南亚在宋元时期，社会形态较为原始，许多地方仍以海贝壳作为货币。明清时期，福建民众大量前往南洋经商，不仅推动当地的转口贸易，而且推动了文化的发展。近代，闽籍华侨集团崛起，许多人成为当地的工商巨子、文化领袖，其贡献不言而喻。

(5) 维系福建区域社会稳定。海上丝绸之路的发展，对福建社会稳定起到了至关重要的作用。外贸的兴盛，不仅带来造船业、丝绸业、陶瓷业等相关行业的发展，而且在相当程度上保证了社会稳定。早在明代，福建巡抚许孚远即指出：“闽之福、兴、泉、漳，襟山带海，田不足耕，非市舶无以助衣食。”③清代随着福建人口数量膨胀，粮食严重不足，依赖海米输入。所谓海米，主要是从越南、暹罗等地进口的大米，它多由商人通过海运前去采购，并得到政府的支持，如“凡内地

① 参见徐文彬《近代开埠与地域精英群体兴起——以福州为分析中心》，《福建论坛》2015 年第 3 期，第 80—86 页。

② [日]上田恭辅著：《支那陶瓷之时代的研究》，昭和十一年出版，转引自叶文程、林忠干《福建陶瓷》，福建人民出版社 1993 年，第 344 页。

③ 许孚远：《敬和堂集》卷四《疏通海禁疏》，明万历刊本，第 27 页。

商民,有自备资本领照赴暹罗等国运米回闽粜济,数在二千石以内者,循例由督抚分别奖励;如运至二千石以上者,按数分别生监、民人,奏请赏给职衔顶带”①,极大地鼓舞了商人。福建民众大量前往南洋,也在相当程度上缓解了福建的人口压力。

福建海上丝绸之路的发展,不仅推动了区域经济发展,维护了社会稳定,促进了中西交流碰撞,推动了明清中国变迁,而且促进了台湾与东南亚的开发,改变了西方社会的消费理念。福建丝绸之路之所以影响如斯,一方面是当时中国国力强盛,文化先进,受到诸国仰慕,所生产的产品能够引领时尚,受到国外民众欢迎;另一方面则是地处东海与南海交汇处,使福建具有独特的地理优势,而敢于拼搏、敢于闯荡的独特区域人文性格,使福建商人敢于冲破自然限制,不断拓展丝路贸易范围。

四、结　语

海上丝绸之路作为地理空间概念,不仅代表中外经济贸易关系,还表现为中外政治文化交流,是依托该商道的古代中外友好关系的综合反映。福建与海上丝绸之路有深厚渊源,福州、泉州、漳州、厦门是对外的主要港口,从隋唐开始,即在海上丝绸之路上扮演着极其重要的角色,尤其在宋元时期,泉州更成为世界第一大港。明清时期,尽管政府采取海禁政策,但福建对外联系仍较为频繁,直到近代才渐趋衰落。福建海上丝绸之路的发展,在促进中西文化的交流、推动明清中国社会的变迁等诸多领域均贡献颇多。福建在海上丝绸之路上之所以影响如此深远,得益于其东海与南海交汇处的地理优势,成为连接东亚与东南亚的咽喉要地。而不惧风险、敢于闯荡的独特区域人文性格,使福建商人敢于创新,不断拓展贸易范围,使海上丝路历千年而不衰。

① 《宫中朱批奏折》外交类第 342 号卷第 17 号,浙闽总督杨廷璋奏折。

The Historical Origins between Fujian Province and the Maritime Silk Road

Xu Wenbin

Abstract: On the basis of previous studies, the concept and category of the maritime Silk Road were defined, and the historical origins of Fujian and the Maritime Silk Road were discussed by stages. As a conclusion, it started in Sui and Tang Dynasties and bloomed in Song and Yuan Dynasties, maintained strong momentum in the Ming and Qing Dynasties, only gradually decline until modern times. The Development of Fujian Maritime Silk Road, not only to promote regional economic development, maintain social stability, and promote the exchange of Chinese and Western culture, but also to promote the development of Taiwan and Southeast Asia, change consumption concept of Western society, make far-reaching impact. Fujian plays an important role in the Maritime Silk Road which attributes to special geographical location, the eastward shift of the economic center of the deepening regional development.

Keywords: Fujian, Maritime Silk Road, history, important contributions

东方明珠：海洋中国与近代上海城市发展

江文君*

摘　要：近代中国从1840年以后，是两个社会，亦可称为一个二元格局的社会。一个是受西方影响的东部沿海城市，另一个就是广大的内陆农村。由此概念出发，我们可以把中国分成“沿海中国”（东部沿海地区）和“内陆中国”（中西部地区）。在“沿海中国”，经济逐步资本主义化，外资被大量引入，贸易和出口活跃，是中国现代经济的主要牵引动力。另一方面，“内陆中国”则不断被边缘化。城市化的发展，使得西化的现代都市与内地乡村的差距不断拉大，逐渐形成了一个“断裂”社会。这样一个“断裂”社会是西方侵袭打断中国传统社会本身连续性的结果，由此呈现出近代中国几个时代的社会经济成分并存，而互相之间缺少有机联系与整合的总体格局。而近代上海则是这个海洋中国的中心所在。

关键词：海洋中国　近代上海　城市发展

一、海洋中国的崛起：近代上海的经济发展

近代上海的兴起是与其古代因素相联系的，或者说与海上丝绸之路的变迁相伴随。中国丝绸在世界范围内长期盛销不衰，是丝绸之路千年存续的奥妙所在。从另一方面来说，棉花的普遍栽种和利用在服装史上堪称划出了一个新的时代，它使人类找到了一种生产成本更低而贴身穿用非常舒适的材料，于是，丝绸的贴身舒适性被部分替代，丝绸对人类穿着的影响力降低，可资印证的是，丝绸意义的降低与棉布的兴盛在时间上大致重合。棉业在中国的发展大约始自宋代。尤其到了元代，上海松江地区的黄道婆改良棉花技术，发明改进弹棉纺纱工具，棉品加工更上一层楼。到了明朝，棉花已成为中国最重要的经济作物，政府专门规定有地五亩以上的至少植棉半亩，“十亩以上倍之”，还允许“税粮亦准以棉布折米”，棉花已成为地无分南北人不分贫贱皆须臾不可缺少的物品。到了十八世纪，英国人最早尝试直接从中国进口棉织品。1734年，东印度公司董事会命令来粤商船哈瑞森号“购买南京手工织品，特别指定幅宽一英码的南京棉布”，订购数量100匹，每匹单价3.5两银子，90天交货。可以看出，此时的英国人对中国的棉

---

* 作者简介：江文君，上海社会科学院历史研究所副研究员。

纺织品已不陌生，他们经比较后认为，广州织品洗后褪色，而真正的南京货则不褪色。"南京布"，这种以松江府（现上海）为中心的长江三角洲出产的手织棕色或紫花土布后来几成中国优质棉布的代名词，在欧洲成为时髦人的衣料。可见，早在十九世纪前，上海就因其盛产的"南京布"而被纳入了全球海上贸易体系的网络。

需要注意的是，清前期海外贸易的重新开放和1730年江海关设立于上海，使其成为内地贸易和海外贸易的通道。① 新航路的转移，及棉花作为大宗商品的出现，使得上海取代了苏州成为江南的核心城市，并使得整个富裕的江南转而成为上海的腹地。早在1843年之前，上海就已经成为一个正在兴起的商业中心城市，并承担起以后它在中国历史发展中扮演的角色，即海洋中国的代表。

1843年11月17日，上海正式对外开埠。西方资本主义工业文明逐渐侵入上海的传统城市区域。英国首先于1845年在上海设立英租界，1848年上海又出现了美租界。英美租界于1863年正式合并成立了公共租界。与此同时，法租界也于1849年宣告成立。两大租界在十九世纪余下的半个世纪内不断向华界越界筑路、渗透扩张，逐渐完善各自的市政管理机构。这样，上海出现了"一城三市（政府）"的格局，沦为一个半殖民地化的口岸城市。从1843年开埠以来，上海城市受到外来的经济、社会及文化冲击，最明显反映在租界的存在上——租界既是中国受制于帝国主义的耻辱象征，又是中国人民体验异国情调（甚至是现代经验）的开端；生活在租界里的华人既受到二等公民的待遇，又得以在外国势力的庇荫下免于军阀及中国政府的骚扰。

上海成为中国近代最繁华的都市，由此而来的所谓"上海模式"对整个近代国家的发展具有重大意义。一位美国学者曾认为上海是打开现代中国的钥匙，了解上海的发展过程，就能掌握中国发展的脉动。时隔20年后他推翻了自己先前的看法，认为上海并非认识中国的正确钥匙，反而是"另一个中国"。目前，研究上海城市史的学者仍然继续探讨着这个问题：从这个角度看，究竟上海与中国的关系如何？我们看到的是一个愈来愈像上海的中国，还是一个愈来愈像中国的上海？

外国势力掌控下的近代上海，迅速地由一座东部沿海的县城一跃而成为中国的经济中心。到二十世纪三十年代，大约有46%的外国直接投资集中在上海，36%集中在东北地区，剩下的18%散布在中国其他地区。1936年，有37%的外国投资集中在对外贸易与银行业方面，运输与通讯领域占30%，工业方面的投资占20%，其余则主要投资在房地产。中国的关内出口总额中，上海占了46%，天津和广州分别占了15%和7%。1865—1936年间上海在中国对外贸易中的占比从45%上升到了65%。②

外资首先进入上海，引入了一系列新的现代产业部门。葛元煦在《沪游杂记》中就描绘了当年上海租界洋行之鼎盛。据他在书中介绍，当时租界洋行共有德丰洋行、天裕洋行、旗昌洋行、会德丰洋行、元芳洋行、汇中洋行、仁记洋行、义源洋行、别发洋行、怡和洋行、汇丰洋行等，以上均在英界沿浦滩。南京路即人马路则有福利洋行、公道洋行、泰兴洋行、兆丰洋行等。③

---

① ［美］林达·约翰逊编，成一农译：《帝国晚期的江南城市》，上海人民出版社2005年，第5页。

② ［英］麦迪森著，伍晓鹰、马德斌译：《中国经济的长期表现：公元960—2030年》，上海人民出版社2008年，第50页。

③ 葛元煦：《沪游杂记》，上海书店2006年，第334页。

现代产业的成长中首先就是工业或现代制造业的发展。1843 年上海开埠以后不久,就出现了外国人投资的近代工业。在 1843 年到 1859 年的 17 年间,共开办了 18 家外资工厂。1860 年以后,上海的外资工业发展迅速,到 1864 年,共有 38 家,门类扩展到 10 个,其中船舶工业发展最迅速,共开办 12 家。① 英商怡和洋行于 1860 年初率先在上海创建了拥有 100 部西式丝织机的怡和纺丝局,紧接着法、美、意等国商人也纷纷在沪投资设厂,其中较著名的有英商怡和丝厂、公平丝厂和美商旗昌丝厂。② 到了 1913 年,外资企业的总资本额估计达到 6 346 万元,比 1894 年的 975 万元增长了 5.5 倍,平均每年增长率为 10.3%。③ 紧随其后,中国人自办的现代企业也逐渐发端。1865 年,上海江南制造总局创办,1870 年代以后,轮船招商局、上海机器织布局等洋务企业设立。

效仿外资企业的近代化管理与技术,民族工业也渐渐发展起来。到了二十世纪初,据统计,1895—1911 年在上海新办的民族资本工业企业为 112 家,占全国总数的 1/4,开办的资本额 2 799.1 万元,占全国的 1/4 强。④ "一战"期间是中国资本主义的黄金年代,在这一时期,由于欧洲列强间的世界大战,外资资本的势力大为受挫。以买办与民族资本家为代表的上海资产阶级乘机迅速崛起。以华人资本于 1914—1922 年创办的纱厂而言,上海有 16 家,天津有 6 家,此外,无锡、武汉各 2 家,芜湖、济南、武进、长沙、武陟、石家庄各 1 家,上海的纱厂,几乎占全国的一半。特别需要指出的是上海纱厂承办人的出身背景与天津等城市的情况有显著的差别,1920 年上海有华商纱厂 19 家,负责人有资料可查的 18 人,出身实业界的 2 人,官宦之家的 3 人,商人家庭的 8 人,另 4 人具有多重身份。⑤ 可见上海的民族资产阶级更多地来自商人家庭(当时所谓的好人家),即所谓的传统上海士绅。其中卓有成就者,多半是曾接受过新式教育的高学历人士,比如留洋的范旭东、李烛尘、侯德榜和穆藕初,圣约翰大学的高材生刘鸿生,还有出身知识界的卢作孚,以及金融界的陈光甫(沃顿商学院 MBA)等,因此具有较强烈的民间色彩。与之相反,其他区域的资产阶级出身,其官僚家庭背景浓重,有着较为显著的官僚主导型工业化特色。

伴随着现代制造业在上海的产生,新的产业类别也蓬勃发展。按照 1930 年代经济学家龚骏的统计,1845—1894 年间,有近代化的船舶修造业、印刷业、食品工业、缫丝业等数个新型的工业门类;1895—1911 年间,在不到十年时间里又涌现出 11 个新的工业门类;据 1933 年的统计,短短 20 年间上海近代化工业门类从 22 个增加到 62 个。⑥ 新的产业类别的产生说明了现代产业部门正在向纵深发展,上海正渐渐摆脱单纯的以港兴市的贸易城市格局,进入工业化的初始阶段。当然也应该客观地认识到,上海现代制造业的产业结构仍然过于偏重纺织工业等轻工业,这一产业结构是工业化早期的普遍现象。1933 年上海工业总产值达到 11 亿元,超过了当时全国工业总产值的一半。⑦ 1936 年,上海全部近代工业产值(包括全部外资产值)为

① 熊月之主编:《上海通史》(第四卷),上海人民出版社 1999 年,第 193 页。
② 徐新吾、黄汉民主编:《上海近代工业史》,上海社会科学院出版社 1998 年,第 15 页。
③ 张仲礼主编:《近代上海城市研究》,上海人民出版社 1990 年,第 333 页。
④ 唐振常:《上海史》,上海人民出版社 1989 年,第 527 页。
⑤ 张玉法:《中华民国史社会志(初稿)》上册,台北"国史馆"1998 年,第 414—415 页。
⑥ 龚骏:《中国都市工业化程度之统计分析》,商务印书馆 1931 年,第 31—32 页。
⑦ 黄汉民:《1933 和 1947 年上海工业产值估计》,《上海经济研究》1989 年第 1 期。

118 225.5 万元。① 其中生产总值在千万元以上的主要产业类别有以下四大类：除原有的棉纺织业(19 966 万元)、缫丝业(1 685 万元)、面粉业(6 891 万元)以外，又有卷烟业(5 179.8 万元)，这四个行业的总产值共达 30 322.6 万元，占全部民族工业产值 8 亿元(内有小部分外资产值)的 37.6%。②

当然须注意到中国的现代制造业水准仍然相当低下，缺乏效率，更多地呈现出一种压榨工人血汗的剥削方式，即所谓利用廉价劳动力。据相关研究证实，一直到二十世纪的三十年代，中国产业工人的生产力仍然严重地落后于当时先进的资本主义国家。三十年代中期，中国工厂工人的人均净产值只相当于一个德国工人或英国工人的 1/9 左右；对比美国工人而言，则更下降为 1/19。③ 上海工业结构畸形，生产消费资料的轻纺工业同制造生产资料的重工业，两者的比重极不相称。据统计，1949 年轻纺工业产值占全市工业总产值的 88.2%，其中纺织、面粉、卷烟、造纸、橡胶、制革、制皂、火柴 8 个行业产值即占全市工业总产值的 76%。而重工业产值却仅占全市工业总产值的 11.8%，重要生产资料基本上依赖进口。机器工业经长期发展，其主要业务不过为舶来机器设备修配、保养，制造机器不多。④

与现代制造业的兴起相一致，银行、保险等金融产业也在外资的引导下逐渐产生、发展、壮大。1847 年英国丽如银行在上海设立以后，50 年代又有汇隆、呵加剌、有利和麦加利四家英资银行在上海设立分支机构。1860 年法兰西银行在上海设立分行，随后英国的汇川、利华、利生、利升、汇丰银行，德国的德华银行、日本的横滨正金银行、俄国的华俄道胜银行、法国的东方汇理银行、美国的花旗银行、比利时的华比银行也相继开办。外资银行业的发展相当迅猛，中国银行发行的《旧中国外商银行调查资料》显示，到 1936 年，设立在上海的外资银行计有 20 余家，其主要经营的业务有国外汇兑、存款、放款、抵押放款、套汇、现货与期货金银交易、外汇与黄金套利交易、外汇套利、发行纸币、经营债券本息、投机买卖等十余项。⑤ 与中资银行不同，外资银行的商业运作更加大胆，注重所谓中间业务的提升，而不仅仅依靠存贷差维持。他们积极地开展中间业务如外汇投机买卖，追求无风险套利，即所谓的绝对收益。

与此同时，中国传统的钱庄也在借鉴外国银行先进管理经验的基础上有所发展。到十九世纪八十年代，上海的一些大钱庄“招揽往来户头百十，所放之账辄盈数十万”，但由于本身的财力有限，大钱庄的资本“至多无过五万”。⑥

伴随外资进入，外国的企业、商业观念和商业模式亦不断输入，催生了上海产生一系列新的现代产业部门。中国人自办的现代企业也逐渐发端。以新开设工厂为例，辛亥革命当年上海新开设工厂只有 9 家，1914 年新增 26 家，到 1921 年新增工厂数达 90 家。⑦ 以机器工业为例，甲

---

① 吴承明：《中国资本主义与国内市场》，中国社会科学出版社 1985 年，第 132 页。

② 徐新吾、黄汉民主编：《上海近代工业史》，第 213 页。

③ L. Rostas, “Industrial Production, Productivity, and Distrition in Britain, Germany and U. S. 1935 - 1937,” *The Economic Journal*, Vol. 53, No. 209 (Apr. 1943), pp. 39 - 54; Pao-San Ou, Foh-Shen Wang, “Industrial Production and Enployment in Pre War China,” *The Economic Journal*, Vol. 56, No. 223 (Sep. 1946), pp. 426 - 434.

④ 徐新吾、黄汉民主编：《上海近代工业史》，第 309 页。

⑤ 《旧中国外商银行调查资料》，《档案与史学》2003 年第 6 期。

⑥ 《综论沪市情形》，《申报》1884 年 1 月 23 日。

⑦ 罗志如：《统计表中之上海》，中央研究院社会科学研究所 1932 年，第 63 页。

午战争前,中外资本设立的船舶与机器修造工厂共有 18 家,到 1920 年止,仅民族资本所设工厂就达 114 家。①

银行、保险、证券等金融产业也在外资引导下在上海逐渐产生、发展、壮大。到民国初期,上海已成为全国的金融中心。中国本土的钱庄与银行业因借鉴外国银行的管理经验而有所发展。1911 年华商银行存款总额尚不足 1 亿元,而到 1921 年,存款总额已近 5 亿元。② 在金融业带动下,证券市场亦渐趋发达。1914 年 12 月,《证券交易所法》经北洋政府颁布实施。1920 年 7 月 1 日,上海证券物品交易所开业。翌年 5 月,原上海股票商业公会改组成上海华商证券交易所,正式开业。③

随着经济发展,城市格局变化巨大。1912 年,华洋分界的城墙被拆除,代之以环城马路。1914 年,分隔公共租界与法租界的洋泾浜被填平。嗣后,随着公共租界和法租界西扩,都市面积急剧膨胀。到 1921 年,上海城区面积比开埠时扩大了 10 倍。公共交通也有了重大进步。1914 年,无轨电车被引入,"该项电车式样系本埠电车公司工程师所特制","可容有二十六人之多",且"虽最狭之街道,该车亦能通行无碍,且该车停顿之处并无一定,乘客上下可随地为之"。④

在西方文化影响下,公园、电影院等新型公共空间应运而生。不断涌入的移民,以及包括新社会群体在内的城市居民共同分享着这些开放的都市新景观。在都市空间内,逐渐产生了一套现代生活方式。城市上层以及中产阶层的衣着、语言和社会行为也随西风起舞,展现一个与传统乡村截然不同的城市世界。百货公司、影戏院、小家庭以及新创的社会阶级专用名词等等,均反映出 1920 年代一种混杂的政治、社会和文化面向。

总之,上海经济之发展是中国现代化的第一次尝试。一方面,外国资本主义的侵入,让中国人见识到一种崭新的经济样式,打开了一扇新的机遇之窗。另一方面,上海的不均衡发展,凸显这一发展模式本身产生于不平等的中心—边缘的依附关系之中,由此而产生一个现代与传统分立的二元格局。自十九世纪末以来,西方帝国主义的全球化扩张,是一个把各个区域编织进等级化、不平等的结构之中的过程。这意味着,传统社会的延续状态被打破,不彻底的资本主义现代性,即半殖民地半封建状态的现代性便成型了,从而构筑了畸变的现代性叙述。

二、新兴工商阶层的兴起

伴随城市化与工业化,上海人口亦快速增长。据统计,1910—1915 年间,上海新增人口达 71.72 万人,平均每年增加约 14 万人。此后直到 1920 年代初,每年仍新增 10 万人左右。⑤ 到

---

① 上海市工商行政管理局、上海市第一机电工业局机器工业史料组编:《上海民族机器工业》上册,中华书局 1979 年,第 304 页。

② 中国银行总管理处经济研究室编:《中国重要银行最近十年营业概况研究》,中国银行总管理处经济研究室 1933 年,第 298 页。

③ 张一凡、潘文安:《财政金融大词典》,世界书局 1937 年,第 53 页。

④ 《记上海之无轨电车》,《协和报》1914 年第 4 卷第 36 期。

⑤ 邹依仁:《旧上海人口变迁的研究》,上海人民出版社 1980 年,第 90—91 页。

1920年，上海人口已达229万，成为中国的第一大城市。而中国第二大城市天津的人口为77.5万，尚不足上海的一半。[①] 工业化与城市化的深入发展，导致近代上海的社会结构出现分化，新的城市社会阶层逐渐崛起。

近代上海工商经济的勃兴，造就了包括买办阶层与民族资产阶级的资本家集团。上海的工业资本家群体是由工业化本身所孕育的。譬如，上海纱厂承办人的出身背景与其他城市（如天津）的情况有着显著差别。[②] 代表中国资产阶级的上海新兴企业家，年富力强且大多出洋留过学，他们对于世界的发展状况有比较清晰的了解，因而也更容易摆脱传统的束缚。[③] 他们与城市其他精英阶层亦有较为密切的联系，成为一种较有活力的社会力量，这既指他们在捍卫自己权益方面，也指他们在对待较大公共议题方面。

大量的专业技术人员、管理人员、公职人员成为新中产阶层的主要构成。他们一般受过良好的教育，具有较高的文化知识和工作技能。一般而言，这个中产阶层群体包括职员与自由职业者（专业人士）两个职业集团。不少研究者也认为，上海的中产阶层，包括教师、记者、律师、医师、作家等文化人和公司职员等。这一阶层人数众多，各职业种类之间的经济状况差别也不小。[④] 早期职员多分散于各行业、机构中，互不联络，及至抗战前，一些行业机构如金融业等随业务发展而集中了大批职员。这些以办公室（写字间）作为职场的中产阶层成员也被当时人称作“写字间阶级”。中产阶层的职业集团在二十世纪二三十年代获得了长足的进步，其中的职员阶层在抗战爆发前总人数达到27万之多。[⑤] 据卢汉超的研究，此时上海职员人数大约为25—30万人。[⑥] 另据估计，民国时期上海自由职业者群体的总数大约为20 000人。[⑦] 两者累加，三十年代后期上海中产阶层人数应该达到29—32万之多。假若算上他们的家属在内的话，依据工部局工业社会处在三十年代中后期对上海职员家庭的统计，每户中国职员家庭的平均人口大致在6.55口到6.60口之间。[⑧] 这里需要说明的是，工部局工业社会处对上海职员的统计是将职员与自由职业一起统计在内的，并且明显将职员与工人区分开了。对比之下，据1930年的统计，当时全国工人人数不过1 104 396人，其中工人人数最多的上海也只有区区362 894人。[⑨] 到了1946年，虽然历经战火，中产阶层的人数仍有增长。根据当时上海市社会局局长吴开先报告：“目下上海有组织之工人六十万左右，有组织之职员四十万左右，农会遍设四郊，仅一二万人，其他自由职业如记者、律师、会计师、医师等无确切估计，约三万余人。”[⑩]也就是说有组织的职员就有40万左右，仅次于工人。医师、记者、律师、会计师等自由职业者的人数也已达到了3

---

① 李竞能主编：《天津人口史》，南开大学出版社1990年，第82页。

② 参见张玉法《中华民国史社会志（初稿）》上册，第414—415页。

③ 以上海总商会董事会成员的年龄结构为例，1920年改组前后，50岁以下的会董30名，在董事会占85.3%。参见张玉法《中华民国史社会志（初稿）》上册，第419页。

④ 熊月之主编：《上海通史》第九卷，第164页。

⑤ 上海市总工会：《抗日战争时期上海工人运动史》，远东出版社1992年，第62页。

⑥ 卢汉超著，段炼等译：《霓虹灯外：20世纪初日常生活中的上海》，上海古籍出版社2004年，第50页。

⑦ 徐小群：《民国时期的国家与社会：自由职业团体在上海的兴起（1912—1937）》，新星出版社2007年，第50页。

⑧ 参见《上海公共租界工部局工业社会处关于华籍职员生活费的临时指数》，上海档案馆U1-10-58；《上海公共租界工部局工业社会处关于上海市生活概况的调查报告》，上海档案馆U1-10-129。

⑨ 《全国工人约100余万，以上海广州汉口三处为最多》，《中央日报》1931年4月14日。

⑩ 《吴开先报告社政》，《文汇报》1946年4月5日。

万余人。此时上海中产阶层总人数大概是43万人。中产阶层显然已经成为上海社会中举足轻重的一股社会力量。

按照《申报》一次对中产阶层调查的转载评述:“就分析观察所言,职员家庭,属于所谓‘长衫’阶级者,处境最难,其收入较低者更甚。”“一百家中,家主正薪在旧法币一百元至二百元以下者占42%,在一百元以下者占22.2%,二百元以上者占36%。”那么当时的实际消费水平到底是如何的呢?《申报》评论认为:“即在战前,币值未贬,八口之家,薪给百元,平均一人,只以十三元弱,不足维持衣食住行之资。职员家庭,子女众多,平均得3.45人,工人家庭2.14人。”①可见,即便月薪百元以上的所谓薪给职员,由于家庭人口负担众多、上海的生活费用不断上涨,生活压力也相当大。

当然这个中产阶层并不是一个水平同质化的阶级。事实上,也几乎没有任何一个现代社会集团可以被认为是水平同质化的阶级。正如米尔斯所指出的,时髦的词汇“新中产阶层”中所包含的职业并不相同。只要想到白领世界模糊不清的边界,就很容易理解为什么这份职业拼盘会吸收了如此众多的互相冲突的理论,而它的一般形象又何以大相径庭。他们缺乏一个公认的名称,白领、薪金雇员,或新中产阶层是可以交替使用的。②

此外,上海中产阶层仍然被明显地区分为两个不同的职业群体——专业人士与职员阶级。就整体而言,专业人士的职业声望、教育水平、收入乃至社会地位普遍高于职员群体。他们可以被称作中产阶层中的精英层,而与之相对的职员群体则可以被称作大众层。这一点与工人阶级中也可以分为所谓工人贵族与低技能的非熟练工人颇为相似。近代上海专业人士与职员阶级间有着较明显的区分界线,这是与西方情况截然不同的。根据米尔斯的研究,在二十世纪的西方社会中,老式中产阶层向新式中产阶层的转换中,经历了诸多明显的变化,而其中的每一个变化又都是那样广袤和深远。“大多数专业人士现在都是工薪雇员;许多专业工作互不搭界,它们经过标准化并被纳入经过培训的技能和服务的新等级组织之中;深而窄的专业化已经取代了自我培育和广博的学识;助理们和其他辅助性专业人士承担了日常琐碎的尽管也常常是错综复杂的工作,而成功的专业人士则变得越来越精于管理。在某些领域,这种转变是如此重要,以至于理性化本身都似乎被从个人手中褫夺过来,作为一种新型的脑力被植入睿智的科层制度当中。”③也就是说专业人士自身也被高度“职员化”了。大部分的专业人士已经不再作为独立开业的律师、会计师等,而是作为律师所的雇员以及大型会计行的雇员而谋生。作为一个整体的专业人士群体已然被高度组织化,被纳入了科层制的结构中。随着现代性的发展,现代世界已经是一个高度组织化的世界。组织懂得如何将人变成一个有效率的现代集体机构——国家、军队、政党、办公室、工厂、实验室以及专门小组——中的运转自如的齿轮。

① 《中国职员生活程度(四)》,《申报》1942年8月9日。
② [美]C.赖特·米尔斯著,周晓虹译:《白领:美国的中产阶层》,南京大学出版社2006年,第231页。
③ [美]C.赖特·米尔斯著,周晓虹译:《白领:美国的中产阶层》,第87页。

结 语

在上海兴起的过程中，以港兴市是城市发展进程中的一大特点。上海地处长江三角洲东缘、太平洋的西岸，位于我国南北海岸的中心，长江由此入海，交通便利，腹地广阔，地理位置优越，是天然良港。地理位置决定命运，拥有优良地理条件的上海，在开埠之后不到一百年的时间里，迅速跃升为远东第一大港。据 1936 年海关统计，上海直接对外贸易总值占全国的 55.6%。①此时的上海人口总数也达到 380 万，②已然成为世界第五大和远东第一大都会。

还需要关注的是，古代中国人在想象天下的时候，常常局限在一个帝国的范围内，所谓“外面”总显得非常遥远。可是自鸦片战争以后，西方列强的入侵带来了新的地缘视野的知识，中国的“世界”意识发生了质变。中国进入了“两洋”——太平洋和印度洋——的时代。东部沿海面临着西方列强的压迫，对出海口的需求不可避免地促使了上海的崛起，这是一个时代的主题。由此，明清时代的江南慢慢形成了以海洋格局下的上海为中心的状态。

租界的繁荣与发展也对华界具有示范和吸引作用。在租界的示范影响下，华界尤其是闸北也开始了自身的现代化建设，并逐渐成为上海一个新兴城区。几乎与此同时，国民党上海市政府在租界建设的刺激下，也制定了大上海计划，意图迅速在江湾兴建一座上海新城，即一个新的市中心，从而与租界中的另一个市中心遥遥相对、分庭抗礼。闸北的兴起与大上海计划建设，代表着近代上海人在城市发展方面对西方的学习和抗争。

然而，抗战的爆发改变了这一切，由于日本的侵略，城市中心未能转移，而闸北等华界的新区也在日军的轰炸下沦为一片废墟，原本欣欣向荣的闸北从此成为上海的“赤膊区”（贫民窟），命运多舛的江湾也两遭劫难。经此一劫，上海的城市发展在相当长的时间内停滞不前，遭遇了近代化的挫折。

此外，亦需要关注近代上海的资本家群体。众所周知，近代上海商人起源于买办群体。买办商人是外国资本家在中国的代理商，是最熟悉海外贸易和世界通行规则的资本家群体。这一点，决定了上海资本家群体不同于传统官商，这是近代上海都市海洋文明的鲜明特点。

---

① 胡平、吴太昌：《近代市场与沿江发展战略》，中国财政经济出版社 1996 年，第 515 页。

② 吴景平：《抗日时期的上海经济》，上海人民出版社 2001 年，第 412 页。

The Oriental Pear: Oceanic China and Urban Development in Modern Shanghai

Jiang Wenjun

Abstract: Since 1840, it is the two society in modern China, also known as a social pattern of dualistic. One is the society of the eastern coastal cities affected by the west, in addition to the vast inland rural areas. Starting from this concept, we can divide China into "coastal China" (eastern coastal regions) and "inland China" (central and western regions). In the "coastal China", the economy is gradually capitalised, a large number of foreign capital was introduced into China, trade and export active, is the main driving force of China's modern economy. Modern Shanghai is the center of the Oceanic China.

Keywords: oceanic China, modern Shanghai, urban development

南宋料角考

——兼论南宋淮南东路及两浙东西路的海防体系

王华震*

摘　要： 料角位于南宋海防体系的“里洋路”上，它以一个伸向海洋的岬角，成为南北商船的必经之地。南宋初年，朝廷对料角非常重视。但随着宋人对料角地理环境了解的加深，越来越多的士大夫认识到“外洋路”比“里洋路”更有海防价值，随之而来的是整个海防体系的调整。由此，南宋淮南两浙的海防重心，便逐渐移到了环今杭州湾的南北两岸。

关键词： 南宋　料角　海防

南宋立国之后，由于其行在临安面瞰钱塘江，江面宽阔直通大海，无论从临安入海，还是敌人从海上直捣临安，都已经成为南宋君臣不得不面对的一个现实问题。事实上，在南宋诸次军事行动中，由临安入海的路线多次在他们的考虑范围之内，如建炎三年发生“苗刘兵变”，张浚从平江起兵勤王，他为了防备苗刘二贼劫持高宗从海道逃跑，于是“先遣官属措置，召募海船，亦甚集”①。

与此相对的是，临安所面临的海上威胁也空前增加，可谓历代王朝国都所罕有。绍兴二年五月初二，枢密院获得探报，称敌人屯兵淮北的淮阳军、海州。引起枢密院重视的是，若敌军以舟师南下，将会“震惊江浙”，因为如果敌舟“缘苏洋之南，海道通快，可以径趋浙江”。② 这次警报也是促成宋廷设立首个独立的海军机构的直接原因。同月二十八日，沿海制置司设立，以仇悆为制置使。③ 南宋的海防大业，在高宗浮海两年后，拉开了独立发展的大幕。宋人在回顾这段历史时感叹道：“建炎南渡，始有防海之说。”④

在南宋的海防体系之中，特别是在淮东两浙的海防链条中，淮南东路通州的“料角”一地，似乎具有举足轻重的地位。绍兴三年十月，淮东安抚使韩世忠说：“明州定海、秀州华亭、苏州许

---

* 作者简介：王华震，复旦大学历史地理研究中心博士生。

① （宋）朱熹：《少师保信军节度使魏国公致仕赠太保张公行状》，《朱子文集》卷九五，台北德富文教基金会 2000 年，第 4589 页。

② （宋）李心传：《建炎以来系年要录》卷五四，中华书局 2013 年，第 1108 页。

③ 关于沿海制置司的诸考证，见熊燕军《南宋沿海置制司考》，《浙江大学学报》2007 年第 1 期。

④ （宋）戴埴：《鼠璞》卷上，《丛书集成新编》第十二册，台北新文丰出版公司影印 1939 年，第 413 页。

浦、通州料角,皆海道要地,不可不备。"①其中,明州乃沿海制置司所在地,许浦是南宋水军主力许浦水军的大本营,华亭又是海路通往临安的必经之地,其在海防上的重要性自不待言。唯有通州料角一地,前人在讨论宋代海防时,或偶有提及,②却并没有具体阐发其原委,不免令人遗憾。本文试图通过分析料角的具体地理状况及其所在的整个海防体系,来阐明虽然其地理位置特别重要,却何以在宋人的海防体系中逐渐淡出中心位置,并以此审视宋人海防观念变迁之一斑。

一、险要的地理位置与莫测的水情

北宋承平时,国防前线远在西北二面,通州处于江北海隅之地,其军事地理价值并无特出之处。宋初杨亿说:"通州南阻江东,北濒海,士大夫罕至,民居以鱼盐自给,不为盗贼,讼稀事简,仕宦者最为逸。"以至于当时士大夫都称通州为适合清养的"淮南道院"③。话虽如此,北宋人对其海防价值已经有了初步的认识,元丰时通州太守狄遵说:"淮南形势,据江海之会、握襟带之薮者,吾州为多。"④狄遵尽管知道通州境内有多个"据江海之会"的重要战略据点,但或由于材料不足,或由于没有实际的战略紧迫感,他的详细说明付之阙如。

到了南宋之后,形势为之一变。建炎元年,南宋甫立,当时的通州太守郭凝就上言:"通州地界东北,正当海口,南接大江,最为要害。"⑤其语气的紧张感已经跃然纸上。由于通州地界江海,必然会在其附近海域的某个点形成江水与海水的交汇,而这个地点,就是料角。祝穆记载说,通州"海门有料角,其中有咸淡二水不相混杂,舟人不待汲能辨之"⑥。

宋代通州的海岸线与料角所在的大致位置,参考前人的历史自然地理的研究成果,⑦可以看到,"在北宋前期,长江口北岸沙嘴迁移到吕四东南的今秦潭附近,古称料角嘴。此时的长江口北岸大致由狼山向东到秦潭附近"⑧。

如图1所示,实线代表目前南通市的海岸线,锯齿线代表宋代通州的海岸线。⑨ 可以看见,在宋代通州,古三余湾已经正式形成,在三余湾与长江口的交界处有一个突出部位,就是宋人所说的料角,由于其突出如嘴,又称料角嘴。由北向南的船只,若想进入长江口,突出伸入海中的

---

① (清)徐松辑:《宋会要辑稿·兵二九》,刘琳等点校,上海古籍出版社2014年,第9254页。

② 王青松:《南宋海防初探》,《中国边疆史地研究》2004年第3期。文章中提及料角:"其中一些地区也具有重要的海防意义。如通州的料角,位于长江口北岸和东海交接处,是南北海上交通的必经之地。"王曾瑜先生的《宋朝兵制初探》中也并未提到料角。

③ (宋)王象之:《舆地纪胜》卷四一引《杨文公谈苑》,中华书局1992年影印本,第1705页。

④ 同上,卷四一引《修海堤祭文》,第1704页。

⑤ (宋)李心传:《建炎以来系年要录》卷八,中华书局2013年,第223页。

⑥ (宋)祝穆:《方舆胜览》卷四五,中华书局2003年,第811页。

⑦ 见陈金渊《南通地区成陆过程的探索》,《历史地理》第三辑;以及邹逸麟、张修桂主编《中国历史自然地理》第十五章《历史时期江苏海岸的演变》,科学出版社2013年。

⑧ 邹逸麟、张修桂主编:《中国历史自然地理》,第553页。

⑨ 此图根据前引邹逸麟、张修桂主编《中国历史自然地理》第546页《历史时期江苏海岸线的变迁图》改绘,改绘者王华震。

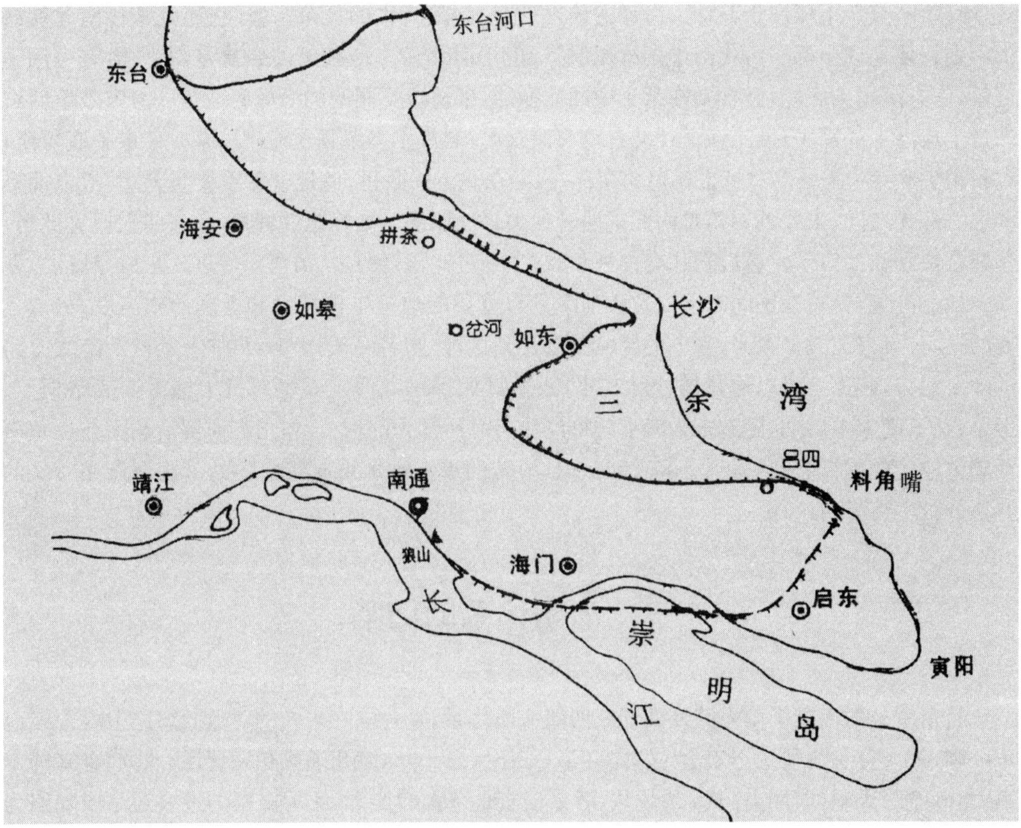

图 1

料角无疑是一处必经之地,其成为海防重地,看起来似乎在情理之中。

然而料角二字的来历,既与它险要的地理形势有关,也与它附近特殊的海流有关。祝穆说,料角附近的海域,"其沙脉坍涨不常。潮小则委蛇曲折,水路可见,潮大则水一概漫没,非熟于往来者,未易知也"①。长江口以北的海岸线,除了山东、辽东半岛等少数地区以外,多是平滑的、没有岛屿的"淤泥质低地海岸"②,这样的淤泥质海岸,很容易形成"坍涨不常"的沙脉,而由于长江泥沙的冲击,料角附近的海域正是这样的沙脉发育极快的地方。元代胡长孺记载当时的传言说:"相传朐山、海门,水中流积淮淤、江沙,其长无际,浮海者以竿料浅深,此浅生角,故曰'料角'。"③不熟悉此地水情的船只,贸然航行,多有触沙搁浅的危险,南宋初御史中丞沈与求说:"料角水势湍险,一失水道,则舟必沦溺,必得沙上水手方能转棹。"④也就是说,这个看起来是南北海船必经之地的海角重地,其实为往来船只埋下了危险重重的暗流与暗沙。

---

① (宋)祝穆:《方舆胜览》卷四五,第 811 页。

② 邹逸麟、张修桂编:《中国历史自然地理》,第 539 页。

③ (元)苏天爵编:《元文类》卷六九《何长者传》,商务印书馆 1958 年,第 998 页;但宋人也有另一种说法,认为料角的得名来自"料家沙":"料角者,乃通州料家沙之角。"见吴潜《条奏海道备御六事》,《许国公奏议》卷四,《丛书集成初编》,商务印书馆 1939 年,第 94 页。

④ (宋)李心传:《建炎以来系年要录》卷五四,第 1116 页。

料角的复杂不仅在于其伸入海洋的地理形势、湍险无常的复杂水情,它还是宋代南北航海的一处重要地理坐标。古代沿中国海岸航行,由于南北海岸地貌条件的差异,北方沿海可用平底船,南方多用尖底船,常常要在某个中间点换船,来适应不同的浅海海底地貌。南宋戴埴曾询问过当地海上的篙工,篙工谈道:“北舟皆凿诸杂木,遇咸水多湿且重滞,登、莱一带惟平底可用,过料用尖底。”①此处的“料”是料角的简称,想必在篙工的眼里,此地非常重要且熟悉,故以简称称之。毫无疑问,宋代的料角是南北货船转换尖平底船的一处标志性岬角,南来船只望见此角,便知是快到长江口了。若以现代海洋视角观之,一过此角,便是从黄海海域进入东海海域了。②

如上可见,料角在民间海上商贸活动中具有重要的地理坐标意义和极高的知名度;更加重要的是,一旦南北战事紧张,官方的判断就会受到这种“知名度”的影响,再加上其截断南北海路的险要地势,和外人难以逆料的沙脉与水流,使其成了南北海上军事对抗中的重要战略据点。但是,到了南宋中后期,随着宋人海上防御经验与海洋知识的增长,料角在商贸活动中与在军事活动中地位的差异,渐渐得到了客观的认识,海防的重点渐渐由此转向他处。这一点在后文的具体分析中将有所论述。

二、海防体系的前哨

料角所处的南宋淮南东路及两浙东西路海防体系,是建立在宋人的对敌假想之上的。终南宋一朝,宋人背靠海隅的不安全感如影随形,如绍兴三十年,楚州通判徐宗偃说,北方“有兴师十万、驾海航二千艘,因而南向”③的说法,后来证实是夸张的传言(此后金军的进攻还是以陆路为主),但高宗还是决定采纳李宝的建议,主动在海上出击。

面对来自北方海域的海上威胁,宋人曾认真总结过敌方海军由北南下可能的航行路线。绍兴二年七月,时相吕颐浩建议分沿海制置司为东西两司,理由便是考虑到敌军南来的两条海路可能相距过远,一司无法左右应付。

两条海路一为“抛大洋至洋山、二孤、宜山、岱山、猎港、岑江,直至定海县,此海道一也,系浙东路”;二为“自通泰州、南沙、北沙转入东签、料角、黄牛垛头,放洋至洋山,沿海岸南来,至青龙港,系浙西路”。很显然,在吕颐浩的料想中,后者是缘着海岸南行,行至料角或平江府黄牛垛头,再沿着海岸线肆行骚扰;前者则远离海岸,直接纵断黄海,南下至洋山群岛,再过舟山群岛,直扑明州定海县。在吕颐浩看来,淮南东路的料角、浙西路的黄牛垛头以及浙东路的舟山诸岛,无疑是海防的重点。④

与南宋初一样,南宋末也面临着来自北方的海上威胁。宝祐四年,沿海制置使吴潜也总结了当时对南下敌船的三条可能航路的流行看法:一为“里洋”路,“贼欲侵扰淮东,则自旧海发舟直入赣口、羊家寨,迤逦转料至青龙江、扬子江”(此处所谓“旧海”,指的是李全之乱前的原海州

① (宋)戴埴:《鼠璞》卷上,第413页。
② 现代黄海与东海的分界线为启东角与韩国济州岛西南角的连线,当时启东角还未成陆,料角所在的秦潭村一带在今启东角稍北。
③ (宋)李心传:《建炎以来系年要录》卷一八六,第3600页。
④ (清)徐松辑:《宋会要辑稿·职官四〇》,第3989页。

城。“料”亦为料角的简称）；二为“外洋”路，“若欲送死浙江，则自旧海发舟直出海际，缘赣口之东杜苗沙、野沙、外沙、姚刘诸沙，以至徘徊头、金山、澉浦”；三为“大洋”路，“若欲送死四明，则外洋之外，自旧海放舟，由新海界分东陬山之表，望东行使，复转而南，直达昌国县之石衕关嵍，然后经岱山、岑江、三姑以至定海”。①

仔细比对吕颐浩与吴潜所说的海防路线，可以发现，吴潜所说的“大洋路”正好对应吕颐浩所谓的“浙东路”，而“里洋路”则大致对应吕颐浩的“浙西路”。吴潜更加细分了船只贴着淮南东路海岸线航行，和沿着淮南东路海岸线之外大片堆积的“沙脉”航行两种情况，后者离海岸线的距离由沙脉堆积的大小程度所决定，如前文所例举的“杜苗沙、野沙、外沙、姚刘诸沙”等等，几十公里到上百公里不等。

图2中粗黑线代表宋代的海岸线，细黑线代表现今的海岸线，箭头代表敌船可能的进攻方向。② 如图可见，吴潜所谓的三道海路，“里洋路”在绕过料角之后，主要以骚扰长江沿岸的淮南东路和浙西路平江府为主；“外洋路”在绕过多沙海域以后，直冲秀州；“大洋路”则直达明州昌国县。而宋廷的海防链条，也正是在这样的对敌预想下展开的。

南宋水军有防江与防海之分。布置于长江口的水军大多兼具防江与防海的任务，其防务的分界大约在镇江与江阴军一带。淳祐时，知镇江府王埜奏“请免镇江水军调发，专一守江”③；镇江稍下游的江阴军，其所驻水军，已经受沿海制置司节制了，“沿海制置司又别屯千人，逮淳熙末，累增至四千人，分三将”④。可见从江阴军一直往下直到长江口，所驻扎的各支水军都兼有防海的任务。

依王曾瑜先生所搜集罗列的材料，⑤曾驻扎于淮南东路与两浙东西路的水军有：江阴军水军、平江府许浦水军、平江府江湾魏村福山水军、通州水军（王曾瑜先生并未指出料角的驻军）、嘉兴府金山水军、嘉兴府澉浦水军、临安府殿前司水军、明州定海水军等。图2中的三角符号代表水军驻扎地点。结合上文吴潜所总结的海道，可以看出，宋人在各个关键隘口都设置了水军。其中，溯长江而上的江湾、许浦、通州、江阴等地水军，所防的当是“里洋路”；金山、澉浦与临安府水军，所防的是“外洋路”；明州定海水军所防的则是“大洋路”。

这样，一个以临安府为中心的主要针对北方海上威胁的南宋三路海防体系就大致成型了。宋人于此三条海道已有明言：“自中兴南渡，立国钱塘，所以创许浦水军于平江，创澉浦水军于嘉兴，创定海水军于庆元，无非为京师左右前后门户之防。”⑥而且宋人有意地将这些不属于同一路分的海防据点，根据上述三道海防路线的划分，整合到一起。如绍兴三年十月，淮南东路安抚使韩世忠说，“除通州料角系本司所管地分外，有明州定海、秀州华亭、苏州许浦不隶本司”，对于

---

① （宋）梅应发：《开庆四明续志》卷五，《宋元方志丛刊》第六册，中华书局1990年影印本，第5989页上栏。吴潜还有另一篇文章《奏论海道内外二洋利害去处防贵周密》，也讨论了类似的问题。见吴潜《许国公奏议》卷四，第91页。

② 此图据谭其骧主编《中国历史地图集》第六册改绘。原图见谭其骧主编《中国历史地图集》第六册，中国地图出版社1982年，第23页。改绘者王华震。

③ （元）脱脱：《宋史》卷四二〇，第三十六册，《王埜传》，中华书局1982年，第12576页。

④ （宋）李心传：《建炎以来朝野杂记》甲集卷一八《平江许浦水军》，中华书局2000年，第422页。

⑤ 王曾瑜：《南宋兵制初探》，中华书局1983年，第175—177页。

⑥ （宋）梅应发：《开庆四明续志》卷五，第5983页上栏。

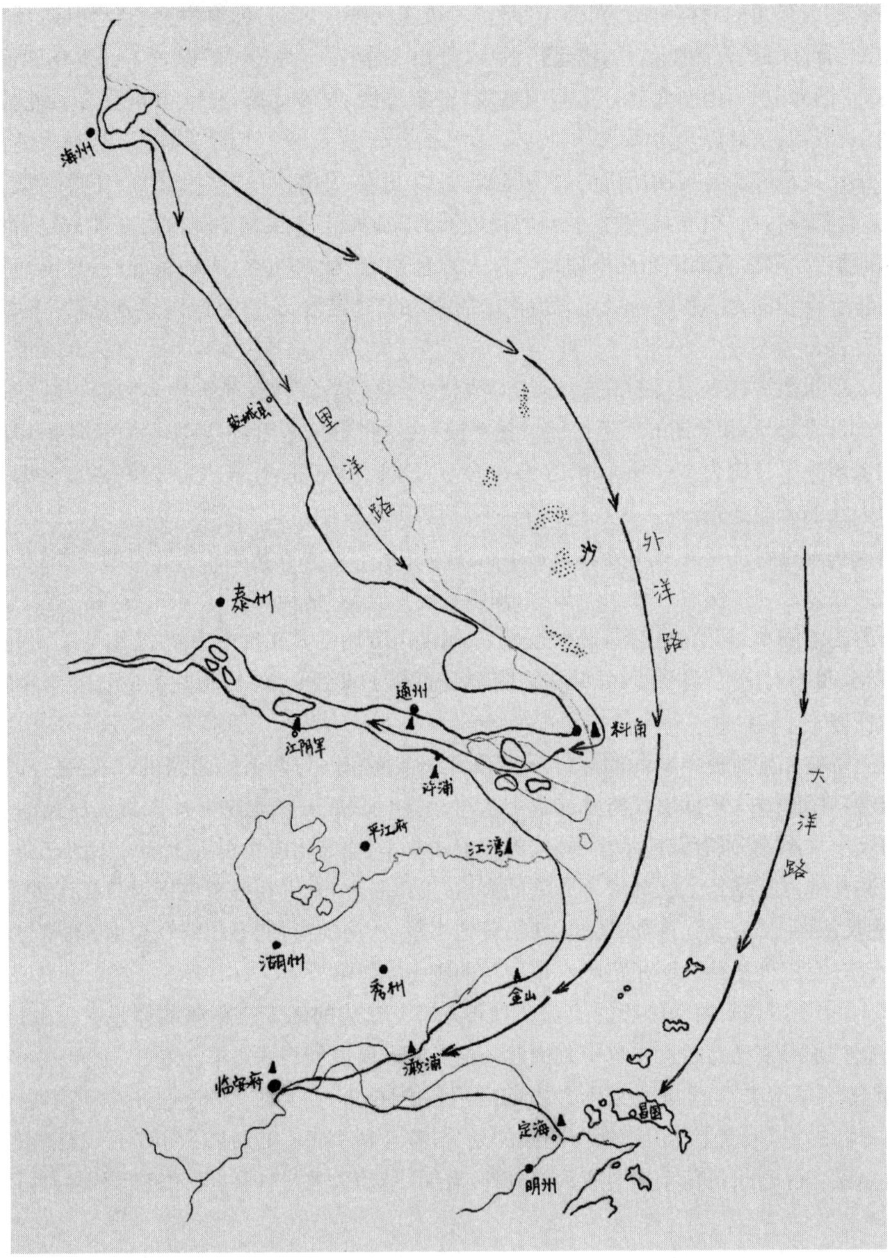

图 2

措置海防来说甚为不便,于是朝廷下诏:“平江府、江阴军管下沿海地分并隶韩世忠,令就近措置。”①于是,淮南东路的料角与浙西路的平江、江阴就连成了完整的海防链条,而韩世忠所要求的秀州华亭与明州定海,朝廷并未分拨于他。

区别于福建路与广南东西路针对来自海贼的威胁所建立起来的海防体系,淮南东路与两浙

① (清)徐松辑:《宋会要辑稿·兵二九》,第 9254 页。

东西路的海防体系，虽然有时也应对海贼，[①]但更主要地是针对终南宋一朝不曾稍息的北方军事力量：从初期的伪齐、金，到中期的李全父子，再到后期的蒙元。在宋人看来，在这样的一个海防体系中，料角所处的正是一个防江与防海双重前哨的位置，“最系贼船来路紧切控扼去处”[②]，而诸多前辈的研究，要么并未梳理料角的驻军之规模与时限，要么虽然肯定料角的海防价值，却并没有指出它在整个海防体系中的地位，不免对我们理解整体海防版图的特点有所影响。

三、料角地位的变迁

与南宋前期人认为料角是至关重要的海防重地不同的是，许多南宋人在肯定其有一定海防价值的同时，更多地开始倾向于认为北方的敌船不大可能走“里洋路”来绕过料角。反映这种思想转变的，是南宋后期此一地区整个海防体系重心的挪移。

南宋中期的人记载料角驻军始于绍兴年间，[③]但至晚在建炎四年，料角地区已经见有军队来专门把守。这一年十一月二十一日，南下的金人攻陷了通州，二十五日，礼部尚书秦桧上言要求负责料角地区海防的汲域、陆戡等人立下军令状，严防金军下海透漏。[④]

而真正在料角有大规模的海军驻扎，可能确实是在绍兴初年。绍兴六年六月，朝廷下诏任命前一年担任过通州太守的蒋璨“措置控扼海道事务”，并让其领导之前屯泊于料角的八十艘海舟。[⑤] 同月，朝廷召回了王彦的万人八字军，并于十月任命王彦为浙西淮东沿海制置副使，“以所部屯通州之料角”[⑥]。这一时期的料角在整个海防版图上的位置，无疑是非常耀眼的，八十艘海船再加上久经沙场的八字军近万人的陆上防海力量，规模甚至超过南宋军额最大的一支水军——许浦水军，后者在淳熙年间的军员定额为七千五百人。[⑦]

但是这次驻军只是临时的战时驻军，一旦战事松弛，料角的驻军又会回到常规水平。绍兴九年二月，王安道负责料角的战舰措置，朝廷下令王安道移知泗州，海舰的统领张宗也被命令“帅舟师还镇江府”[⑧]。此后的文献中，就再也没有专门在料角大规模驻军的记载。但是此地应该还保留了一定规模的常规驻军，绍兴三十一年宋金战事再起时，知通州崔邦弼惧战，欲弃城遁走，结果被通州百姓拦住，崔邦弼半夜纵火造成混乱乘机逃走。当时的提举常平王珏闻变，派了料角的统领官带着驻扎在料角的四百名官兵前去弹压。这说明当时料角的驻军可能在千人左右。另外此时料角也有驻扎海舟，然而已经不是绍兴初年的战舰，而是民船，后来崔邦弼被贬官的罪状之一，就是其任知通州时，将料角的海船挪为私用，而这些海船原来是提举茶盐司从民间

---

① 如南宋中期，通州已经多有海贼。见刘克庄《杜郎中墓志铭》，《后村先生大全集》卷一五〇，第七册，四川大学出版社2008年，第3842页。
② （清）徐松辑：《宋会要辑稿·职官四〇》，第3992页。
③ （宋）祝穆：《方舆胜览》卷四五，第811页。
④ （宋）李心传：《建炎以来系年要录》卷三九，第872—873页。
⑤ 同上，卷一〇二，第1986页。
⑥ （元）脱脱：《宋史》卷三六八，第三十三册，《王彦传》，第11454页。
⑦ （宋）李心传：《建炎以来朝野杂记》甲集卷一八《平江许浦水军》，第422页。
⑧ （宋）李心传：《建炎以来系年要录》卷一二六，第2384页。

征集用来搬运钱粮的。①

事实上,在绍兴以后,料角一地的驻军似乎不再是常态,除了开禧北伐军情再度紧张时,曾"使驻料角以精兵数千人循江上下,用备不虞"②。理宗嘉熙年间成书的《方舆胜览》提到料角时,说"绍兴中,差舟师把隘"③,似乎在暗示理宗时期料角地区并没有舟师驻扎。

南宋晚期与南宋初面对同样强大的北方军事力量,表现出了对料角不同程度的重视。一方面,这可能是由于南宋晚期材料的相对匮乏所造成的误解;另一方面,从已有材料来看,宋人对料角军事战略地位的认识确实经过了一个转变的过程——从认为料角乃敌船必经之地到认为敌船不大可能走"里洋路",而且这个思想转变,确实引起了海防重心的挪移。而南宋晚期的人,似乎对这个问题有着更加清醒的认识。

宋末成书的《鼠璞》一书,记载了作者戴埴对海洋的观察,以及他对海防的看法。他首先批评了当时对海防的流俗观点:"今人不考本末,北风一警,即惴惴于海道。"其次,他通过实地考察,认识到船要通过料角,一定要雇用熟悉当地水情的篙工,用撑篙来探知暗沙,以通过危险的水道。他得出结论,即使过了料角,也"非一潮可到,必有栖泊之处,船少则无以取胜,多则一放大洋岂能成踪?钱塘同时发渡,迟速上下,犹不可必,其能并力以相援乎?使船中皆习水,尚彼此不相保,况仗篙师,欲一举入吾腹心,以全取胜,决无此理"④。

宋朝在这一海域布下海防大网,具体已见图2。北方以舟师突袭南方,贵在乘北风神速前进,如果要绕过危险的料角,就要用当地篙工缓速慢行,则已经是"非一潮可到",战机一失,南宋方面早已准备好防御,威胁就已经顿减了。

这样的认识在南宋末期似乎已经是有识之士的共识。宝祐年间任沿海制置使的吴潜也表达过完全一致的思想:"但转料一说,恐非敌人行军之径路。盖海商乘使巨艘,满载财本,虑有大洋、外洋风涛不测之危,所以缘迩西北大岸,寻觅洪道而行。每于五六月间南风,潮长四分,行船至潮长九分,即便抛泊,留此一分长潮,以避砂浅。此路每日止可行半潮期程,以为保全财货之计。若敌舟窥伺叵测,岂肯旷日持久,迂回缓行,使人知而避之?此转料从里洋入扬子江一路,潜以为决不出此。"⑤

和戴埴一样,吴潜得出这样的结论,也是由实地考察而来。在庆元府任沿海制置使之前二十年,他就已经知嘉兴府,考察过杭州湾的海道,并新设金山水军了。而正是在这样的思想的指导下,在任沿海制置使期间,吴潜将有限的海防资源挪移到"外洋路"上,即"稍减料角一带之备",换以"新置向头一寨,与金山澉浦相接"⑥。这就把这一地区海防体系的重心放到了以今杭州湾为中心的"外洋路",环绕海湾有北岸澉浦、金山和南岸向头、定海,以及临安府水军。但这并不意味着对料角海防的无限度忽视,虽然其作为军事据点的重要性已经受到贬抑,但它还是

---

① (宋)徐梦莘:《三朝北盟会编》卷二三八、二四六,上海古籍出版社1987年影印本,第1708页上栏、1767页上栏。

② (宋)真德秀:《故资政殿学士李公神道碑》,《西山先生真文忠公文集》卷四一,《四部丛刊》影印正德刊本,第1282册,第22页。

③ (宋)祝穆:《方舆胜览》卷四五,第811页。

④ (宋)戴埴:《鼠璞》卷上,第413页上栏。

⑤ (宋)梅应发:《开庆四明续志》卷五,第5989页下栏。

⑥ (宋)梅应发:《开庆四明续志》卷五,第5989页下栏。

商船往来的必经通道，绍兴九年朝廷在撤出常驻水军后，依然保持了斥堠的警戒，以觇往来船只。①

结　论

在南宋一个半世纪“背海立国”的历史中，②对北方政权的海上进攻的防御，一直伴随其始终。淮南东路与两浙东西路所控制的扇形海域，作为直面北方海域的冲要之地，也是拱卫行在的腹心之地，其海防一直是宋廷要面对的重大问题。

基于对海洋形势的判断与对敌方军情的假想，宋朝将这一地区的海防体系打造为由“里洋路”、“外洋路”和“大洋路”三道海路为中心的防御链条，在这三条防御链条中，以临安府为中心，创许浦水军于平江以控里洋，创澉浦水军于嘉兴以控外洋，创定海水军于庆元以控大洋，并以这三个点为副中心，创建多支驻扎于沿海各地的水军，建立起一张拱卫临安的扇形海防网络。

其中，料角位于“里洋路”上，它以一个伸向海洋的岬角，成为南北商船的必经之地。南宋初年，朝廷对料角非常重视，曾驻扎王彦的万人八字军以及八十艘舰船。但随着宋人对料角地理环境了解的加深，越来越多的士大夫认识到“外洋路”比“里洋路”更有海防价值，随之而来的是整个海防体系的调整，即裁撤料角的驻军，并新设“外洋路”的海军据点——金山和向头。由此，南宋淮南两浙的海防重心，便逐渐移到了环今杭州湾的南北两岸。

通过考证料角一地海防的兴衰，我们可以看到整个南宋对海防的重视以及海防战略的调整，更值得重视的是，这其中还蕴含了社会知识生产的更迭所产生的一系列结果。这不仅对认识宋代的海洋史有所助益，更是管窥知识社会史的一个极佳例子。

---

① (宋) 李心传：《建炎以来系年要录》卷一三六，第2553页。

② 刘子健：《两宋史研究汇编》，台湾联经出版事业公司2002年，第23页。首见于《背海立国与半壁山河的长期稳定》，《中国学人》1972年第4期。

A Historical Geographic Research in Liaojiao: With a Study on the Coastal Defence System of East Huainan, East Zhe and West Zhe Circuits During the Southern Sung Dynasty

Wang Huazhen

Abstract: As a cape deeply lying in the intersection of the East China Sea and the Yellow Sea, the Liaojiao Cape, located in the Li-Yang Route of the Coastal Defense System of the Southern Sung Dynasty, was also vital to those north-south orientation business boats. The government attached much weight to the Cape in the early Southern Sung Dynasty, whereas, as the bureaucrats and intellectuals gained more geographic knowledge about the sea and the Cape, they gradually realized that the Wai-Yang Route had a higher value than the Li-Yang Route in the Coastal Defense System. As a result, the adjustment of the arrangement of the coastal defense force became an important procedure, and the government hadto shifted its focus from the Liaojiao Cape to other strategic points, such as the points around the Hangzhou Bay.

Keywords: Southern Sung Dynasty, Liaojiao Cape, coastal defense

长江三角洲滨海地区的聚落扩展与环境变迁[*]

吴俊范[**]

摘　要：唐宋以降，长江三角洲前缘地区(今上海浦东地区)的较快成陆与海塘的历次修筑，使人类活动与聚落扩展都进入了活跃期，表现出以人们越出海塘开发滩涂或煮盐为引领，聚落扩展速度与规模加快、人口流动活跃的特征，具有显著的区域发展活力。但较高一级的市镇聚落的发展，在数量和规模方面却明显受到成陆晚、村聚历史积淀薄弱的制约，大镇数量少，尤其是接近海岸线一带产生市镇的条件不足。本文研究表明：海塘对于江南海疆的开发有着重要的意义，应当从自然环境和社会人文环境的变化方面对这一课题进行更宽泛的研究。

关键词：浦东　滨海　聚落　市镇　海塘

一、历史地理学视域下滨海环境的认知

水网、圩田、聚落、海塘是江南区域环境史的关键要素，环境史学者也一般将这些要素放在人地关系的框架内并与江南区域开发史联系起来进行考量，迄今已积累了比较丰富的成果，为后来者在该领域的深化研究提供了良好的基础。① 但由成陆时间先后、开发时间早晚所引起的

---

* 本文为上海市浦江人才计划“上海和芝加哥城市贫困群体文化融入过程的比较研究”(项目编号：14PJC085)的阶段性成果。

** 作者简介：吴俊范，上海师范大学历史系副教授。

① 以太湖流域为中心的江南地区水网变化向来与农业开发密不可分，多数著作将水环境与田制演变结合起来进行考察，代表性的成果有：魏嵩山著《太湖流域开发探源》(江西教育出版社1993年)；缪启愉著《太湖塘浦圩田史研究》(农业出版社1985年)；王建革系列论文如《水车与秧苗：清代江南稻田排涝与生产恢复场景》(《清史研究》2006年第2期，第1—11页)等。在上海地区成陆与海岸线推移方面，复旦大学历史地理研究所谭其骧在二十世纪六十至八十年代曾连续发表论文，奠定了古代滨海高乡成陆研究的基础，这些论文是《关于上海地区的成陆年代》、《再论关于上海地区的成陆年代》、《上海市大陆部分的海陆变迁和开发过程》、《〈上海市大陆部分的海陆变迁和开发过程〉后记》、《上海得名和建镇的年代问题》(均载谭其骧著《长水集》，下卷，人民出版社1987年，第141—186页)；张修桂系列论文对上海成陆问题进行了更加详确的辨正，分别是《上海地区成陆过程研究中的几个关键问题》、《上海地区成陆过程概述》、《金山卫及其附近一带海岸线的变迁》(均载张修桂著《中国历史地貌与古地图研究》，上海科学文献出版社2006年，第225—309页)。张修桂文《上海浦东地区成陆过程辨析》(《地理学报》1998年第3期，第228—237页)，确认了上海地区第一条统塘“里护塘”的位置，与以往研究者结论相异。在聚落研究领域，樊树志著《明清江南市镇探微》(复旦大学出版社1990年)、《江南市镇、传统的变革》(转下页)

长江三角洲平原的地理环境差异,以及与地理环境分异密切相关的自然生态、社会生活、经济文化等诸多领域内的差异,尚未被研究者清晰地认知,以至于常常出现将开发较晚的东部海疆,如今上海浦东地区、宝山地区、嘉定地区在唐宋至明清时期的状况忽略不计的情况,即使间或提到,亦是将东部海疆一带的社会经济情况与西部缘太湖平原腹地一带的情况以同一标准加以判断,等而论之,在史料运用方面也经常出现"东西相混、东西互借"的现象。事实上直至清代中期,今上海浦东地区的川沙仍被认为是辟处海隅之地,并"无富商巨室"①,属于区域经济格局中的后进地区。这样看来,即使是社会史、经济史领域的研究者,也着实应当考虑地理区位和自然环境差异对长江三角洲平原开发所带来的不均质影响,如果在分析史料时未纳入地理环境这一要素,则很可能出现结论的偏差。

古代苏州府、松江府的方志、文集笔记等文献向来存在"高乡"与"低乡"、"滨海"与"西部"之概念上的分别,对二者在水土环境与社会经济发展方面的差异也时有论及,②显然古人具有地理环境差异的意识。现代地理资料也显示,长江三角洲东部主要是以太湖为中心的碟形洼地的东缘部分,其北、东、南三面,地势较高,称为碟缘高地和滨海平原,大体上包括上海、嘉定、宝山、川沙、南汇、奉贤等区片的全部和金山区片的南部,海拔4—5米,但南缘略高于北缘;西部主要是松江、青浦两区片的大部,金山区片的北部和嘉定区片的西南角,属碟形洼地的底部,称为淀泖低地,地势低洼,海拔3.5米以下,最低处还不到2米。③ 所以从学术研究的角度,以冈身④为分界的高乡与低乡由于成陆过程的差异和潮汐环境的差异,二者在水系结构、土壤性质、农田体

(接上页)(复旦大学出版社2005年)与刘石吉著《明清时代江南市镇研究》(中国社会科学出版社1987年),是用历史学方法对江南市镇包括滨海高乡市镇的名录和社会经济变迁状况进行梳理,并不着意于市镇所生发的地理环境差异以及建构在环境差异之上的市镇经济与人文环境的不同;滨岛敦俊两篇论文《关于江南"圩"的若干考察》(《历史地理》第七辑,上海人民出版社1990年,第188—200页)、《旧中国江南三角洲农村的聚落和社区》(《历史地理》第十辑,上海人民出版社1992年,第91—101页),对江南圩田格局与村庄聚落分布的关系作了初步探讨,其中部分内容涉及高乡聚落与圩田、水网的空间关系,是采用历史地理学视角研究江南滨海聚落的开端性文献,部分内容兼及高乡一带的状况;谢湜文章《十五至十六世纪江南粮长的动向与高乡市镇的兴起——以太仓璜泾赵市为例》(《历史研究》2008年第5期,第35—57页),从社会史的角度对高乡市镇型聚落的缘起特征进行了解构,指出"粮长创市"这一具有时代特征的江南高乡地区的市镇缘起机制,这篇文章的主要贡献还在于使江南高乡与低乡的社会历史进程的差异引起学者更多的关注。从人地关系角度对江南高乡地区海塘修筑与社会制度、自然生态等进行专门研究的成果并不多见,主要有王大学论文《动植物群落与清代江南海塘的防护》(《中国历史地理论丛》2003年第4期,第92—101页),以及《政令、时令与江南海塘北段工程》(《史林》2008年第5期,第58—69页)。综上所述,以清晰的高、低乡分异之地理空间意识来探讨江南水网地带的人地关系差异的研究尚待深入,尤其是对海疆区域的自然与人文环境变化的历史地理研究更加少见。

① 《新建川沙义仓记碑》,见《浦东碑刻资料选辑》,第165页,原文录自光绪《川沙厅志》卷二《建置》。

② 略举几例:陈王道《太仓州水利揭略》论滨海与内地河流性质与水利策略之不同,曰:"滨海之地,每多冈身,以致积土如山者,皆缘海潮错杂,浑沙填淤……上海华亭二县之西,亦有三湖四十八荡及三泖之水,其泄泻出海之路,止籍一黄浦。其东入海之处,未闻有三十六浦之多,更有海塘以为屏障,故无海潮冲入,而河道皆通……"张汝弼《论修浚》曰:"低乡田圩不修,水亦不能自退,高乡河渠不浚,水亦不能逆上……"顾士琏《论海口劝浚》云:"高乡之河与低乡异,海口之河与内地异。低乡湖水清澈,又因罱泥致深,海口一日两潮,每潮淀积一箬,一岁积七百二十箬……"(均见清张人镜纂《月浦志》卷三《水利志・治水议》,《上海乡镇旧志丛书》第十卷,上海社会科学院出版社2006年)。

③ 上海师范大学地理系编:《上海农业地理》,上海科学技术出版社1979年,第9页。

④ 根据张修桂文《上海地区成陆过程概述》(原载《复旦学报》1997年第1期,第79—85页,复收入张修桂著《中国历史地貌与古地图研究》,上海科学文献出版社2006年)。此前谭其骧关于上海成陆的文章也已对此作了基础性的研究。从距今7 000年前开始,长江三角洲南翼在沿岸流、潮流和波浪的共同作用下,自江苏常熟(转下页)

制以及聚落格局、经济水平等方面的演变态势和驱动力都不能等而视之。尤其是唐宋以降，以今浦东地区为前缘的滨海平原向外推移的进程整体加快，①在较快的成陆条件下，东部高乡水系和聚落的塑造过程与社会经济发展进程与之前海岸线长期处于慢速推移状态的西部相比，势必呈现出不同的特征，这就要求历史研究者必须要注意到高、低乡之客观差异。但目前看来，对于"高乡"尤其是其外缘海疆一带的专门研究十分少见，这里似乎只是江南的"化外之地"，要么忽略不计，要么干脆与西部不加区别地同等对待，这种简单的处理方式在学术研究上是不可取的。

古代文献记述对成陆较晚的滨海平原的生存条件和民生状况有着较为统一的指向和认同，认为这在江南是一个田土瘠薄、民众贫苦、淡水缺乏、经常受到咸潮侵袭、水旱灾害频发、河港易于淤塞、船舶通行不畅的后进地区。例如清光绪《江东志》(所记相当于今浦东高桥一带)如此描述："我邑滨海，沙瘠不宜稻禾，而漕兑向与他邑等，民市客米以输纳，其赔耗者十之五，逋负者十之六。每至交兑，骚然如剜肉疗饥，人人无乐生之念。"②"嘉定之为邑也，地滨江海，土性卤斥，不任禾稻。"③(江东原隶嘉定县，雍正三年设宝山县后，改隶宝山。)距离罗店不远的盛桥镇，其自然环境更被修志者认为"惟是地邻大海，险象环生"④，志中所记陆地坍塌入海之状时有所见。至于滨海高乡的水系，则属于江海交汇处的平原感潮水网，潮汐挟沙上溯带来的河港淤浅，以及由此引起的通航与农业排灌不便、对河道疏浚提出的高要求，此类记述在古文献中更为多见，例如张灏《吴淞吟》写的是嘉定大镇黄渡的通潮河流经常面临水浅导致的通航困境："支河承干河，潮汐通呼吸；雷泽水西来，沪渎潮东入；中间一舟胶，往来两途窒；今年夏秋交，亢旱几三月；大港候大潮，论寸不论尺；谁知滨海民，望洋等涸辙。"⑤黄渡贴近冈身西缘，隶嘉定，成陆早，开发充分，比东部滨海的江东、罗店、盛桥等地聚落发展的历史更长，但其地河港易淤、通航不便、易干涸等早期滨海平原的环境特征至清代仍有遗存，影响着社会经济的发展。更近海的浦东一带，河道属性与上述类似，由于地势高亢而导致的灌溉困难、排水不畅、河港易淤等问题可能更加突出，浦东地区碑刻资料中时有地理环境方面的评述，如"厥土高亢，非旱即涝"⑥、"东南濒海之

(接上页)福山一带以南，南东方向形成数条近于平行的密集的贝壳沙带，并延伸至今上海南部的漕泾、柘林一带海边，其再向南的延伸段，已沦没于杭州湾之中。在上海地区的苏州河以北，自西向东有浅冈、沙冈、外冈、青冈和东冈五条贝壳沙带，苏州河以南则有沙冈、紫冈、竹冈和横泾冈四条自西向东分布。对贝壳沙带沉积特征所作的分析，确认这些沙带属于滨岸沙带，代表不同时期的海岸线所在。贝壳沙带所在之处，地势相对高爽，俗谓之"冈身"。"冈身"立论以来，逐渐被学界公认为江南滨海平原高、低乡的地理分界线。

① 根据上海地区古代聚落的考古发现及谭其骧、张修桂相关研究成果，北宋皇祐年间里护塘一线筑成上海地区第一条统塘之前的一段时期，是浦东地区海岸线快速推进的时期，下沙沙带海岸线快速推进到里护塘一线，之后陆地向东推进的速度有所放慢，但仍然快于距今 7 000—3 000 年间海岸线长期滞留的冈身地带，其原因除了海岸动力条件与气候冷暖对海平面升降等自然因素外，人类活动加剧、对土地资源的需求增加等人文因素也比较突出。

② 孙致弥：《重修折漕报功祠记》，见(清) 佚名纂修《江东志》卷八《记》，第 201 页，《上海乡镇旧志丛书》第十四卷，上海社会科学院出版社 2006 年。

③ 傅凝之：《上林苑典簿瞿还初墓志铭》，见《江东志》卷十《铭》，第 244 页。

④ (民国) 赵同福编纂：《盛桥里志 · 序》，《上海乡镇旧志丛书》第十一卷，上海社会科学院出版社 2006 年，第2 页。

⑤ (清) 章树福纂辑：《黄渡镇志》卷三《水利上》，《上海乡镇旧志丛书》第三卷，上海社会科学院出版社 2006 年，第 32 页。

⑥ 《重浚赵家沟碑》，见《浦东碑刻资料选辑》，第 33 页。

地,视诸港反高,虽有神禹不能导水使上也”①等等。综上所述,将高乡滨海之区、传统文献所载的“赤卤之地”,作为一个特征独具的地理单元,放在长江三角洲平原这一整体环境中进行环境史的考察,对其河流、聚落等基本环境要素的演变过程进行时空的复原和人地关系的分析,是有充分学理依据的,而滨海地区的内陆化,即其逐渐加入太湖平原板块的过程,正是上述过程的另一种说法。

自然村的形成与初步扩展,标志着地域开发过程中人口定居和环境改造的开端,所以对一定历史时期内自然村聚落的空间推移过程进行复原,可谓区域环境史的本底层面;在自然村复原的基础上,可以进一步对更高一级市镇聚落的环境机制进行研究。对传统聚落的长时段演变进行复原,其主要困难是难以发掘系统资料或者难以突破传统的研究方法,为此本研究运用了现代新编地名志中的聚落溯源资料,并以 GIS 手段作了历史村落的定位和分析。上海地区各种新编地名志虽然出现于二十世纪九十年代以后,属于现代文献,但志书编写过程中参考和集成了大量古代方志、乡镇志、水利书、文集笔记等文献资料,并拥有庞大的研究团队对历史地名和现存地名的起源和演变过程进行实地采访和文献的梳理,从而保存了迄今最完整的区域性聚落的历史和现实信息,现代地名志对于聚落地名的记载体例和详实程度,为古代任何一种志书所不及,因而本文先是依据编于 1994 年的《上海市浦东新区地名志》②,对浦东聚落兴起的时空过程进行了复原,在此基础上再结合古代文献等资料进行驱动因素的讨论。

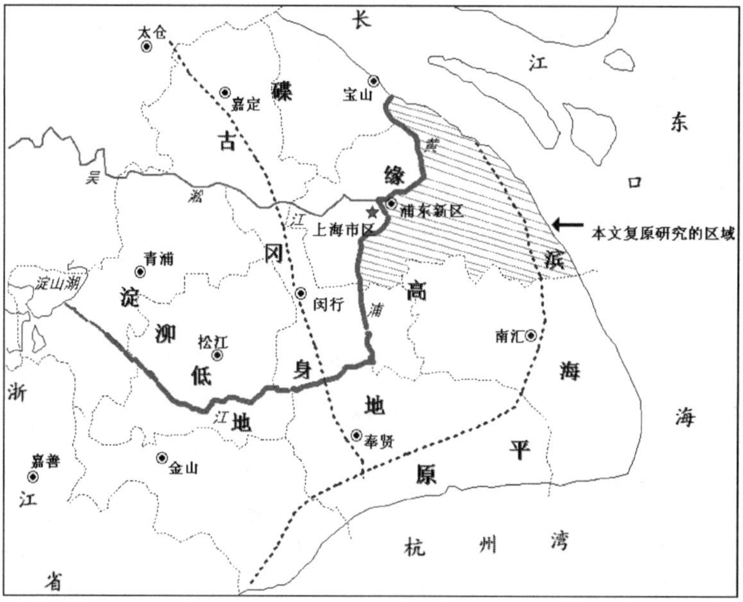

图 1　本文研究复原区域在长江三角洲平原的地理位置与周边环境

---

① 《置张泾堰记碑》,见《浦东碑刻资料选辑》,第 32 页。

② 《浦东新区地名志》,华东理工大学出版社 1994 年。1994 年的浦东新区行政范围主要是黄浦江沿江一带的原上海县治区和原来的川沙县,南汇县不包含在内,但由于南汇与川沙同属于滨海平原区,地理环境特征和社会人文特征存在诸多共性,所以本文在论述中也涉及南汇的一些情况。

二、海塘庇护与乡村聚落的扩展

海塘对于滨海平原地区人口的定居繁衍和生产活动来说，实可谓之“命脉”，在传统农耕时代，海塘的作用主要是“捍御咸潮，以便耕稼”①，同样也为以煮盐为生的“煎海之民”提供庇护。② 明末清初人孙和鼎世居浦东高桥，其《修江东海塘记》以一个滨海居民的视角总结了海塘对于滨海之乡避害趋利的功用：“卤潮虽为淡水所隔，去岸不数十里，时值大旱，江水流出者少，卤潮渐近。或乘东风涨潮，横行而上，棉稻俱淹，立见憔悴，此旱之害也。又或飓风淫雨，挟潮而至，水出地上数尺或丈余，庐舍人畜倏忽荡尽，棉稻不漂即偃，此涝之害也。此两害也，沿海地方所同，而江东为甚。欲去两害，存两利，无如修海塘。”③可见从减少旱涝灾害的角度，海塘对于沿海聚落的形成、稳定发展具有至关重要的御卫作用。

与分段修筑的海塘相对应，贯穿某一完整地理单元内贴近海岸线而修筑的连续海塘可称为“统塘”④，毫无疑问统塘对于捍卫人民生命财产安全的效用最大。但在统塘未筑之前，人们为了开垦滩涂、兴灶煮盐和定居生活的需要，就已经在贴近海岸线的地方筑起规模不等的堰坝或者圩堤，以抵御海潮的侵袭。正如嘉庆《松江府志》所载，华亭地方“古来筑堰，以御咸潮”，“古有十八堰，捍御咸潮”。⑤ 堰坝主要筑在通海河港的入海处，可以通过置闸并定时启闭以抵制咸潮顺着河道内侵。圩堤一般贴近海岸线，类似于西乡低地区域大圩田的堤岸，分为零星散布的民开、较大规模的大户开以及实力雄厚的官开，这是人们“向海要地”、向滩涂拓殖发展的主要方式。直至当代，这种筑堤围垦的方式对于浦东滨海滩涂的开发依然重要，例如，人民塘是贯穿今浦东南北海岸线的最外一层统塘，筑成于 1960 年，此后又陆续在塘外形成了张金圩、军民圩、向阳圩、新建圩等分段垦区，⑥其中向阳圩于 1968 年围垦滩涂而成，⑦新建圩于 1970 年代由江镇等乡迁来的农民与下乡知青联合开垦而成。⑧ 在历史时期，每当滩涂开垦和定居人口达到一定规模时，断断续续的圩塘即不敷使用，这时将由官府组织资金和民力进行大规模的护塘修筑工程，在原有分段圩塘的基础上筑造起坚固的统一海塘，所以统塘是滨海经济开发达到一定程度的产物，也是某一历史时期内滨海聚落稳定扩展的标志。据张修桂考订，上海地区第一条统一海塘是北宋皇祐四年至至和元年（1052—1054）时任华亭县令的吴及所创修，即后来被通称为

---

① 嘉庆《松江府志》卷十二《山川志・海塘》，第 281 页，载《中国地方志集成・上海府县志辑》，上海书店 2010 年。

② 明大学士徐阶撰《华亭县修筑捍海塘记碑》云：“吾煎海之民，环塘而居者千万计……塘亟告成……行其上者若坦途，耕于其内者若倚平冈，不复虞咸潮之入也。”道出了滨海以煮盐和农耕为业的民户对海塘的依赖。（见《浦东碑刻资料选辑》，第 36 页。）

③ 孙和鼎：《修江东海塘记》，见（清）《江东志》卷九《议》，第 213 页。

④ “统塘”之称主要在江南环境史研究者的论著中出现，如张修桂论文《上海地区成陆过程研究中的几个关键问题》（《历史地理》第十四辑，上海人民出版社 1996 年，第 1—20 页）；学者亦有称之为“通塘”，如王大学著作《明清“江南海塘”的建设与环境》，上海人民出版社 2008 年。

⑤ 《附邱宗奏略》，见嘉庆《松江府志》卷十二《山川志・海塘》，第 281 页。

⑥ 《浦东新区地名志》，华东理工大学出版社 1994 年，卷首插图《浦东新区水利图》。

⑦ 据《浦东新区地名志》统计，卷五《聚落地名》，华东理工大学出版社 1994 年，第 135—507 页。

⑧ 据《浦东新区地名志》统计，卷五《聚落地名》，第 135—507 页。

“里护塘”或“老护塘”的贯穿今浦东中部的南北捍海塘。① 而历史文献所公认的上海地区第二条统塘于万历十二年(1584)筑成,称“外捍海塘”,后因雍正十年南汇县知县钦琏主持全面补修,自此俗称“钦公塘”。筑成于1960年的人民塘,则是浦东地区第三条统塘,也是迄今最外一道统一海塘。

先以GIS方法分别提取出里护塘、外捍海塘(钦公塘)修筑前后的聚落分布图,见图2。

海疆地区从成陆到段落式的圩塘出现、拓荒式的滩涂开发,再到村落的次第分布,这是一个较长的时间过程。将刚刚成陆的斥卤之地变成适合农耕的土壤,需要几代人付出艰辛的劳动,同时也需要技术和运气,一次海溢潮侵就可能把艰苦积累起来的土地财产、房屋和盐灶、盐舍等全部毁于一旦,所以在新成陆的滨海原野上定居的难度和风险远比开发成熟的内地要大,时常会有人口返迁回到距海塘较远之内地的现象。② 但从长时段来观察,在人口增殖、土地资源日趋紧张的情况下新成陆土地仍然具有充分的吸引力,尤其是有了海塘作为屏障,滨海地域的开发速度是明显加快的。图2显示,在里护塘筑成之后到明万历更外一道统塘修筑之前,浦东自然村聚落的增长主要集中在贴近旧海塘可得庇护的区域,同时在外护塘修筑前,村落分布的位置已超越了将筑海塘的外围。也正是这种越塘垦殖,使得新统塘的筑造成为迫切的需求。而外护塘筑成后,更是“地之生涨日阔,民之生聚日繁,沧海焉而桑田之也”③。因此可以说,由统塘修筑而引领人口定居与聚落发展快速向海推进,是历史时期高乡滨海平原人地关系的一个显著表现。

通过查阅上海图书馆所收藏的浦东各姓家谱,并结合实地调查所得的回忆资料与民间传说,可知宋元明时期人口迁入浦东而成聚落的原因按照案例数量由多到少的排序为:避海难飓风等流落此地、避政治迫害迁来此地、逃荒落脚于此、富户置地造宅、官员置地造宅、船民定居、捕鱼谋生、开设手工业作坊、种田为生、开发滩涂、盐民转农。④ 以上因素几乎涵盖了滨海平原新成陆土地开发过程中的各种移民因素,但历史阶段性特征并不明显,似乎属于各个历史阶段均可发生的共性现象,这也符合新成陆土地开发空间大、对外来移民吸引力较强的历史事实。对于避难型和拓殖型的移民,当时地处偏远却拥有充足资源的浦东显然是一方乐土。

这些迁移原因中部分可能是出于一种层累式的历史记忆,而并非是客观的历史真实。人们对于家族历史的记忆,不仅是社会构建的结果,而且也与个人面临具体生活境遇时的心理需求和环境认知有关。浦东位于长江三角洲边缘的地理位置及其在江南整体社会生态格局中所处

---

① 张修桂:《上海地区成陆过程研究中的几个关键问题》,《历史地理》第十四辑,上海人民出版社1996年,第1—20页。该文矫正了之前上海地区第一条统塘修筑于唐开元年间的说法。

② 清人沈凝《潮涨行》记述了雍正十年大潮灾后的惨状和沿海之民后悔迁来海滨拓殖的心态:“宝山之民何以罹此厄,生民无数良可惜。几家旧县居同里,忽尔满门枉移徙。传闻新县易得钱,舍旧图新疾与驶。谁知利未取,溘焉身便死。茫茫泽国,浩浩无涯。随风荡漾,浮尸如麻。沈魂不知处,何日得还家?宝山之民何为罹此厄?侧身东望长太息。”(见清张人镜纂《月浦志》卷十《天人志·灾异》,第211页。)

③ (民国)储学洙等纂:《二区旧五团乡志》卷二《水利》,《上海乡镇旧志丛书》第十四卷,上海社会科学院出版社2006年,第13页。

④ 该统计所依据资料:《浦东新区地名志》卷五《聚落地名》,第135—507页;上海图书馆家谱收藏部所藏浦东各姓家谱,尤以今川沙地区和南汇地区为主,始迁祖移来定居的时间以明、清两代为主。

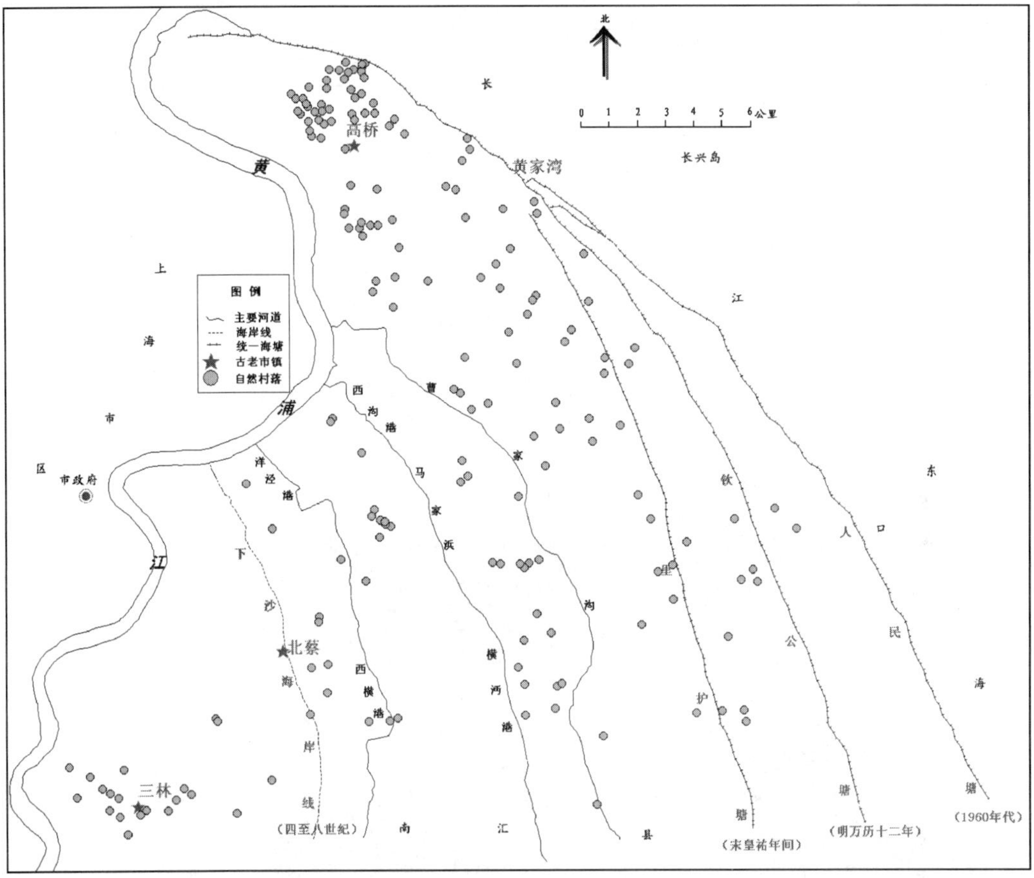

图2 里护塘筑成后(1054)至外捍海塘(钦公塘)筑前(1584)今浦东地区兴起的聚落

的弱势地位,使生活在此的人们更愿意将自己的始迁祖归类于“被迫迁移者”的类型。① 例如,各种迁来原因中“避难”占主流,包括逃避自然灾难和政治灾难,这正是滨海开发早期不容乐观的地理环境在移民心态上的折射和历史传递。

明中叶以后,与浦东成陆速度明显加快有关,浦东自然村聚落也出现了快速的增长(见图3),明中期以前已经奠定的聚落基数不可不考虑,这是在原有基础上的进一步加快。外捍海塘(钦公塘)筑成之后,浦东新增聚落的密集区仍然位于贴近外捍海塘以内并介于新旧两条统塘之间的区域,海塘对于人口定居的屏障和保护作用依然十分明显。可见,缘塘定居一直是浦东聚落增长在空间上的一个显著表现。另在人民塘筑成之前,在外捍海塘以外形成的村落数量已相当可观,再次说明沿海滩涂资源对于人口迁移(包括区外迁来和区域内迁移)具有强大吸引力,也是持续存在的越塘开垦的内在动力。此外值得注意的一个现象是,在远离海塘的浦东内地,新生聚落的增加也十分突出,这一方面说明随着滨海开发程度的深化,整个区域对于外来移民的吸引力进一步提升,吸引各地人口前来谋生和定居,另一方面区域内人口的短距离流动和通

---

① 赵世瑜《祖先记忆、家园象征与族群历史——山西洪洞大槐树传说解析》一文,对于祖先历史之集体记忆的形成机制有深入阐述,对本文关于浦东移民始迁原因的分析有所启发(《历史研究》2006年第1期,第49—64页)。

过家族分宅而衍生的新村落,在促进聚落拓展格局中的作用也不可忽视。内外两种因素相加,正体现了滨海之区由后进逐步向先进地区靠拢的趋势。

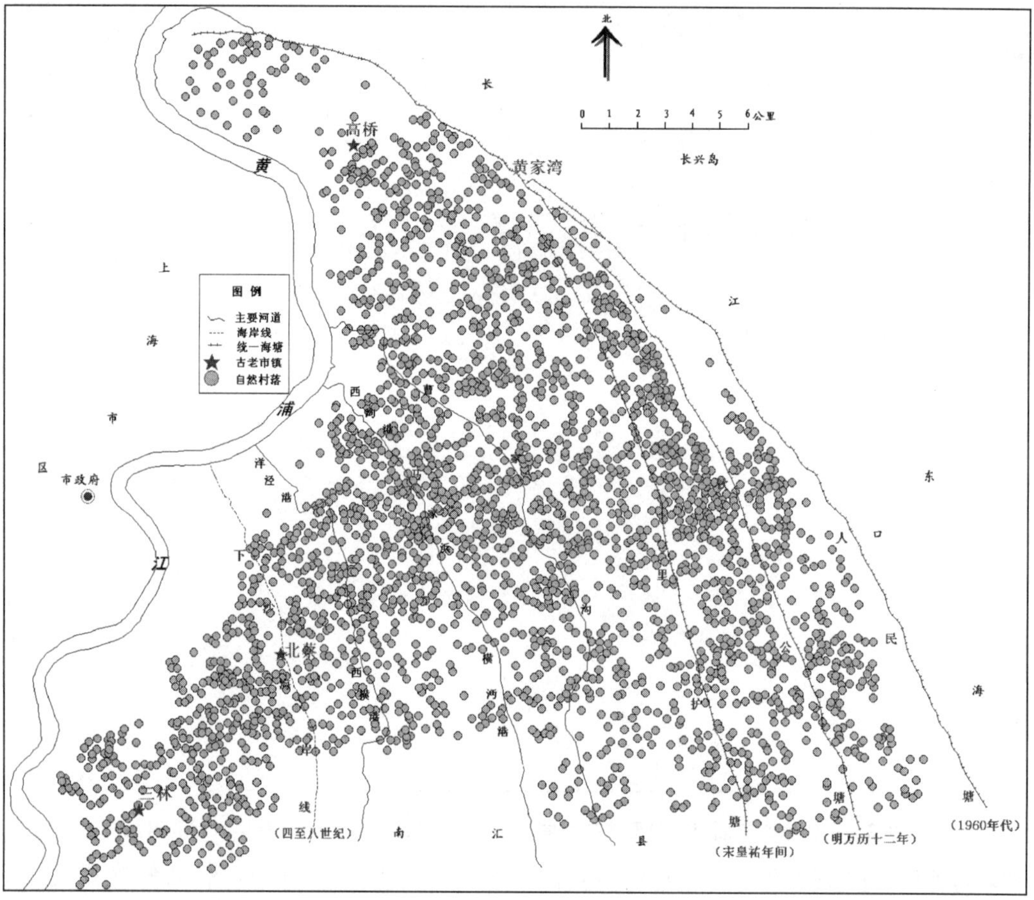

图3　外捍海塘(钦公塘)筑成后(1584)至人民塘筑前(1960)今浦东地区兴起的聚落

(说明:该图沿黄浦江一线的南半部,出现自然村聚落分布之空白区,是因为截止数据统计下限的1994年,该区域已经城市化,传统村落基本消失,《浦东新区地名志》的村落调查资料中这些已消失村落的资料缺失。)

在浦东定居的外来移民所迁出的区域,既包括今江苏省以外的其他省份,也包括长江以南的江苏省内各地、吴淞江流域的青浦、嘉定、宝山、太仓、昆山等县以及上海县的浦西地区,可见清代浦东作为后进而有潜力的地区对外来移民具有强大的吸引力。家谱和回忆资料在提到先祖定居时的自然环境时,出现频度最高的词汇是:荡田、芦田、滩涂、荒地、低洼地,芦苇荡、泥塘、草滩、海塘、四面环水等,①正说明明清时期许多外来移民初来乍到所面对的仍然是原始未开发的滨海滩涂,与偏于贬义的"斥卤之地"几乎可以等同起来,不过这些描述环境的词汇恰恰也说明浦东开发的潜力至清代末期仍然较大。

根据地名志和家谱资料来统计,在外区域迁来浦东的移民中,太湖平原内部的流动,即由人

① 据《浦东新区地名志》统计,卷五《聚落地名》,第135—507页。

口较为稠密、开发较早的低乡和西部冈身一带向东部滨海地区的流动占主流，远远大于从外省迁入的规模；而由西部东迁的人口，则大多经历了逐代向海靠近的递进过程。例如清初迁来浦东高桥的陆氏家族，其祖先就曾“自云间迁上海之马桥，又迁二十二保虬江之上”①，云间是旧时松江府的别称，府治在今松江区，马桥在云间之东，二十二保又在马桥之东，陆氏家族在清初又迁到濒海的高桥镇，其向东向海迁移的路径甚为明显。浦东清河张氏祖在宋南渡时避乱入吴，初始祖卜居于靠近黄浦江的浦东内地三林塘，至明代成弘间一支迁往海滨高行，后在此繁衍旺盛。② 这种由西向东的移民取向，也从一个侧面反映了明清时期长三角平原西部出现较大的人口压力，人们逐步向滨海高乡疏散的趋势，长此以往，可推测东西发展的差距将趋于减小。

分宅是我国古代以宗族聚居为主要方式的乡村聚落发生分化增殖的一个普遍现象，英国人类学家弗里德曼（Maurice Freedman）通过对汉人家族村落的研究所得出的一个主要结论就是：以家族为中心组织起来的村落，为汉人民间社会的基本组织形态，且在中国传统社会中，离“中央集权较远的边陲地区更多地存在家族村落”③，他的这一观点在浦东得到了验证。这不仅表现在浦东因开发较晚存在并延续着相当数量的主姓村，杂姓村落相对较少，④还表现在当家族人口增殖与土地资源发生矛盾时所发生的“分宅”现象，也一直是浦东聚落分化与扩展的另一种方式，与外来始居姓村落始终是并行存在的。从聚族而居的老宅分出的新聚落，无论距离老宅远还是近，仍然大部分保持聚族而居的主姓村形式，由一家分出而成为新聚落的开始，这其实与当时浦东的人口承载力尚有余地、增殖人口可以比较容易地找到新的生存空间有关。⑤ 这进一步说明清代的浦东在整个长江三角洲的开发中是一个充满活力和希望的后起之区，至少在清代末期浦东的人口承载力仍未达到饱和。

三、市镇聚落兴起的滨海环境

市镇是比村庄高一级的聚落形态，其产生和发展对自然环境与人文环境的要求比村庄更为

① （清）王鸣盛：《高桥陆公传》，见《江东志》卷八《传》，第 181 页。

② （清）《浦东张氏清河谱》（一卷），《谱序》，乾隆二十六年钞本，第 12 页。

③ Maurice Freedman, *Chinese Lineage and Society: Fukien and Kwangtung*, London: Athlone, 1966, pp. 168 - 172.

④ 根据对截止到 1994 年浦东存在的 3 500 多个自然村聚落的历史所作的统计，95.3%为一姓占村庄人口多数的主姓村落，纯粹的单姓村落数量不能确定。

⑤ 浦东地区现存家谱多记载祖上的分宅过程，以及由分宅所形成的新的主姓村。例如《浦东张氏清河谱》（乾隆二十六年钞本，上海图书馆藏）所记：“余先氏原籍凤阳，宋南渡避乱入吴，因籍焉。时上海未设县治，隶属华亭，初始祖卜居于歇浦南三林塘之支柯湾，至成弘间九世祖茂才公赘于高行蔡氏，蔡巨族，因依外氏复迁于邑之二十二保二十四图横浦桥北居焉，良田三顷，耕读自守，三传至高祖懋公，同产三人，业遂析。”《上海浦东钟氏族谱》（民国十九年铅印本，上海图书馆藏）说钟氏原籍山东，宋室南渡时迁浙，继迁苏州，又迁至宝山，元至元间琼避乱于江东（原属嘉定，后为宝山八都，名小江东），为始迁一世祖，至四世悦为舍头祖，廷玉为北街祖，张伏为唐家桥祖，后又分出东桥、高桥、小宅、江湾、黄渡及苏州下街等支系。又考浦东自然村之命名规律，几乎全部以姓氏之名为专名，只在通名上有所区别，例如某某宅、某某浜、某某桥等，分宅而成的聚落则沿袭老宅名称，在其前加上“小”、“东、西、南、北”等以示区别。总之，浦东的主姓村聚落和分宅衍生现象十分突出，这是开发较晚地区聚落演变的较早阶段和必经阶段。

复杂。咸丰《黄渡镇志》记:“聚落曰村,聚货曰集,村集之大者,今皆名镇。”①又康熙《嘉定县志》云:“贸易之所曰市。山之至大者曰镇,镇,重也,压也。今居民之稠,关津之所,亦以镇名,即此义耳。”②可见,市、镇是古代乡村聚落发展到一定阶段之后的高级形态,因为聚货贸易的需要,对水道、陆路等交通条件的要求更高,在江南水乡,河港通畅则成为市镇产生和发展的重要动力,水道淤塞就有可能使一个繁荣的市镇走向衰落或者湮没,此类例子在历史上比比皆是,正如嘉庆《松江府志》所云:“各邑市镇商旅往来,舟楫所聚,多因水道变迁矣。”③然而,滨海河道受潮汐挟沙、排水不畅的影响,河道窄浅,易于淤塞,必须常加疏浚,稍有松懈,便对农田水利和交通造成不利。严衍《巳午叹》云:“河渠若衣带,行潦相伯仲。一潮一汐间,沙积厚两莽。廿年不开浚,阔港儿能蹢。”④表达的就是滨海之民对本区河港特性的认识。在这种地理环境下,河港应农田水利之需的迫切性要比通舟楫的需求更胜一筹,陈王道《太仓州水利揭略》所言“其乡支河,若非舟楫必由之道,俱于两头作坝储水,以灌田禾,并获畜鱼之利”⑤,农田水利优先于通航,可谓滨海河港功能异于低乡的特点。基于此,笔者认为,在传统农耕时代,滨海地区的地理环境本身并不利于大镇的形成,但是比镇低一级的集市,却是基层贸易和商业往来所迫切需要的。

滨岛敦俊曾约略提出过高乡村落与市镇规模相对于西乡都较小的观点,惜没有从地理环境制约性的角度加以论述,滨岛只是从资料上直接看到了二者的差异,但他所接触的资料并未涉及滨海地区。⑥ 王文楚关于上海地区市镇变迁过程的研究则表明,明清时期浦东的市镇相较于浦西来说数量稀少。⑦ 本文研究则表明,浦东滨海一带市镇出现的时间整体上较晚,以清代居多,但基本都延续到了现代时期。从自然村聚落与市镇数量的比例来看,并不比西乡低很多。根据《浦东新区地名志》统计,截止到二十世纪九十年代,有史可查且延续下来的浦东市镇数量为 41 个,按当时浦东村落数量 3 500 个计算,每个市镇的平均乡脚数量为 85 个。而据樊树志研究,道光时震泽镇的乡脚包括 86 个村落,⑧而震泽为当时太湖边上闻名遐迩的大镇,其覆盖的乡脚数量却与浦东一般集市的数量基本等同,这只能说明浦东商品经济的水平较低,一个小型集市要为八九十个村落服务。

海塘对于浦东市镇的形成和发展也具有重要的促进或制约作用。所有曾出现的史载有名的市镇全部分布于钦公塘内,尤其是沿钦公塘一线,其成镇时间集中在清中期以后,甚至晚至民国,且规模上一般属于小集市类型。据《七团乡小志》记,缘钦塘相对最大的市镇是江家路,其成

---

① (清)章树福纂辑:《黄渡镇志·自序》,第 1 页。
② 康熙《嘉定县志》卷一《疆域·市镇(行村附)》,第 6 页。
③ 嘉庆《松江府志》,卷首上,《中国地方志集成·上海府县志辑》第一册,上海书店 2010 年影印本,第21 页。
④ (民国)王德乾辑:《真如里志》卷八《祥异》,《上海乡镇旧志丛书》第四卷,上海社会科学院出版社 2006 年,第 259 页。
⑤ 陈氏王道:《太仓水利揭略》,见(清)张人镜纂《月浦志》卷三《水利志》,第 50 页。
⑥ 滨岛敦俊:《江南的聚落、社区与农民共同关系》,2006 年 9 月在上海大学的学术演讲整理稿,发表于《社会》2007 年第 3 期,第 189—205 页。
⑦ 王文楚:《上海市大陆地区城镇的形成与发展》,《历史地理》第三辑,第 98—114 页。
⑧ 樊树志:《江南市镇:传统的变革》,第 159 页。

镇时间也不早于清道咸年间。[①] 而钦塘以东的新成陆区域,在传统时代一直未有市镇进入方志之记载。越出钦公塘以外的土地开发应在明万历间钦公塘修筑之前已经开始,迄今400年间竟然未出现发育成熟的市镇聚落(现代浦东开发后的城市化时期不在此论述范围内),足见市镇聚落形成所需的自然条件、交通条件与社会经济条件比乡村聚落更高,在滨海新垦土地上,市镇的出现需要一定的时长、一定的乡脚规模和稳定安全的地理环境。从中也可看到统一的海塘对于市镇形成提供了良好条件,钦公塘内的生产、居住安全性与较深厚的社会经济基础,有利于市镇的形成,这与塘外之地形成了鲜明对比。

在钦公塘以内地区,沿钦公塘、老护塘与南北向的干河曹家沟这三条线,市镇分布较他处集中,表明了稳定通达的水陆交通条件对市镇形成的重要性,这与西乡市镇的形成条件是相同的。但在河港通航条件较差的滨海一带,可能以海塘为中轴的陆上通道比西乡更有利于市镇的形成,沿海塘成镇的现象即可为之提供佐证。高大坚固的统塘筑成后,不仅保护塘内农耕与聚落免受咸潮侵袭,塘顶亦可作为顺直平坦的交通要道,"行其上者若坦途,耕于其内者若倚平冈"[②]。

距离海塘较远的三林镇的情况,则更明显地体现了成陆时间与海塘庇护对于大镇形成的必要性。由于西晋直至唐宋时期的海岸线长期稳定在三林以东下沙、北蔡一线,[③]三林远离唐宋以后新成的海岸线,故可以"内地"自居,遭受咸潮飓风等自然灾害的频度和严重程度均低于东部沿海一带,[④]加上长期农耕发展形成了质地良好的土壤(与西乡类似的水稻土),奠定了较稳定的生活环境,所以不仅其自身在宋末元初由村聚发展成了大型市镇,[⑤]而且带动了小市镇群的形成,例如题桥市镇和杨思桥镇,宋时即具备市镇形态;六里桥镇,明代开始形成,清代已成为有着二百家市肆的大镇;拨赐庄,宋元时已为巨镇。[⑥] 可见大镇的形成需要长时间的自然环境调适和人文积淀。

至于海塘以内市镇聚落缘起的社会经济原因,大致可分为以下类别:[⑦]河道交汇处人流货物集聚成市;依码头、桥梁等交通要隘成市;因某行贸易而兴;自开设零星店铺起始;商人建房自用或出租创市;大户建房招商创市等。在这几种起因中,由商铺的零星设立、小型贸易集散地发展而成的小规模市集是浦东市镇中比较重要的一类,这种市镇的初级形态在淞北滨海的宝山一带也同样较为常见。例如,宝山县月浦新兴市,"光绪初年,只茅屋三四家,今有木行一家,南货、

---

① (民国)盛和蔚撰:《七团乡小志》,不分卷,《上海乡镇旧志丛书》第十四卷,上海社会科学院出版社2006年,第1页。

② 嘉庆《松江府志》卷十二《山川志·海塘》,第5页。

③ 张修桂:《上海地区成陆过程研究中的几个关键问题》,《历史地理》第十四辑,第1—20页。

④ 成于民国中期的《三林乡志》残稿卷六《祥异》部分对发生在三林的历代异常自然现象及灾害作了追溯,但其中缺少咸潮侵袭的记载,可能是由于体例偏差所致,但也聊可作为三林自然环境得以改善的佐证。(参见《上海乡镇旧志丛书》第十四卷《三林乡志》残稿,第171页。)

⑤ 民国《三林乡志》残稿卷一《沿革》第1页:"三林,元以里名,已称繁盛。长街六里,西北云连,统于污泥泾镇。……宋季元初,有大族林氏,分居东西中三处,故名其地曰三林庄。"

⑥ (民国)佚名纂:《三林乡志》残稿卷一《地名》,第56—64页。

⑦ 统计来源:《浦东新区地名志》卷五《聚落地名》,第135—507页;明清上海、川沙、南汇地方志中有关市镇村宅的条目。

布庄、药铺、茶酒等店十余家”①;宝山县杨行乡湄浦桥市,“有油车、茶酒、杂货等店数家,设于湄浦之北”②。

总之,小市集居多、大镇发育成熟的少、市镇密度不大,说明浦东市镇体系直至现代时期仍处于初级阶段,这可能是滨海市镇甚至包括低乡市镇发展历程中的必经阶段。如果不是当代浦东地区的城市化,浦东市镇化的发育程度与西乡相比仍然相当落后。

值得说明的是,浦东历史上形成的少数几个大镇基本是与浦东开发进程中发达的煮盐业有关,这体现了滨海开发史上的经济特征。明弘治时已形成的新场镇、下沙镇、周浦镇、八团镇,均由盐业兴盛而发展成为大镇。③ 后来由于长江主泓南移、海水变淡的原因,浦东盐场逐渐衰落,其中下沙盐场至道光年间已全部停煎,④,但这些当初规模宏大的市镇“余威犹存”,今天依然是联系浦东广大乡村地区的主要商业贸易中心和文化中心。那么需要解释的问题是,当初兴盛一时的盐业已经成为历史,为何这些市镇仍然得以长期延续?我们很容易看到的可能是这些依托盐业所形成的大镇所曾经拥有的人口集聚、人文积淀、经济基础等优势具有较强的历史传承性,但另一个隐性的因素,即地理环境的优势,例如河道条件,或称当初市镇选址的优势,也应当引起关注。这就可以解释为何大多数市镇曾经屡次遭到如倭乱、太平天国等兵事的摧毁,在沉寂了一段时间之后,元气逐渐复原,时至今日仍然是实力雄厚的市镇。即使是受到当今城市化的冲击,这些大镇仍然可发展成为某一城区范围内的副中心。

四、结　　语

唐宋以后江南滨海平原的开发因统一海塘的历次修筑,表现出独特的路径,很大程度上并未重复成陆较早但缺失海塘庇护作用的冈身一带或以西的江南腹地聚落的发展路径,而是表现出以人们越出统塘开发为引领、聚落扩展速度与规模显著加快、人口流动活跃的特征,新成陆区域具有显著的发展活力。但更高一级的市镇聚落的扩展,在数量和规模方面却明显受到成陆晚、村聚历史积淀薄弱的制约,大镇数量少,接近海岸线一带产生市镇的条件不足,这与开发较早的西部地区有较大差异。借助于起步较晚的浦东市镇的发展路径,我们可以更清晰地看到江南市镇与乡村聚落在初始时期的一些共性特征,可以看到地理位置、水土环境、江海条件的差异对乡村聚落、市镇等人文要素的演变有着较大的制约作用。

从长时段的历史区间来看,在唐宋以后江南土地资源日趋紧张的情况下,新成陆土地对人口迁入具有充足的吸引力,尤其是有了海塘作为屏障,滨海地域的开发速度明显加快。浦东自然村聚落的增长与越塘围垦和定居一直相伴始终,明清以来江南生存资源紧张和人口增多的压力由此可见一斑。正是由于塘外垦殖和人口的增长呈持续上升趋势,才使得新海塘的修筑一直

---

① (民国)陈应康总纂:《月浦里志》卷一《舆地志·村集》,《上海乡镇旧志丛书》第十卷,上海社会科学院出版社2006年,第3页。

② (民国)陈亮熙编辑:《杨行乡志》卷一《舆地志·沿革》,《上海乡镇旧志丛书》第十卷,上海社会科学院出版社2006年,第1页。

③ 弘治《上海志》卷二《乡保》,《天一阁藏明代方志选刊续编》第七册,上海书店1990年影印版,第15a页。

④ 林之荫:《老护塘始筑年代初考》,《上海水务》1986年第2期。

处于需求迫切的状态，而新海塘筑成后又引起更新一轮的塘外开发，这也是明清以来长三角前缘地带土地开发和人地关系的突出表现。在我国当代城市化快速推进的背景下，人们对滨海滩涂的改造和开发提出更高的诉求，因此从学术角度去观察历史上由海岸线推移、人类活动干扰加剧所引起的滨海平原的环境、聚落与社会诸领域的变化，对现实社会发展当具有重要的参考意义。

本文提出江南区域史研究应当注重东部"海疆斥卤之地"与西部"鱼米桑蚕之乡"存在着基本地理环境差异的理念，由地理环境的差别可导致社会人文领域内诸多变化机制的不同，社会人文领域的研究应充分考虑区域环境的制约作用，这可能也是其他区域史研究中应注意的现象。如何细化环境史研究的区域尺度，是历史地理学者应有的诉求，诚然，学科分野历来是存在的，研究者的价值关怀首先是从本学科的角度出发，但近年来学科交叉的取向也推动着各分支学科的理念、方法与成果在大历史领域内的共享，地理环境在区域发展历程中的基础作用也正受到其他人文学科研究者的重视。历史地理学者以复原某一区域的自然环境特征和人地互动过程为己任，并为相邻学科在分析问题时提供地理环境与人地关系层面的基本观点和论据支持，可能正是这门分支学科所应具有的大历史关怀。

The Settlement Development and Environmental Change in the Coastal Area South of the Yangtze River

Wu Junfan

Abstract: Because of a series of seawall constructions ever since Tang and Song Dynasties, the development of Gaoxiang, a coastal settlement south of the Yangtze River, has been characterized by an obvious vitality of regional development, which are in more specific terms an initiation of moving over seawall constructions, a fast expansion of settlement and its scale, and an active flow of population. However, the development of those towns has lagged behind that of the area west of Gangshen, in terms of their number and scale, due to their late land formation, a short history of development of their settlements, their lack of big towns, and their lack of towns near the coastal line. This paper indicates that seawall played a very important role in the development of the coastal settlements south of the Yangtze River, a wider and deeper research is still needed on this topic from an angle of physical and human environmental evolution.
Keywords: Pudong, coastal area settlement, town, seawall

早期西方地图中的钓鱼岛研究

董　娜*

摘　要：钓鱼岛及其附属岛屿作为中国通往琉球和日本航海线路的重要一部分，早已被中外航海者所关注，它不仅作为重要的航海标识出现在中国的史书及地图中，也频繁出现在西方早期的地图中。钓鱼列岛，包括钓鱼岛(主岛)、黄尾屿、赤尾屿等8个岛礁，分布在台湾东北部，是台湾的附属岛屿，在众多早期西方地图中，这一事实被充分尊重，虽然钓鱼岛的名称在西方不同时期的地图中几经演变，但不可否认的是，西方人所制作的地图都将钓鱼列岛与台湾北部岛屿视为同一地理单元，而不属于琉球群岛的任何一部分，这正是西方国家承认钓鱼列岛是台湾附属岛屿的显著表现。

关键词：西方　地图　钓鱼岛

钓鱼岛列屿由中国人最早发现命名并划入管辖范围，这是不可争辩的事实。然而日本对钓鱼岛的觊觎从未停止过，近年来更是上演了企图将钓鱼岛国有化的"购岛"闹剧，使中日钓鱼岛争端趋向紧张化和复杂化。钓鱼岛问题研究也成为中外学者研究的热点问题，就国内研究成果来说，研究的重点主要是以历史沿革、国际法以及国际关系等角度为切入点进行研究。本文根据前人的研究成果，从西方早期舆图中的钓鱼岛为切入点，以西方国家中的葡萄牙、荷兰、英国等国绘制的地图为研究对象，在早期西方地图中寻找证据，证明中国最早发现命名并管辖钓鱼岛列屿这一事实。

一、葡萄牙早期地图中的钓鱼岛

葡萄牙是最早开始殖民扩张的国家，葡萄牙人在东方的活动中较早地与中国东南部沿海的居民有了接触，通过中国人了解到了有关东海的人文地理知识，因此，钓鱼列岛较早地出现在葡萄牙人所绘制的地图中。由于那一时期人们地理知识以及勘测技术的局限，绘制地图时对很多地理概念是模糊的，因此在葡萄牙人早期绘制的地图中，钓鱼岛列屿并不是绘制得非常明确，但由于当时制图者对中国东部海域是有一定了解的，所以还是能从他们所绘制的地图中发现钓鱼

* 作者简介：董娜，黑龙江大学历史文化旅游学院专门史硕士生。

岛的存在。Lopo Homem 是十六世纪葡萄牙的制图师,他深得葡萄牙国王的重用,被认为是当时最好的制图师之一。1526 年,Lopo Homem 和其他两位制图师受葡萄牙国王之命,参与了被称为"Lopo Homem-Reineis Atlas"的地图制作,该图于 1554 年出版。图 1 是他绘制的世界地图的一部分。① 在图中纬线上方的海域部分有一弧形分布的一系列岛屿,在这一系列岛屿的西南方向靠近大陆的那一个岛被标注为"I. Fremosa",即福尔摩沙,也就是台湾,在其东北方向有几个绘制成较大黑点状的岛屿,标注为"I. dos Reis Magos"(三王岛),即今天的先岛群岛,只是在地理位置上有些偏差。在三王岛的东北方向有几个较大的岛屿,被标注为"Ilhas dos Lequios",是为琉球群岛。值得注意的是,在台湾岛东北部有三个排成直线的小岛,图中用小黑点表示,据其位置及大小,很有可能是钓鱼列岛。

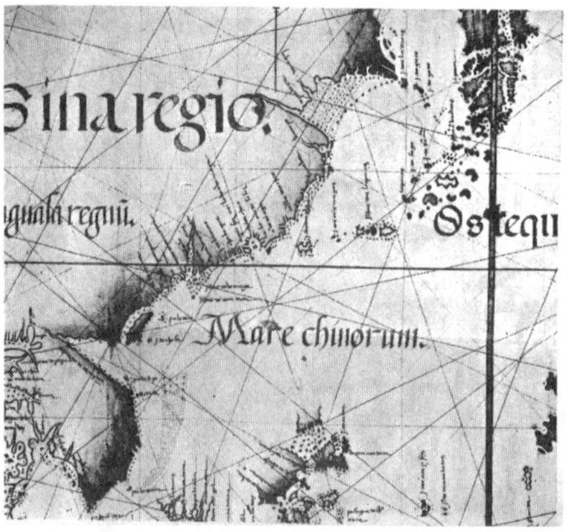

图 1

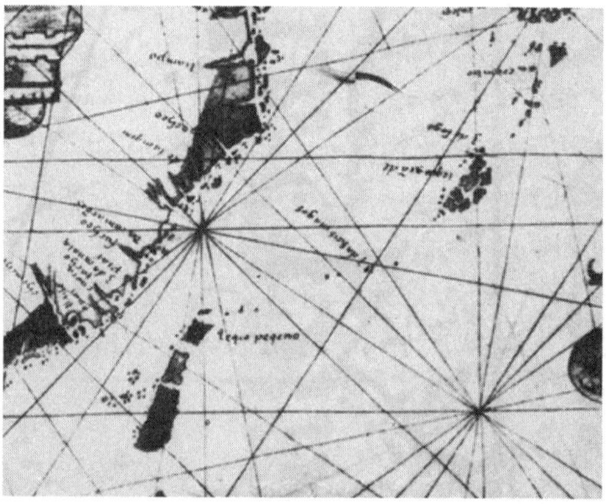

图 2

在葡萄牙人绘制的早期地图中,台湾多被绘制成不规则的形状,大约在十六世纪六十年代以后,出现了新的绘制方法,在这一时期,台湾多被绘制成三段式,这种画法不仅出现在葡萄牙,而且还影响了同时期的荷兰、英国等国的制图者。1563 年 ,葡萄牙人 Lazaro Luiz 绘制了由 13 幅地图组成的地图集,图 2② 是他绘制的东亚地图的一部分。在图中可以清晰地看出,台湾由三个相连的方形岛屿组成,在此之后,在不同制图者所绘制的多幅地图中台湾都被绘制成"三岛型"。③ 如 1568 年 Fernao Vaz Dourado 绘制的东亚地图(图 3)④的一部分,台湾同样被绘制成了"三岛型"。通过比较可以看到,这两幅地图非常相像,所绘制的台湾东北部的几个小岛的位置也非常相似,这几个小岛的位置及分布情况,都与钓鱼列岛的分布情况相类似,并且他在 1571 与 1573 年绘制的两幅东亚地图中依然沿袭了这种画法(图 4⑤、图 5⑥)。

1649 年,葡萄牙人 Joaõ Teixeira 绘制的一幅名为"Carte de l'Océan Indien, des cotes de

① http://c.ianthro.tw/70160?qs=t15800&in=1008。
② http://c.ianthro.tw/70141?qs=t15781&in=1008。
③ 廖大珂:《早期西方文献中的钓鱼岛》,《暨南大学学报》2015 年第 3 期。
④ http://c.ianthro.tw/70164?qs=t15803&in=1008。
⑤ http://c.ianthro.tw/70165?qs=t15803&in=1008&row=1。
⑥ http://c.ianthro.tw/70166?qs=t15803&in=1008&row=2。

l'Afrique et de l'Asie depuis le cap de Bonne-Espérance jusqu'au Japon"(图 6)的地图①中，台湾不再是"三岛型"，在台湾岛的右侧又标注了"Loqueo Piqueno"(小琉球)；台湾东部偏北的位置绘有两组群岛，标注为"Dos Reis magos"(先岛群岛)；在台湾北部有三个点状和一个长条状小岛，未标注名称。这一地图的进步之处不仅在于对台湾岛屿形状的进一步认识，而且先岛群岛的位置不再过于偏北，图中所绘更接近现实中的先岛群岛的位置。

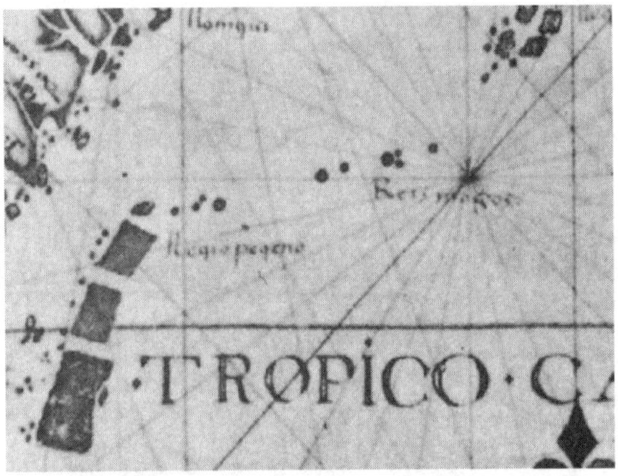

图 3

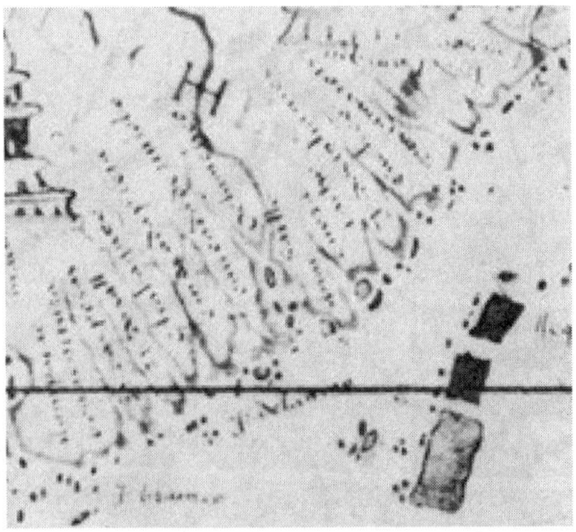

图 4

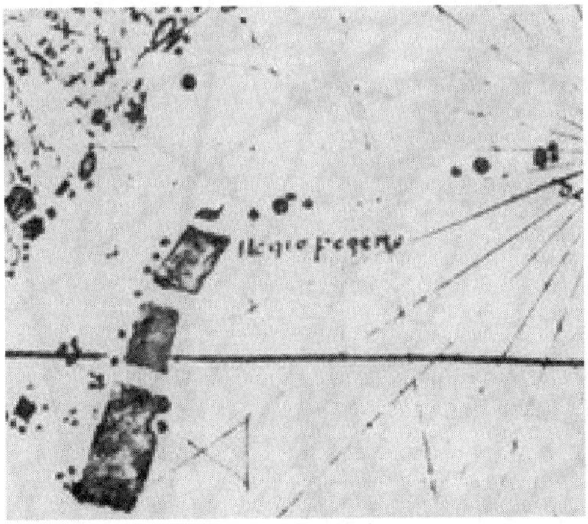

图 5

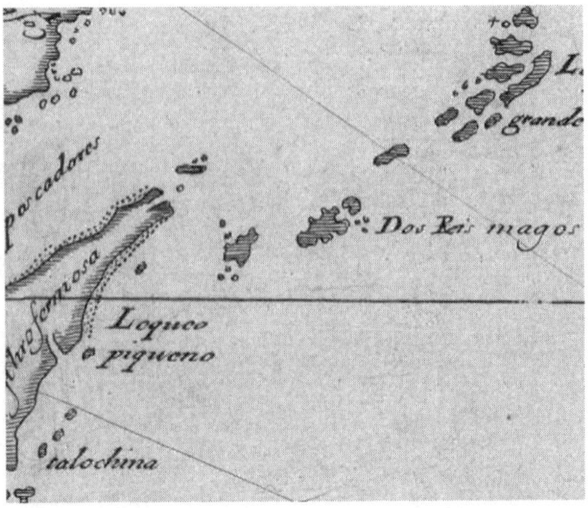

图 6

二、荷兰早期地图中的钓鱼岛

继葡萄牙人来到东方后，荷兰人也逐渐来到东方，而早期荷兰人对于东亚地图的绘制多借鉴葡萄牙人，所见早期荷兰人绘制的地图与葡萄牙的地图也有几分相似。荷兰制图师 Bartholomem Lasso 于 1590 绘制的一幅世界地图(图 7)②中，台湾被标注为 Lequeo Pequeno(小

---

① http://gallica.bnf.fr/ark:/12148/btv1b53105184p/f1.item.r=Joao%20Teixeira.zoom。

② http://c.ianthro.tw/search?qs=t15783&oqs=Bartholomem+Lasso。

琉球),在其北部有一密集分布的群岛,标注为"J. Formosa",此外,在这个群岛与"dos Reis Magos"(先岛群岛)之间还分布有几个小岛,这表明制图者对钓鱼列岛出现在台湾到琉球的航线上有了一定的认识,虽未标注名称,但已经认识到钓鱼列岛确实处于那一位置。

荷兰的教士及制图师 Petrus Plancius (1552—1622)于 1592 年绘制的一幅世界地图(图 8)①中,北回归线穿过台湾中部,在北回归线下方,有"Lequeio Minor"(小琉球)的标注,而北回归线上方的部分被标注为"I. Fermosa"(福尔摩沙),在台湾北部与"I. □ Rey Magos"(先岛群岛)之间有一岛屿,未标注名称。同样是 1592 年,在 Petrus Plancius 绘制的一幅东南亚地图 *Insulae Moluccae*(图 9)②中,台湾呈"三岛型"分布,北回归线上下依然分别是"I. Fermosa"和"Lequeio Minor",与图 7 不同的是,台湾岛东北方向分布着四个小岛,这应是制图者对钓鱼列岛的描绘。随后在 1594 年,Petrus Plancius 绘制的另一幅世界地图(图 10)③中,钓鱼列岛绘制得更为清晰,而且这幅地图中在"Lequeio Minor"(小琉球)与"Lequeio Major"(琉球群岛)之间并没有出现先岛群岛,更符合事实。

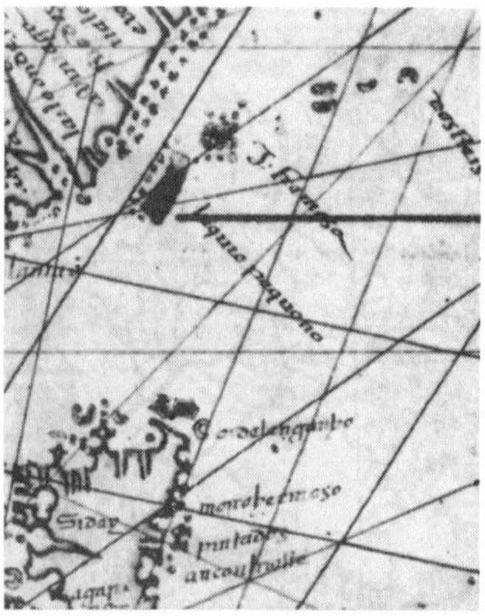

图 7

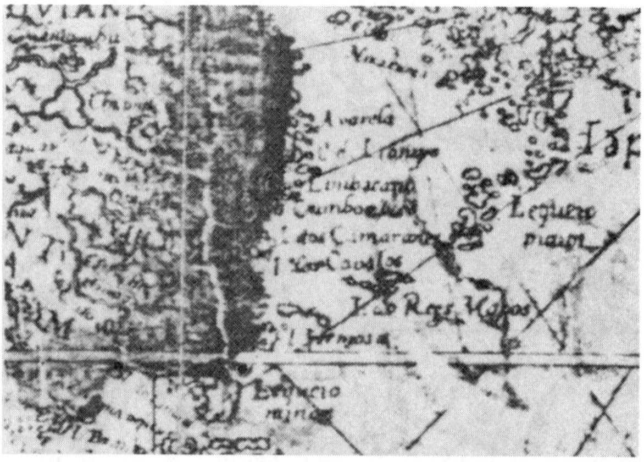

图 8

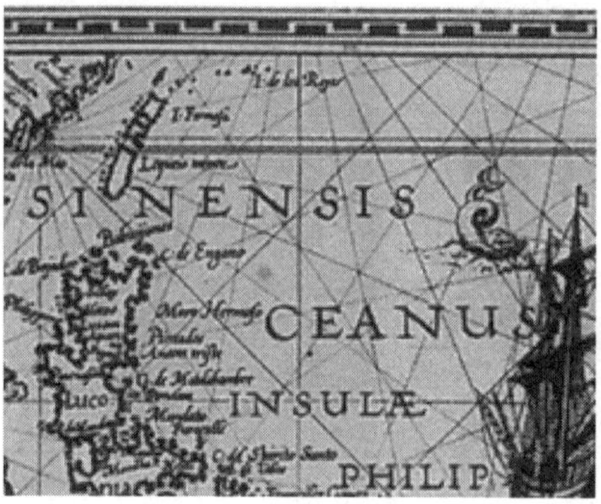

图 9

图 10

① http://c.ianthro.tw/70148。
② http://c.ianthro.tw/70253?qs=t15788&row=1。
③ http://c.ianthro.tw/70149?qs=t15788&row=2。

在 1595 年荷兰人 A. H. Van Langren(Henricus Van Langren)绘制的一幅东印度地图(图 11①)和 1598 年的一幅世界地图(图 12②)中,台湾岛的形态依然沿袭了“三岛型”的绘法,值得注意的是,在台湾北部及东北部各有一组小岛,均由三个岛屿组成,据其位置,北方的三个小岛应为花瓶屿、彭佳屿、梅花屿,而东南方向的三个岛屿应为钓鱼列岛的几个岛屿。

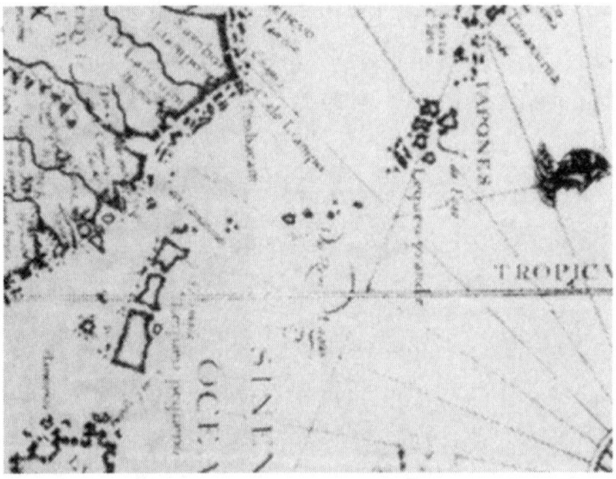

图 11

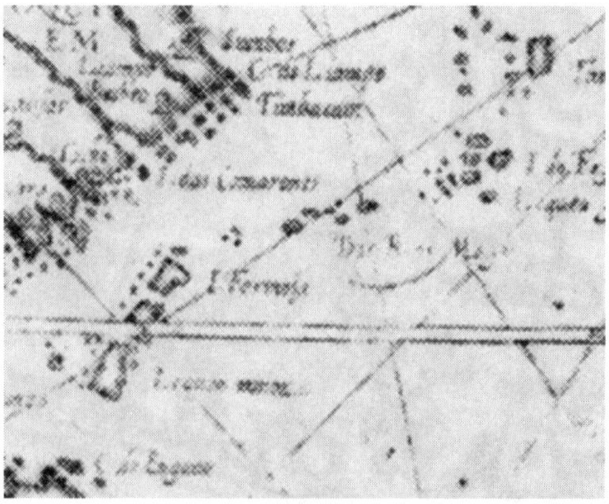

图 12

1598 年荷兰制图师 Cornelis Doedtsz 绘制了一幅东亚水路图(图 13)③以及这幅地图的修正图(图 14)④,都将台湾东北部的多个岛屿绘制成两组,图中标注非常简单,并没有具体标出岛屿的名称,但根据同一时期的地图,位于台湾与琉球之间的六个岛屿应为先岛群岛。

图 13

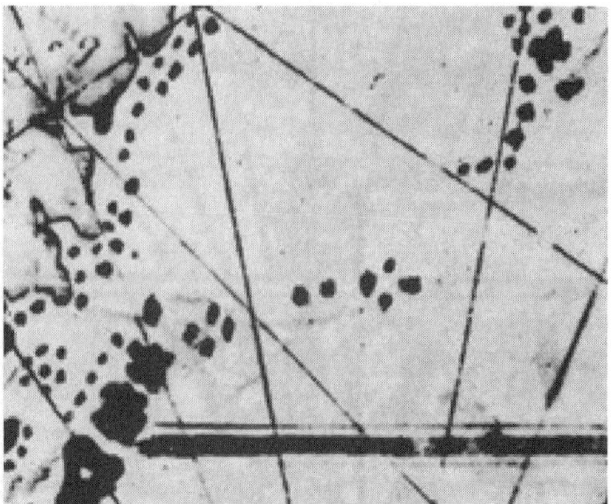

图 14

墨卡托(1512—1594)1537 年出版了第一张现代形式的地图,在地图绘制方面,他做出了巨大贡献。1569 年,他又用新创制的“墨卡托投影法”绘制了世界地图,他的绘制方法为当代制图

---

① http://c.ianthro.tw/search?qs=A.%26H.a+Langren&in=1008。

② http://c.ianthro.tw/70168?qs=+Langren&in=1008&row=1。

③ http://c.ianthro.tw/70169?qs=t15805&in=1008。

④ http://c.ianthro.tw/70172?qs=t15805&in=1008&row=1。

业奠定了基础。1606 年左右,墨卡托又绘制了名为"India Orientalis"的地图(图 15)①,在这幅地图中,可以看到台湾被清晰地标注了出来,被称为"Liquio minor"(小琉球)。其北部及东北部方向有一系列小岛,被标注为"I. Fermosa"(福尔摩沙)。但是,在 1630 年,墨卡托又出版了一幅名为"Asia ex Magna Orbis Terre Descriptione Gerardi Mercatoris Desumpta, Studio et Industria G. M. Iunioris"的地图(图 16)②,这幅地图所绘的台湾与琉球之间的岛屿呈两列弧形密集分布,墨卡托的这两幅地图与葡萄牙人所绘制的东方地图相比要落后很多,对这一区域岛屿的绘制与实际情况相差甚远,可见,他对台湾至琉球群岛之间岛屿分布的认识还停留在相当模糊的阶段。

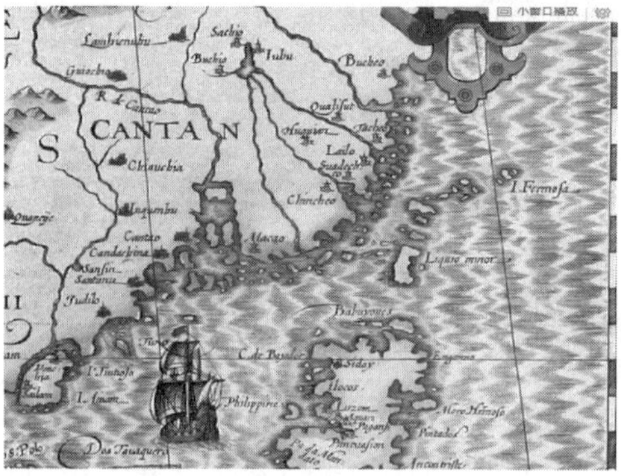

图 15

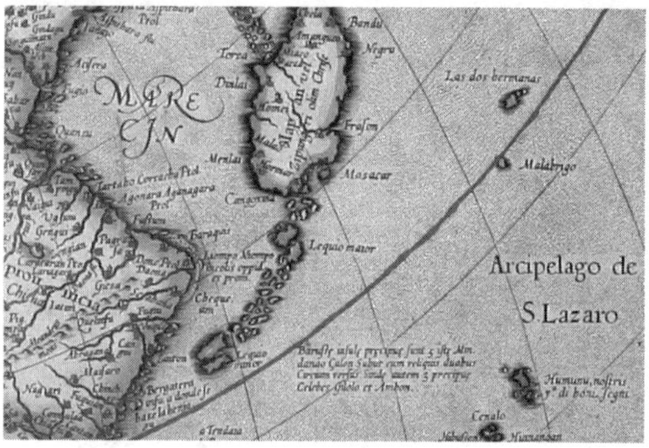

图 16

Willem Janszoon Blaeu(1571—1638)是荷兰的制图师、地图制作者以及出版商。*Asia noviter delineata*(图 17)③这幅地图是 1608 年布劳(Blaeu)亚洲挂图的简化版,于 1617 年出版,是这一系列地图中出版的第一幅。在这幅地图中台湾由三段方形岛屿组成,最北边一段以及它周围的几个小岛屿被称为"I. formosa",它北部的几个小岛没有标注,但极有可能是彭佳屿、花瓶屿和梅花屿。这幅地图在记录中国东部岛屿方面要详细于墨卡托的地图,岛屿分布也更加符合实际情况。

图 17

① http://www.vintage-maps.com/en/Antique-Maps/Asihttp://www.vintage-maps.com/en/Antique-Maps/Asia/India/Mercator-Southeast-Asia-India-China-Thailand-Philippines:655.html。

② http://www.vintage-maps.com/zoomify/template.php?zoomifyimage=10041_0.jpg。

③ http://www.vintage-maps.com/zoomify/template.php?zoomifyimage=11061_4.jpg。

被誉为“十七世纪荷兰首席制图师”的 Hessel Gerritsz 于 1621 年绘制了一幅《东亚海图》(图 18①、图 19②),在这两幅地图中,台湾依然是由三个方形岛屿组成,而不同的是在台湾北部一呈东西方向分布的群岛,其标注为“I. Formoso”(福尔摩沙)。在西方制图者中,有的将台湾北部及其附属岛屿标注为福尔摩沙,有的将台湾整个岛屿及附近岛屿称为福尔摩沙,而这幅图中的福尔摩沙群岛显然指的并不是台湾,据其岛屿走向以及其纬度判断,这一群岛应为钓鱼岛。

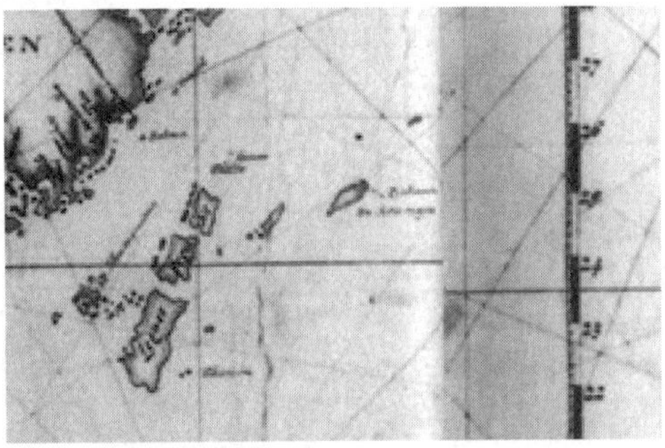

图 18

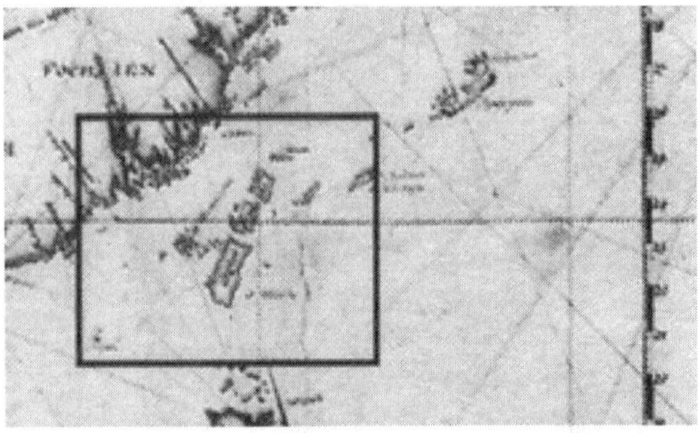

图 19

Willem Janszoon Blaeu 的儿子 Joan Blaeu(1596—1673)继承其父衣钵,成为荷兰东印度公司的官方制图师。1635 年,他出版了全名为“Theatrum orbis terrarum, sive, Atlas novus”的地图集,共两卷。他关于中国的地图 *CHINA Veteribus SINARVM REGIO*(图 20)③也于 1635 年出版,在这幅地图中,台湾已经不是“三岛型”,其形状更贴近现实。Joan 的这幅地图与他父亲 Willem 1617 年绘制的地图在这一区域的最明显不同是对台湾岛的形状有了更进一步的了解,并且在先岛群岛(Dos Reys Magos)与琉球群岛之间绘有两个小岛。1648 年,在他绘制的一幅世界地图(图 21)④中,台湾北端的东侧有一群岛,被标注为“Gaelay”,而在其 1635 年出版的地图中,在相同位置也有岛屿,但是未作标注。

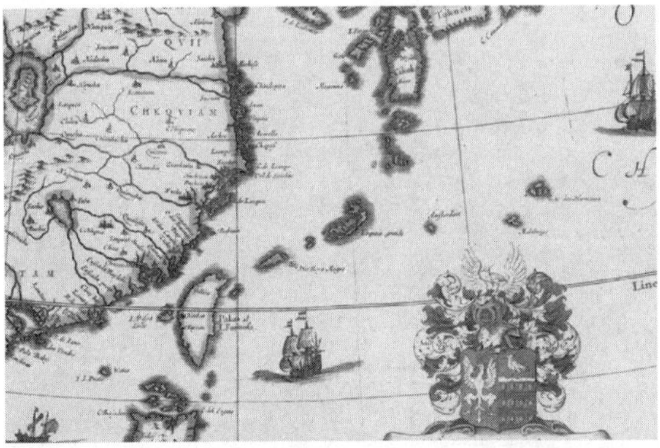

图 20

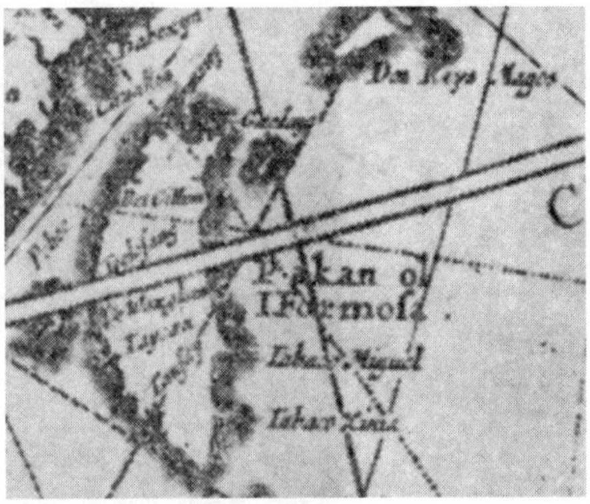

图 21

① http: //c. ianthro. tw/search?qs=t15842&in=1008&oqs=Hessel+Gerritsz。

② http: //c. ianthro. tw/search?qs=t15842&in=1008&oqs=Hessel+Gerritsz。

③ https: //www. sanderusmaps. com/detail. cfm?c=10281。

④ http: //c. ianthro. tw/70176?qs=t15790&in=1008&row=1。

Danckerts Th. 于 1700 年绘制的地图 *Exactissima Asiae Delineatio in praecipuas regiones Caeterasq Partes divisa*(图 22)①中，也有“Gaelay”的标注出现，不同的是，Joan Blaeu 所绘制的地图中带有“Gaelay”标注的岛屿在台湾北端的东面，而在 Danckerts Th. 的地图中，这一群岛的位置更加偏北，处于台湾的东北方向。

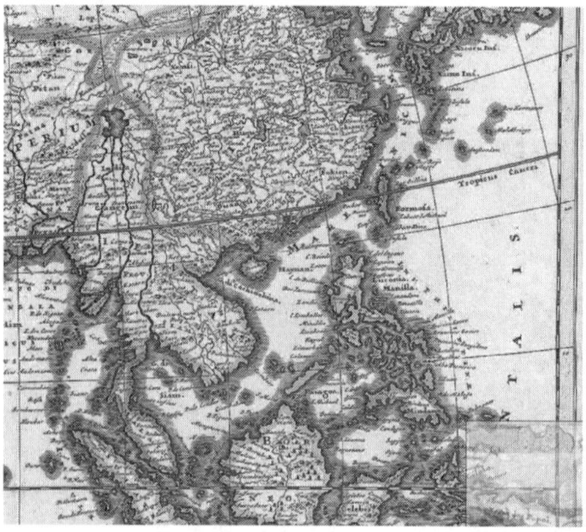

图 22

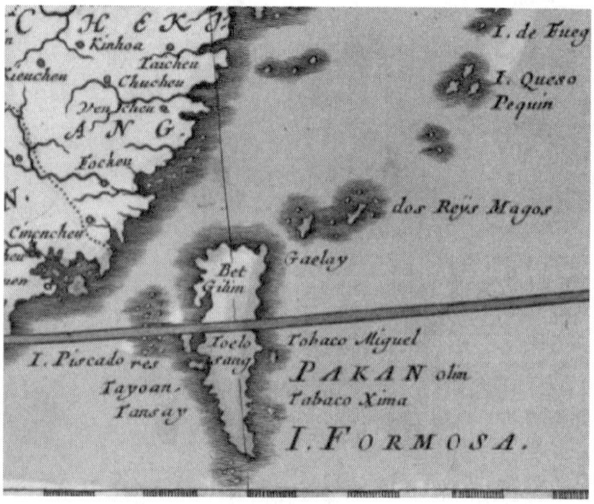

图 23

荷兰制图家 Frederick de Wit(1629/1630—1706)于 1648 年绘制的名为“Magnae Tartariae, magni Mogolis Imperii, Iaponiae et Chinae, nova descriptio”(图 23)②的地图中，北回归线穿过“I. Formosa”(台湾)北部，台湾东北方向有两组岛屿，距离台湾较近的称为“Gaelay”，较远的被称为“dos Reys Magos”(先岛群岛)，琉球群岛则被称为“I. Queso Pequin”，在“dos Reys Magos”与“I. Queso Pequin”之间还有两个小岛，未标注名称。1662 年，他所绘制的名为“Tabula Indiae Orientalis”(图 24)③的地图在图中所示部分与 1648 年非常相像，台湾东北部依然有两组

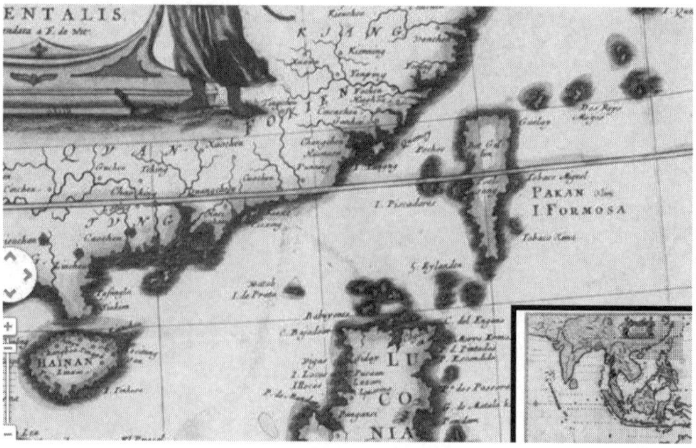

图 24

① https://www.sanderusmaps.com/detail.cfm?c=8392。

② http://gallica.bnf.fr/ark:/12148/btv1b5963126t/f1.item.r=.zoom。

③ http://www.epailive.com/items/4/3/5730574.shtml。

岛屿，分别是“Gaelay”与“Dos Reys Magos”。

1730 年，由 Andries 和 Hendrik De Leth 绘制的 *Carte Nouvelle de la Mer du Sud*（图 25）[①] 出版，Hendrik De Leth 是活跃在阿姆斯特丹的版画家和制图师。在他绘制的这幅地图中将台湾与宫古岛之间的群岛称为“Galay. I”。

综上，Joan Blaeu、Danckerts Th. 、Frederick de Wit 以及 Hendrik De Leth 所绘制的地图与之前相比，出现了“Gaelay”或“Galay”这一标注，被如此标注的群岛都位于北纬 25°左右，且在台湾的东北方向，距台湾北端有一定距离，可以推测，被标注为“Galay”的群岛应为钓鱼列岛。

图 25

此外，吴巍巍在《从西文图集看西方人对钓鱼岛认知的演变》一文中指出，1720 年由 Covens & Mortier 出版社在阿姆斯特丹出版的《印度、中国、苏门答腊、爪哇岛和东印度地图》[②] 是目前已知最早使用中文发音命名的西方地图。廖大珂教授在其所著的《〈琉球诸岛图〉的作者及相关问题之管见》中也认为荷兰人在 1720 年绘制了此幅地图。图中用汉语发音“Pon-kia”（彭佳山）、“Hoa-pin-su”（花瓶屿）、“Hao-yu-su”（钓鱼屿）、“Hoan-oey-su”（黄尾屿）和“Tche-oer-su”（赤尾屿）对钓鱼列岛作了标注。值得注意的是，在此幅地图出版十年后还出版了将台湾东北部岛屿标注为“Galay”的地图，但这幅地图就已经将台湾附近岛屿及钓鱼列岛用中文发音分别命名，荷兰的制图者绘制这幅地图的材料来源于何处还尚未知晓，这么详细的地图在当时荷兰乃至欧洲的地图绘制中是相当特别的。另外，不论是此图 1720 年版还是约 1760 年的版本（图 26）[③]，其源语言都是法语，也就说明荷兰人绘制此图的时候信息很可能来源于法国人，但法国人对于钓鱼列岛命名的详细信息来源于来华的传教士，而目前已知来华传教士将有关钓鱼列岛的相关信息传回法国最早是在十八世纪五十年代，据此，荷兰人的这幅地图是不是绘制于 1720 年是可以再进行深入研究的。

---

① https：//www. sanderusmaps. com/en/our-catalogue/detail/167509/old-antique-map-showing-the-pacific-america-and the-atlantic-ocean-by-andries-hendrik-de-leth/。

② Carte d'une partiede la Chine，les Isles Philippines，de la Sonde，Moluques，... Carte des Indes，de la Chine & des Iles de Sumatra，Java / Indes Orientalis.

③ http：//www. wdl. org/en/item/460/，“ Carte d'une partie de la Chine，les isles Philippines，de la Sonde，Molusques，de Papoesi”，《包括中国、菲律宾群岛、巽他群岛、摩鹿加群岛以及巴布亚部分地区在内的地图》。

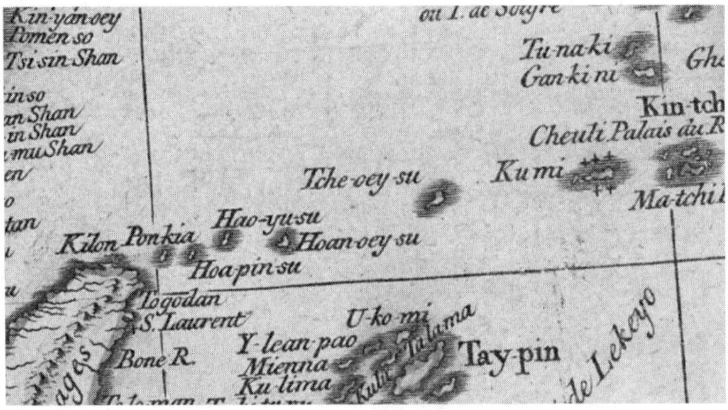

图 26

三、十七至十九世纪英国地图中的钓鱼岛

早期英国人绘制的地图与同时期葡萄牙人、荷兰人的地图有许多相似之处,随着英国人对东方探索的加深,在地图的绘制方面也有了巨大的进步,到了十八世纪,一些地图对中国东海的绘制非常详细,钓鱼列岛已经不再是一个模糊的群岛,大多数岛屿都被详细地绘出并标注出了名称。理查德·哈克卢特(约 1552—1616)于 1599 年绘制的世界地图(图 27)①与葡萄牙人、荷兰人所绘制的地图非常相似,台湾被绘制成"三岛型",在台湾北部有数个呈直线排列并向东北部延伸的岛屿,其位置及分布与钓鱼列岛非常接近。

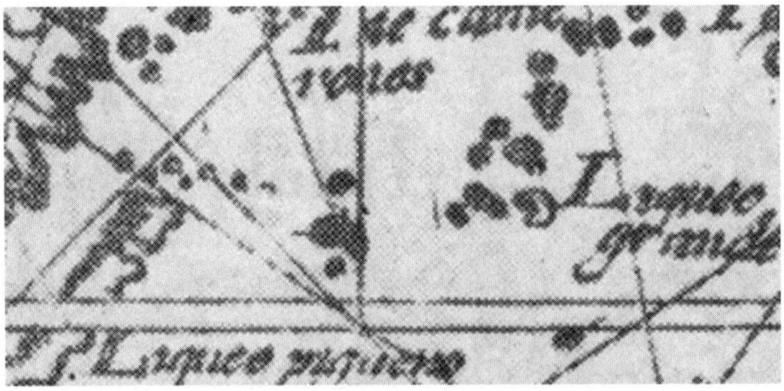

图 27

John Speed(1552—1629)是英国著名的制图师和历史学家,他被誉为"斯图亚特时期英格兰最著名的制图师",他在 1627 年出版的地图 *The Kingdom of China*(《中华帝国》,图 28)②是第一批英文版的中国地图之一。这幅地图与同时期葡萄牙及荷兰的地图大致相似,台湾被绘制

① http://c.ianthro.tw/search?qs=t15807&in=1008&oqs=Richard+Hakluyt。

② https://en.wikipedia.org/wiki/File:John-Speed-The-Kingdome-of-China-1626-2544.jpg。

成“三岛型”，北部及其附近岛屿标注有“I. Formosa”（福尔摩沙），在“I. Formosa”北部及东北部有两组岛屿，都未标注名称，由图中纬线可知，北纬 25°附近的三个呈三角状分布的小岛与钓鱼列岛位置相当，而其北部的岛屿位置与彭佳屿、梅花屿相当。

图 28

1725 年，英国地理学家 John Senex 绘制的亚洲地图 *Asia*（图 29）①将台湾东北部的群岛标注为“I. dos Reys Magos”（先岛群岛），而在其东北方向大约北纬 25°的位置有四个小岛组成的群岛，就其纬度来说，应为钓鱼列岛，而其东侧的琉球群岛被标注为“Lequeas Is.”，这一名称被标注在群岛的外侧，因而也可证明，琉球群岛不包含钓鱼列岛。

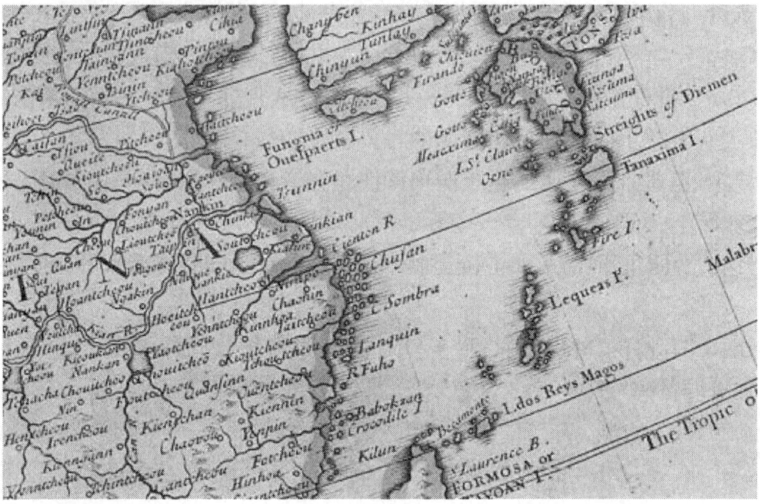

图 29

① http: //digitallibrary. usc. edu/cdm/singleitem/collection/p15799coll71/id/337/rec/1。

1740 年,英国制图师 Solomon Bolton 绘制了名为“ Asia, plate VI: Japan, Corea, the Monguls, and part of China”(图 30)①的地图。图中台湾被称为“TAYWAN”或“I. FORMOSA”,台湾东北部岛屿也同样标注为“Pon-kia”(彭佳山)、“Hoa-pin-su”(花瓶屿)、“Hao-yu-su”(钓鱼屿)、“Hoan-oey-su”(黄尾屿)和“Tche-oer-su”(赤尾屿)。而台湾东部的先岛群岛则有弧形标注与台湾东部列岛隔开,标注为“TAYPIN IS belong to the K. of Lekeyo”,也就可以证明,先岛群岛属于琉球,而钓鱼列岛是台湾的附属岛屿,是中国的领土。

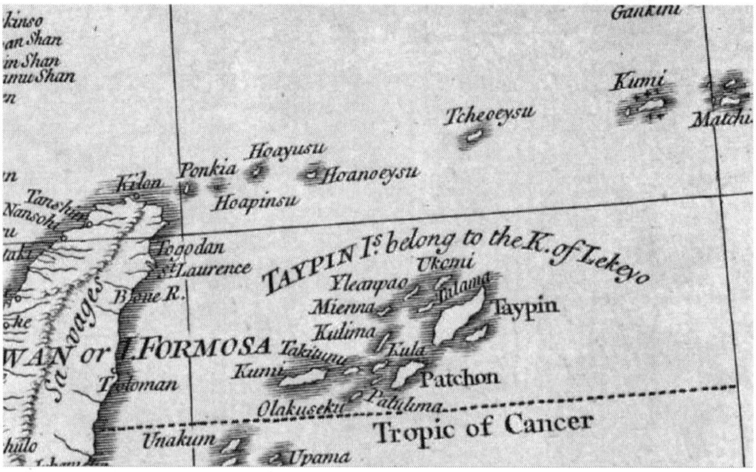

图 30

1775 年,英国耶稣会士 Jesuits 绘制了名为“The empire of China, with its principal divisions”(图 31)②的地图,在图中,用绿颜色标注了台湾岛和其东部岛屿以及东北部岛屿,其东北部岛屿从西至东依次为彭佳(Pon-Kia)、花瓶屿(Hoan-pin-su)、钓鱼屿(Hao-yu-su)、黄尾屿(Hoan-oey-su)、赤尾屿(Tshe-oey-su)。

图 31

① http://digitallibrary.usc.edu/cdm/singleitem/collection/p15799coll71/id/302/rec/1。
② http://digitallibrary.usc.edu/cdm/singleitem/collection/p15799coll71/id/340/rec/1。

1782 年，英国制图师 Thomas Kitchin(1718—1784)绘制了名为“A new map of China drawn from surveys made by order of the Emperor”(图 32)①的中国地图，详细地对台湾东北部岛屿、琉球群岛及其西南部岛屿进行了详细标注。从鸡笼“Ki-lon”向东，依次标出了 Pon-kia(彭佳)，Hoa-pin-su(花瓶屿)，Hao-yu-su(钓鱼屿)，Hoan-oey-su(黄尾屿)，Tche-oey-su(赤尾屿)，但黄尾屿的位置应在钓鱼岛更北的地方。

图 32

1794 年，英国的地图制作者兼发行商 Robert Wilkinson (1768—1825)绘制了名为“China, drawn from the best authorities”(图 33)②的地图，此幅地图包含中国、朝鲜以及日本的部分地区。同 1782 年 Thomas Kitchin(1718—1784)绘制的中国地图相比，整体来看，图中岛屿的位置及形状都极为相似。台湾东北部岛屿位置基本相同，只是在注明岛屿名称时有所不同：首先是，钓鱼岛和花瓶屿的名称没有出现；其次是，彭佳屿在标注时，其英文名称在三个小岛上方，而不像 1782 年的地图那样依次标出，尽管钓鱼屿和黄尾屿的位置与真实情况稍有出入，但就各岛屿位置和名称而言，黄尾屿与赤尾屿都与 Thomas Kitchin 所绘制的位置相同，而“Ponkia”下边的岛屿中，最东边的应是钓鱼屿。

1794 年出版的名为“The empire of China, with its principle divisions”(图 34)③的地图，是耶稣会士对法国地理学家 Jean Baptiste Bourguignon D'Anville 所绘地图的增补与改进，在这幅地图中，台湾东北部岛屿的分布位置与 D'Anville 的地图非常相似，从西至东依次为彭佳屿(Pon-Kia)、花瓶屿(Hoan-pin-su)、钓鱼屿(Hao-yu-su)、黄尾屿(Hoan-oey-su)、赤尾屿(Tshe-oey-su)。

1801 年，英国制图师 John Cary (1754—1835)绘制了一幅名为“NEW MAP OF CHINA”(图 35)④的地图，图中台湾东北部各岛屿的位置及名称都没有太大变化。在多幅地图中，钓鱼

① http://digitallibrary.usc.edu/cdm/singleitem/collection/p15799coll71/id/312/rec/8。

② http://digitallibrary.usc.edu/cdm/singleitem/collection/p15799coll71/id/267/rec/115。

③ http://digitallibrary.usc.edu/cdm/singleitem/collection/p15799coll71/id/347/rec/1。

④ http://www.davidrumsey.com/luna/servlet/detail/RUMSEY～8～1～21541～640033：A-new-map-of-China,-from-the-latest。

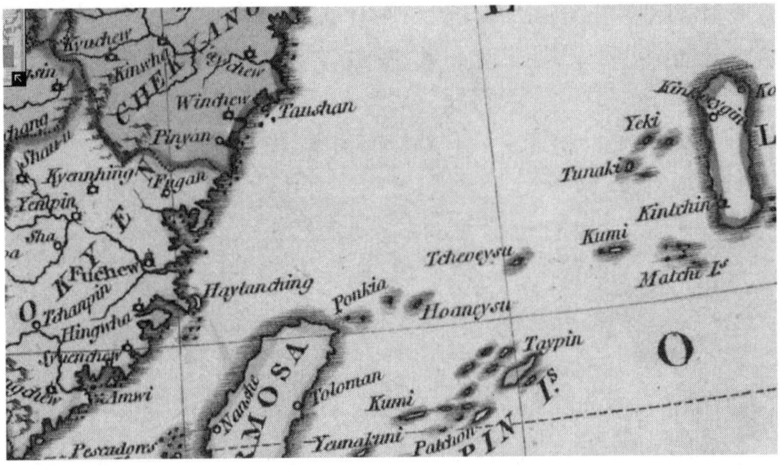
Kyuchew
Kinwha
Winchew
Tanshan
Pinyan
Fugan
Kyenhing
Yenpin
Fuchew
Haytanching
Tchanpin
Hinghwa
Ponkia
Hoancysu
Tcheoeysu
Yeki
Tunaki
Kintchin
Kumi
Matchu Is
Taypin
O
Toloman
Kumi
Pescadores

图 33

Ta kin so
Hia meu Shan or Pocken
HINGHOA
Hai tan tchin
Kilong tching
Pon-Kia
Hao-yu-su
Tshe-oey-su
Hoan-oey-su
Hoan-pin-su
Tan chou tching
Togodan
St Laurence
I. FORMOSA
Tolo-man
Ukomi
Ylean-pao
Mien-na
Ku-lima
Ku-mi
Taypin
Pa-tchon
Olakuseku
Tropic
Yeenakuni
Paluma
Ypiama
Sansana
Tana ki
Ku mi

图 34

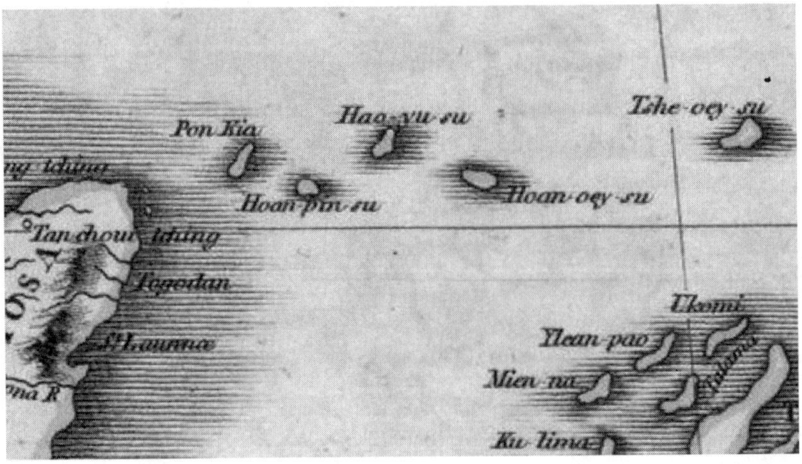
Pon Kia
Hao-yu-su
Tshe-oey-su
Hoan-pin-su
Hoan-oey-su
Tan chou tching
Togodan
Ukomi
Ylean-pao
Mien-na
Ku-lima

图 35

列岛都与台湾岛用了相同的颜色绘制，表示当时的制图者对于这一事实是有共同认知的。早在1790年绘制的一幅中国地图（图36）①中，位于台湾东部的先岛群岛由一弧状注释“Taypin Is. belonging to Lekeyo”与台湾东北部的钓鱼列岛分隔开来，注明位于此处的先岛群岛是属于琉球群岛的，这证明钓鱼列岛不属于琉球而是台湾的附属岛屿。

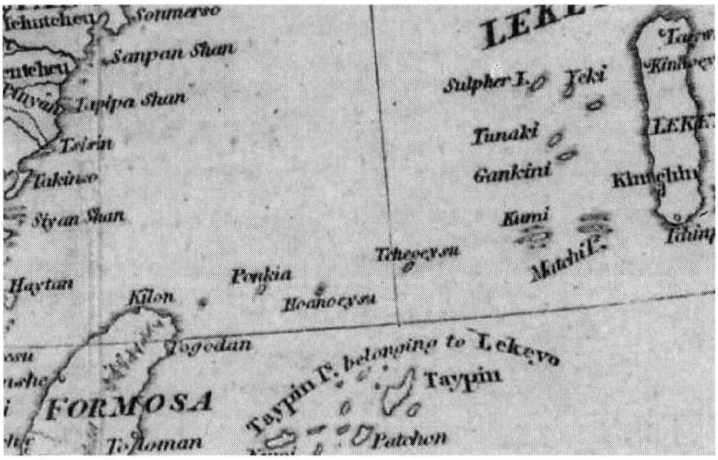

图36

John William Norie（1772—1843）1836年绘制了名为“Composite：A New Chart of The Pacific Ocean”（图37）②的地图，这幅地图中台湾北部绘有三个未标注名称的小岛，在这三个小岛东侧有一个由数个小岛组成的列岛，被称为“Tiaou-su Is”，其东侧又有一岛屿标注为“Hoapinsu”，在“Hoapinsu”的东北方又有一小岛，被称为“Rock”，此处“Rock”应为赤尾屿，因为英国人后来有时将赤尾屿称为“Raleigh Rock”，“Tiaou-su Is”应是钓鱼岛及其附属岛屿。

Alexander Keith Johnston（1804—1871）绘制的名为“China and Japan”（图38）③的地图于1893年出版，在这幅地图中，用“Hoa-pin-sin”标注的是由三个小岛组成的岛屿，在其东北方向是被标注为“Tia-yu-su”的岛屿，从这些岛屿的位置来看，Hoa-pin-sin应为钓鱼岛，而Tia-yu-su应为黄尾屿，值得注意的是在这幅地图中台湾的东北部岛屿用“Liu Kiu or Loo Choo Is”的标记与包括先岛群岛在内的琉球群岛分隔开，证明钓鱼列岛不属于琉球群岛，而钓鱼列岛并没有做其他标志，也可证明钓鱼列岛作为台湾的附属岛屿是被默认的，不需要再作其他说明。

① http：//digitallibrary. usc. edu/cdm/singleitem/collection/p15799coll71/id/330/rec/109。

② http：//www. davidrumsey. com/luna/servlet/detail/RUMSEY～8～1～245933～5514565：Composite-A-New-Chart-of-The-Pacif?sort=pub_list_no_initialsort%2Cpub_list_no_initialsort%2Cpub_date%2Cpub_date&qvq=q：Norie%2C%2BJ. W.；sort：pub_list_no_initialsort%2Cpub_list_no_initialsort%2Cpub_date%2Cpub_date；lc：RUMSEY～8～1&mi=1&trs=6。

③ http：//www. davidrumsey. com/luna/servlet/detail/RUMSEY～8～1～37982～1210995：China-and-Japan-?sort=pub_list_no_initialsort%2Cpub_list_no_initialsort%2Cpub_date%2Cpub_date&qvq=q：chart%2Bmap%2Bof%2BJapan；sort：pub_list_no_initialsort%2Cpub_list_no_initialsort%2Cpub_date%2Cpub_date；lc：RUMSEY～8～1&mi=9&trs=29。

图 37

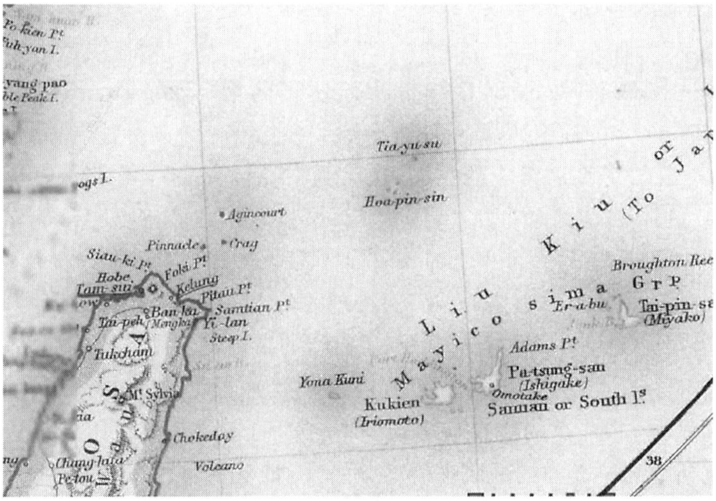

图 38

四、余　　论

从十六世纪西方人进入东亚开始,台湾及其东北部岛屿在西方人绘制的地图中就频繁出现,而且随着西方人对中国认识的加深,对于这一区域地图的绘制越来越详细与准确。在早期的地图中,台湾有时被绘制成不规则的形状,而包括钓鱼列岛在内的台湾附属岛屿不是没有绘出就是位置不是很明确。大约从十六世纪中期开始,台湾被绘制成"三岛型",而在台湾东北部则经常绘有数个小岛,没有特别指明名称,统一将台湾北部以及这些岛屿称为"福尔摩沙",这时候的先岛群岛同之前一样，多被称为“I. dos Reis Magos”（三王岛），绘制的位置偏北，处于台湾与琉球群岛之间。十七世纪以后，台湾被大多数制图师绘制成梭形，而在台湾东部出现标注有“Gaelay”或“Galay”的岛屿，这有可能是对钓鱼列岛的标注。十八世纪，大多数地图对包括钓鱼列岛在内的台湾附属岛屿的位置有了基本共识，这些岛屿的位置基本确定。到了十八世纪末，“PonKia”（彭佳）、“Hoan pin su”（花瓶屿）、“Hao yu su”（钓鱼屿）、“Hoan oey su”（黄尾屿）、“Tshe oey su”（赤尾屿）等名称出现在地图中，并且值得注意的是从这一时期开始，地图中的国家用颜色表示，台湾及其附属岛屿经常被绘制成与中国大陆同样的颜色，这就证明了在当时的西方人眼中，台湾及其附属岛屿是中国的一部分，而琉球与日本被绘制成不同的颜色。有的地图甚至直接在图中标出先岛群岛是琉球群岛的一部分，但它不包括钓鱼列岛在内的台湾东北部附属岛屿，这也证明了钓鱼列岛从来不是琉球的一部分，而是中国台湾的附属岛屿。

Research on the Diaoyu Islands in Western Old Maps

Dong Na

Abstract: Diaoyu islands are well concerned by the sailors years ago as it's an important part of the course from China to Ryukyu and Japan. It's not only a navigation mark appeared in the Chinese historical books and maps, but also in the maps of west many years ago. Diaoyu islands are the affiliated islands of Taiwan, distribute in the northeast of Taiwan, it consists of eight islands, including the Diaoyu island (mainland), HuangweiYu, ChiweiYu. This fact is highly respected in many western old maps. Although the name of Diaoyu island has changed many times in different periods in the west, it's undeniable that all the western maps had admitted Diaoyu island is part of Taiwan north islands, but not of the Ryukyu islands. This behave has significantly proved the western countries admitted Diaoyu islands are part of the Taiwan's affiliated islands.

Keywords: the West, maps, Diaoyu Islands

隋唐经济重心南移与江南造船业的发展分布

——以海上军事活动刺激为中心的考察*

张晓东**

摘　要： 隋唐江南造船业的发展也是唐宋经济重心南移的重要表现。隋唐东征发展海上力量对江南造船业构成了刺激，战争动员也是江南造船潜力的重要表现。相比较而言，魏晋南北朝时期一度成为造船中心的巴蜀地区和山东半岛的造船业显然在隋朝就开始衰落，这也是经济重心南移特别是造船业中心"东南移"的重要标志。

关键词： 隋唐　江南　东征　造船　经济重心

中国古代经济重心南移这一重要历史课题以往已有多方面论述，而南移趋势至唐代已经日益明显。从战争与经济的角度出发，结合隋唐跨海东征与江南经济发展的关系作研究，至今未见涉及，本文拟作一番考察。隋唐东征是指因辽东领土争端引发的隋唐和高句丽、新罗的战争，大体分为隋朝高句丽之战、唐丽战争和唐新战争三个作战阶段。作战中实行海陆两路作战，海上一路则跨海作战。本文探索重点在于隋唐海军建设与江南经济的关系。海上军事力量的建设需要大量造船，江南船舶制造业是海上力量建设的重要基础，其发展得益于官船的建造。"江南"一词的内涵有不同表述，有"大江南"、"中江南"、"小江南"等不同的范围，学术研究中的概念阐释接近约定俗成，如周振鹤《释江南》一文指出："较确切的江南概念到唐代才最终形成。唐太宗贞观元年分天下为十道时，江南道的范围完全处于长江以南，自湖南西部迤东直至海滨，这是秦汉以来最名副其实的江南地区。因为十道是以山川形便原则来划定的地理区划，所以概念清晰无误。"①但在唐玄宗时期江南道被一分为三，唐后期江南西道再分，明清江南的内涵则限定于环太湖区域五府为主。② 本文所论"江南"为长江中下游流域，以江淮下游为核心，不包括福建和岭南地区。这一地区的航运自古领先全国，曾经是中国发展海上力量的重要基地，也包括了后来南移的经济重心。

---

* 本文为2015年度上海市哲学社会科学规划一般课题"隋唐时期的海上军事力量与东北亚周边关系"（项目编号：2015BLS006）阶段性成果。原文曾发表于《海交史研究》2015年第2期，但是笔者感觉有些重要问题并未说清，因此对题目标题、史料解读、观点辨析和文章结论都作了相当程度的修改或修正，并增添了章节段落。

** 张晓东，上海社会科学院历史研究所助理研究员。

① 周振鹤：《释江南》，见《随无涯之旅》，三联书店1996年，第313页。

② 周振鹤：《释江南》，见《随无涯之旅》，三联书店1996年，第315页。

一、隋唐东征前中国造船业的地域特征

魏晋南北朝时期南方造船业和航海业有重大发展,无论是对海上丝绸之路发展的历史贡献还是水上军事力量的发展,都胜过北方,而分裂也刺激着南北航海的发展。华北、巴蜀都曾形成区域性的造船基地,特别是巴蜀地区往往在被北方政权控制以后成为顺流而下平定南方的水军训练和造船基地,当地的工业潜力被用来作为北方政权水军力量发展的重要基础。

六朝地处南方长江流域,海外交通比前代更上一层楼。著名历史学家范文澜称东吴政权开创者孙权为"大规模航海的倡议者"。《南州异物志》记载东吴海船"大者长二十余丈,高出水三二丈,望之如阁道,载六七百人,物出万斛"①,这是有高层建筑的楼船,运载量和航行能力都出类拔萃。当时中国船西航远至红海。孙吴与朝鲜半岛来往,虽然相关史书记录说船小,但也可以载马多达 80 匹。② 80 匹马除了人力之外一定还可以搭运不少粮草。东吴在福建沿海兴建很多造船工场,西晋灭吴接收船舰多达五千余艘。东晋南朝的造船业发达,无论内陆流域还是沿海都有造船工场分布,刘宋时长江中游荆州作部可以"装战舰数百千艘"③。侯景之乱后,在建康制造快船千艘以资征战,"两边悉八十棹"④,则每船仅水手就至少有一百六十人。南朝时期还开辟了江南直通东北亚各国包括高句丽、百济、日本等的航线,东南亚诸国与六朝互有使节来往于海上。

当时北方的官家造船虽远不及南方,但也不少,尤其是华北地区山东半岛沿海的造船有悠久的历史传统,数次成为造船中心。早在先秦,山东半岛就生活着善于航海的东夷民族。根据《史记》卷二八的记载,自齐威王齐宣王和燕昭王时就不断有人出海寻找"三山",秦始皇曾派徐福率大型船队自山东半岛东渡,汉武帝进攻朝鲜半岛自胶东出楼船兵五万渡渤海远征。魏明帝景初元年(237)七月,"诏青、兖、幽、冀四州大作海船"⑤。十六国时期后赵石虎讨伐辽东鲜卑,遣青州之众渡海出征,"因戍于海岛,运谷三百万斛以给之。又以船三百艘运谷三十万斛诣高句丽,使典农中郎将王典率众万余屯田于海滨。又令青州造船千艘"⑥。

巴蜀地区也有悠久的造船传统,秦国曾自此地组织水军沿江南下攻打楚国。三国时期曹魏平定蜀国,西晋就在蜀地发展水师顺流灭吴。江南上游的巴蜀地区在被北方政权占据之后,往往会成为其造船基地,以实现"顺流而下"。《晋书·王濬传》讲西晋在四川造双体的大船连舫"方百二十步,受二千余人","其上皆得驰马来往"。隋朝则于巴蜀发展水军平南陈。⑦

统一以前的北周和隋已有强大的内河水师,人员以北人为主,曾与南陈、南方豪雄、林邑国交战,基本上以府兵为主。杨素、刘方、陈棱先后指挥了跨海平叛、远征林邑、远征流求三次作

① 《太平御览》卷七六九,上海古籍出版社 2008 年,第 774 页。
② 《三国志》卷四七,《孙权传》注引《吴书》,中华书局 1959 年,第 1140 页。
③ 《南史》卷三七《沈庆之传·沈攸之附传》,中华书局 1975 年,第 966 页。
④ 《梁书》卷四五《王僧辩传》,中华书局 1973 年,第 628 页。
⑤ 《三国志》卷三《明帝纪》,中华书局 1959 年,第 109 页。
⑥ 《晋书》卷一〇六《石季龙载记上》,中华书局 1974 年,第 2768 页。
⑦ 《隋书》卷四八《杨素传》,中华书局 1973 年,第 1283 页。

战。早在北周建德中，杨坚曾率水军三万破(北)齐师于河桥，船只来源必是黄河中上游。① 隋统一北方后，于巴蜀发展水军平陈，杨素打造了五层高的“五牙”巨舰，其部下巴蜑卒千人“乘五牙四艘，以柏樯碎贼十余舰”②。隋朝为了平定南方还组织下海包抄江南的水军，由燕荣指挥自近海入长江口，进入太湖作战。③ 杨素二下江南平叛，也远航至泉州，当地豪族“自以海路艰阻，非北人所习，不设备伍”，结果杨素泛海掩至，叛党散入海岛溪洞，杨部水陆追捕，“江南大定”。④ 之后隋朝对南方航运进行了政策压制，禁造和没收大船，开皇十八年(598)正月下诏：“(江南)人间有船长三丈已上，悉括入官。”⑤此政策“一石二鸟”，既限制地方造船，发展水上力量，也为官军充实了东征的船只。南方的航运优势和军事优势被中央而不是被地方掌握。⑥ 结果，隋朝在江南地区可依靠的造船部门只剩下官家，这对已经获得较高发展水平的江南造船业航运业是一种限制。

隋文帝曾和今天越南北部的林邑国开战，京兆人刘方任统帅，动用了岭南钦州欢州的陆军自陆路进攻，由上开府秦雄和两地刺史指挥，刘方自率水军去比景登陆。刘方一路取胜，沿途只有陆战。⑦ 隋炀帝还曾派陈棱等远征台湾，登陆后，“分为五军，趣其都邑”，平定渴剌兜部，“虏男女数千而归”。以上作战证明隋水军具备航海以及登陆投送的能力。隋初水军船只、兵将并不由南方提供。

二、隋朝东征与江南造船业之复苏

隋朝发动了四次针对高句丽的远征，每次都是海陆两路出兵，其中文帝发动一次，炀帝主持三次。东征所用水军部队成员来自全国，但隋炀帝出征造军用海船前两次主要在华北地区山东半岛完成，最后一次出征也曾在江南造船。

开皇十八年，隋文帝发动首次东征，用船主要来自江南，前文所论述没收的江南大船被用来组织东征水师。东征高句丽的军事力量分成海陆两路，陆路一路自河北前往辽东，海上一路自东莱(山东半岛)泛海赴平壤，“遭风，船多飘没，无功而还”⑧。

隋炀帝东征所用海船大部分在北方建造，主要以山东半岛为造船基地，并从江南地区征发内河运船。大业七年(611)元弘嗣奉命到东莱海口监造三百余艘大船，⑨七月，朝廷发江淮以南民夫及船沿大运河运米至涿郡，“舳舻相次千余里”⑩。很有可能隋文帝没收的那批江南大海船在文帝时损失殆尽，新造船又没跟上，因此隋炀帝只有有限的江南内河船只可用于

① 《隋书》卷一《高祖纪上》，中华书局 1973 年，第 2 页。
② 《隋书》卷四八《杨素传》，中华书局 1973 年，第 1283 页。
③ 《隋书》卷六一《宇文述传》，中华书局 1973 年，第 1464 页。
④ 《隋书》卷四八《杨素传》，中华书局 1973 年，第 1285 页。
⑤ 《隋书》卷二《高祖纪下》，中华书局 1973 年，第 43 页。
⑥ 王仲荦：《隋唐五代史》，上册，上海人民出版社 2003 年，第 51 页。
⑦ 《隋书》卷五三《刘方传》，中华书局 1973 年，第 1358 页。
⑧ 《隋书》卷六五《周罗睺传》，中华书局 1973 年，第 1525 页。
⑨ 《资治通鉴》卷一八一，中华书局 1956 年，第 5654 页。
⑩ 《资治通鉴》卷一八一，中华书局 1956 年，第 5654 页。

运粮。

大业八年炀帝首征,《资治通鉴》记载:“诏总征天下之兵,无问远近,俱会于涿。又发江淮以南水手一万人,弩手三万人,岭南排镩手三万人。”①胡三省作注称:“镩,小矟也。”长江下游出水手和弩手四万,岭南出水手三万,其中岭南排镩手是善使小船者,对于登陆行动具有价值。七万人应当并不是会合于河北涿郡,即不参加辽东陆战场,而是自海上东征。据《唐会要》载,运七万人须用船五百(见下节表格数据及相关文字),则上文所述元弘嗣山东造船三百艘可能投送四五万之众。来护儿负责指挥隋军海上一路,“帅江淮水军舳舻数百里,浮海先进”②,其兵员组成必是包括上述江南征发兵员,至少包括三万“排镩手”,估计江南地区造的船也参与东征,而华北造船是主要的部分。来护儿“简精甲四万”攻平壤城,后有周法尚部增援,③估计作战兵众在五万以上,而水手等辅助人员四万左右,其中的“排镩手”实际参加了登陆作战。

大业九年炀帝第二次出征,东莱留守陈棱“寻奉诏于江南营战舰”④,但因为杨玄感在后方作乱,隋炀帝被迫下令回师平叛,所造船到第三次出征才用上。对陈棱造船活动的理解应为隋炀帝发现北方海船造船力的枯竭或存在其他问题,故此才再派人赴江南造海船。

三、唐丽战争造船用船数据统计估算

唐丽战争是东征的第二个阶段,即唐朝和高句丽作战,使用南方造船和水军。这时有关山东半岛的造船记录消失,可是南方造船范围却不断扩大。唐朝在江南责成地方官就地建造,数量庞大,这可以理解为华北和巴蜀造船基地衰落,以及江南地区再次具备了造船中心的地位,且后来居上。现将史料中的数据列表如下以便分析:

时间	战事	造船来源地	造船或用船规模	运载兵员
贞观十八年(644)	唐太宗首次东征	将作大监阎立德等诣洪、饶、江三州造船四百艘以载河南军粮。⑤ 张亮“帅江、吴、京、洛募兵凡四万,吴艘五百”⑥,跨海登陆辽东	造五百艘跨海战船和四百艘内河运粮船	(仅张亮一路)战斗人员四万,辅助人员三万,共七万(作为运载量基本标准)
贞观二十一年(647)	唐太宗二次出征	未明,估计或许是上次出兵所造船只仍大量继续使用	估计用海船六十至七十艘	“发兵万余人,乘楼船自莱州泛海而入。”⑦

① 《资治通鉴》卷一八一,中华书局1956年,第5654页。
② 《资治通鉴》卷一八一,中华书局1956年,第5663页。
③ 《资治通鉴》卷一八一,中华书局1956年,第5663页。
④ 《隋书》卷六四《陈稜传》,中华书局1973年,第1519页。
⑤ 《资治通鉴》卷一九七,中华书局1956年,第6209页。
⑥ 《新唐书》卷二二〇《东夷列传·高丽》,中华书局1975年,第6189页。
⑦ 《资治通鉴》卷一九八,中华书局1956年,第6245—6246页。

续 表

时 间	战 事	造船来源地	造船或用船规模	运载兵员
贞观二十二年(648)	唐太宗三次出征	江南宣、润、常、苏、湖、杭、越、台、婺、括、江、洪十二州造大船及艓船三百五十艘①	造船为三百五十艘左右	以薛万彻"将兵三万余人及楼船战舰自莱州泛海"②
贞观二十二年(648)		"越州都督治大艎偶舫以待。"③"越州都督府及婺、洪等州造海船及双舫千一百艘。"④	造海船及双体船一千一百艘	估计可运兵十万左右
贞观二十二年(648)	太宗计划跨海攻打百济	遣人于剑南道伐木造舰,"大者或长百尺,其广半之。别遣使行水道,自巫峡抵江、扬,趣莱州"⑤。后改为官费雇潭州人造船⑥	大者或长百尺,其广半之	计划发兵三十万
龙朔三年(663)	唐高宗时期继续作战	唐丽战争进行到关键阶段,唐高宗曾"诏罢三十六州所造船"⑦	估计造船千艘左右	
显庆五年(660)	苏定方率约十三万大军,战船两千只至百济熊津江口⑧	估计包括上两次造船记录	用船两千余艘	约十三万
龙朔二年(662)	遣孙仁师率沿海地区部队七千人浮海赴熊津,促成白江之战的胜利⑨		估计用船五十艘左右	七千人

隋唐时期的军用船只载运量究竟多少?这是一个关键问题。

对战船运量"基本标准"的估算,是一个平均标准。

理由一:根据《旧唐书》记录贞观十八年唐太宗东征派张亮跨海用船五百运兵四万,而《唐会要》记为七万人,应理解为自内地募集的劲卒四万,水手、运丁等辅助人员三万,⑩《新唐书》也

---

① 《资治通鉴》卷一九八,中华书局 1956 年,第 6249 页。《册府元龟》卷九八五《外臣部》,中华书局 1960 年,第 11571 页。

② 《资治通鉴》卷一九八,中华书局 1975 年,第 6252 页。

③ 《新唐书》卷二二〇《东夷列传・高丽》,中华书局 1975 年,第 6195 页。

④ 《资治通鉴》卷一九九,中华书局 1975 年,第 6261 页。

⑤ 《资治通鉴》卷一九九,中华书局 1956 年,第 6259 页。

⑥ 《资治通鉴》卷一九九,中华书局 1956 年,第 6262 页。

⑦ 《资治通鉴》卷二〇一,中华书局 1956 年,第 6336 页。

⑧ 《旧唐书》卷八三《苏定方传》,中华书局 1975 年,第 2779 页。金富轼:《三国史记》,吉林文史出版社 2003 年,第 74、330 页。一然:《三国遗事》卷一,吉林文史出版社 2003 年,第 58 页。

⑨ 《旧唐书》卷一九九《东夷列传》,中华书局 1975 年,第 5332 页。

⑩ 《唐会要》,上海古籍出版社 2006 年,第 2021 页。

记载为七万人,唐朝军船平均载兵近一百五十人,这才是一个合理的人力比例和史料解释。《资治通鉴》"唐太宗贞观十八年十一月"条记载其中又有"长安、洛阳募士三千"①,乔凤岐认为这三千人"可能负担着登陆以后攻城掠寨的任务"②,未知依据。乔凤岐认为剩余的三万余人来自长江流域,这仅仅是可能性。

理由二:唐朝前期日本战船数据也可作一参考,证明此一"基本标准"的广泛性。根据韩昇教授的分析,在《日本书纪》里面关于唐日白江之战的记载无论唐军还是日军都反复出现"一百七十艘"③,石晓军则认为日本干涉军兵力为四万人。④ 韩昇认为日军兵力以《日本书纪》"天智天皇二年三月"条所记载的两万七千人比较可信,即日本663年出兵朝鲜共两万七千人,他认为如果平均每船装载一百五十人,则可载运两万五千五百人,"大概也就是日军出动的规模",而唐朝记录白江之战焚毁日本战船四百艘,新罗甚至记为千艘,大概都源于战报,可能有所夸大,不一定准确。⑤ 以此而论,唐、日战船皆在平均每艘一百五十人左右。跨海远征,则兵粮马匹和其他物资都要运输,按此基本标准估算,四百艘船载七万部队及相关军用物资没有问题,本文上表及下表中凡是"估计"字样都是依照此基本标准估算的。太宗时期三次用兵,都有一路人马自山东半岛莱州出发跨海登陆高句丽辖境实施作战,作战方式相同,作战条件相似,故此造船和用船要求应当类似,以上文船五百载运七万部队的基本标准估算不会有差异。其实这些载运人数估计还都算相对较小,东晋法显自印度回国搭乘印度商舶,每船载约200人,而按《广雅》的解释,唐代一般海船"大者长二十丈,载六七百人"⑥,前文提到的东吴海船也可以载运六七百人,都比东晋时法显搭乘的海船还要大得多。无论东吴海船、东晋印度船还是《广雅》所记唐代海船,三者都看似比上述所言唐朝军用船载运基本标准要大很多。但是笔者想指出的是军船与民用船不同,除了载人、粮、生活用品之外,还要载运大量马匹、帐篷、武器、旗帜、锣鼓甚至车仗等军用装备,如果大军出动,军船载人比民船相对较少并不意味着船只规模或运力小于民船,因此,本文将平均每船载人一百五十人左右设为唐军跨海东征的"基本标准",并认为军船载人数与民船比较相对不高是可以理解的。

四、唐丽战争动员与江南造船业中心地位的复兴

以下再借助上表对唐丽战争相关造船史事略作分析。

首先,从唐丽战争来看,华北沿海和长江上游巴蜀地区的传统造船基地衰落,不能使用,而江南成为东征所依赖的唯一造船基地,造船动员地理范围逐步扩大,标志着江南造船业部门的广泛分布与振兴。⑦

① 《资治通鉴》卷一九一,中华书局1956年,第6214页。
② 乔凤岐:《隋唐皇朝东征高丽研究》,中国社会出版社2010年,第127页。
③ 韩昇:《东亚世界形成史论》,复旦大学出版社2009年,第255页。
④ 石晓军:《唐日白江之战的兵力及几个地名考》,《陕西师范大学学报》1983年第3期。
⑤ 韩昇:《东亚世界形成史论》,复旦大学出版社2009年,第256页。
⑥ 《一切经音义》卷一,上海古籍出版社2008年,第12页。
⑦ 这里的"振兴"一词是指与隋朝相比较而言,因为如上文所述,隋朝曾经对江南造船业进行限制打压。

唐太宗时期军用粮草主要依靠黄河下游提供，如贞观十七年于河北征粮，又令萧锐于河南诸州运粮入海。① 江南在物力资源方面的支持主要是提供海船。贞观二十二年，太宗在剑南道造船运粮，而剑南道属巴蜀地区，是历史上魏晋南北朝时期北方政权向南方长江流域实施统一作战用兵的造船基地，蜀人因难以承担发生叛乱，朝廷改让蜀人出资雇用潭州人造船，后又改为官费。这与魏晋南北朝时期巴蜀打造水师的历史大有不同。

唐太宗首次东征，仅仅在个别州造船，而第三次东征，发江南十二州人造船数百艘，除了最初参加造船的洪州、江州，还有十州都处于长江下游以南，范围扩大不少，其中的润州到中唐以后造船业取得了更快发展。此外，太宗命"越州都督府及婺、洪等州造海船及双舫千一百艘"，唐武德四年(621)改会稽郡为越州，置总管府，武德七年改为都督府，贞观元年越州督泉、台、建、括等六州，贞观朝的越州总管辖区地域大致包括今天的浙江和福建沿海地区。其时，江南政区共十四州，仅睦、歙二州未入。这些既表明造船范围扩大，也表明造船数量激增。估计长江流域造船部门几乎得到全面动员，而巴蜀出钱不出力，这与魏晋南北朝大有不同。

龙朔三年(663)唐高宗诏罢三十六州所造船，史书未记载是哪三十六州，因唐贞观元年置江南道，监察范围超过三十六州。估计高宗时几乎整个江南道都参与了造船。

其次，江南造船业技术水平提高，船队总运载量、造船数量在中国古代历史上都是空前的，造船规模呈上升曲线，在高宗朝达到顶峰。

上文所述剑南道为唐太宗贞观元年废除州、郡制后改益州为剑南道所置，治所位于成都府，辖境相当今四川省大部，而潭州即今天的湖南长沙，湘江流域交通重镇，隋朝开皇九年改湘州为潭州并设立总管府，至隋炀帝时改为长沙郡，但辖区大为缩小，贞观二十二年潭州竟能以一州之地代替剑南道一道之地造船，可见其制造力之强。

贞观十八年唐太宗首次东征，海上一路用吴艘五百，都是江南打造。太宗令阎立德等诣洪、饶、江三州另造船四百运粮，三州皆为鄱阳湖流域造船业中心，属江南西道，此地有"舟船之盛，尽于江西"之称。三州在六朝属于豫章经济区，②在整个中古时期属于手工业发达的地区。

唐太宗第三次东征时，造船量达到新高，于公元647年令"宋州刺史王波利等发江南十二州工人造大船数百艘"。按史料中所述州名，十二州的范围在今天的苏南、浙东等沿海地区和江西沿江地带鄱阳湖流域。表中史料所云越州都督府及婺、洪等州造海船千余艘，当时所造海船"大者或长百尺，其广半之"，运输量可观。大艎是大船，偶舫、双舫系双体船，亦必东南沿海所善造。唐初越州都督府辖区为今天浙江东部沿海一带，史料反映出当时当地造船能力属于"井喷式"表现。

龙朔三年唐高宗诏罢三十六州造船。若以洪、江、饶三州造船四百计，则三十六州造船可估为四千八百艘，当然各州造船能力未必相同，但总数应该是很大的规模，推测在两千艘以上，因为公元660年苏定方跨海平百济用船两千艘左右。苏定方出征人数和船数依《旧唐书》和《资治通鉴》为水路十万人，《三国史记》卷五和卷二八记载为十三万，《三国遗事》卷一正文也记载为十

① 《资治通鉴》卷一九一，中华书局1956年，第6209—6210页。

② 许辉、蒋福亚：《六朝经济史》，江苏古籍出版社1993年，第80页。

三万，并注引《乡记》记载为十二万二千七百十一人，及用船一千九百艘，故以详细数字为合理，足证表中估算数字也有合理性。显庆五年(660)发生跨海平百济的远征胜利，扭转了全局。此战使用战船数，在隋唐时期的东亚地区达到空前绝后的规模，事实上即使在唐朝以后也很少有一次战役可以集中这么多的船只，也没有一次战役的投送兵力可以达到如此规模。粗算一下，以十三万人两千艘船计，则每船平均载运六十五人，反较上文所见唐太宗首次出兵用船载运兵力缩小一半以上，当如何理解？笔者以为，其一，苏定方部有这么多战船很有可能应当包括贞观二十二年唐太宗生前命越州都督府打造的一千一百艘船，以及到龙朔三年唐高宗下令三十六州停造船之前所造的船只，前后两个阶段各造千艘以上，除去损耗也可以满足两千艘的用船量，因此史料记载的兵力和船数应该没有问题。其二，历次战役的性质不同导致运输需求不同，唐太宗首次用兵志在必胜，因此分海陆两路，水上一路带有有限的战略价值，因此张亮登陆辽东半岛可以视为战略战役，而太宗首战不胜改为袭扰战，不求速胜，故其第二次第三次战役皆属短期突袭的战术战役，登陆后无长期野战计划；而跨海平百济之战旨在动摇东亚地缘战略全局，平定百济一国，故属于战略战役，需要在百济进行长期野战和破城攻坚战，固守所得阵地并向北实现对高句丽的钳击，且又是大军出动，因此，载运装备物资要求颇高。故此，苏定方部十三万大军用两千余艘战船有其合理性。

五、唐新战争与江南造船业

唐新战争中军船使用规模与唐丽战争相比可算是小巫见大巫，而有关造船的记录竟然严重缺失，主要是记录船只损失的信息，既包括作战损失，也包括风浪损失，值得深思。以下列出造船、用船相关的数据列表观察。

时　间	事　　件	船只规模与来源	载运情况
总章二年(669)	未及开战即被风浪淹没，“时唐罗兵未交接，风涛怒起，唐舡皆没于水”①	未明	未明
咸亨二年(671)	“(新罗)击唐漕船七十余艘，捉郎将钳耳大侯士卒百余人，其沦没死者，不可胜数。”②	七十余艘	未明
咸亨二年(671)	“唐更遣赵宪为帅，亦以五万兵来征。(新罗僧)又做其法，舡没如前。”③	估计沉没三百艘以上	五万兵
咸亨二年(671)	押运使郭志该溺于海上，“于是扬舲巨海，鼓楫辽川。风起涛惊，船坏而溺”④	未明	必有运粮运军资的船

① 一然：《三国遗事》，吉林文史出版社 2003 年，第 65 页。
② 金富轼：《三国史记》，吉林文史出版社 2003 年，第 97 页。
③ 一然：《三国遗事》，吉林文史出版社 2003 年，第 65 页。
④ 《(上阙)县令郭君(志该)墓志铭并序》，《全唐文补遗》第五辑，三秦出版社 1998 年，第 213 页。

续 表

时间	事件	船只规模与来源	载运情况
上元二年(674)	“刘仁轨大破新罗之众于七重城,又使靺鞨浮海,略新罗之南境,斩获甚众。仁轨引兵还。诏以李谨行为安东镇抚大使,屯新罗之买肖城以经略之,三战皆捷。”①	未明	未明
上元二年(675)	泉城战役	“我(新罗)将军文训等,逆战胜之,斩首一千四百级,取兵船四十艘。仁贵解围退走,得战马一千匹。”②	估计五千人以上
仪凤元年(676)	伎伐浦水战,唐军丧失半岛南部的桥头堡,“冬十一月,沙餐施得领船兵,与薛仁贵战于所夫里州伎伐浦,败绩。又进,大小二十二战,克之,斩首四千余级”③	未明	估计三十艘以上

第一,表中数据估算的“基本标准”依然是上文唐丽战争中首度用兵的计算标准,即平均每船载一百五十人左右,因此据咸亨二年的“五万唐军”估算用船为三百艘左右,此条史料之唐军跨海远征史事有中国唐代押运使郭志该墓志铭殉难记载为辅证,但难以佐证的是此次用兵数量。从墓志记载来看,当时唐军出兵携带不少粮草自海上一道运往前线。泉城战役和伎伐浦水战唐军战船运载规模估算方法相同。

第二,唐新战争中缺乏任何明确的造船记录,唐军仍然使用江南船只。

史言唐朝和新罗发生矛盾后,新罗称得到情报“国家修理船艘,外托征伐倭国,其实欲打新罗”④。这种“修理”没有其他史料佐证,无法考释其具体面貌。咸亨二年薛仁贵致书新罗:“高将军之汉骑,李谨行之蕃兵,吴楚棹歌,幽并恶少,四面云合,方舟而下。”⑤“吴楚棹歌”是指南方水军。这应该是以唐丽战争遗留的船为主。

唐新战争有数次海战战役,但奇怪的是在战争期间中国和朝鲜的史料都并无造船记载,大概和海上战事小型化有关,很有可能唐新战争期间唐朝不再在地方大量造船,主要沿用过去的旧船,用完为止。

第三,作战损失和风浪溺没的记录表明唐军水师受到挫折,战力严重弱化,并且损失了不少船只。

受风浪而损失的记录在隋朝已经出现,如隋文帝东征,海上一路“遭风,船多飘没”。唐丽之战的胜利诚如薛仁贵语乃“不惧船海之危”所造就,⑥如乾封二年(667)“郭待封以水军自别道趣

① 《资治通鉴》卷二〇二,中华书局1956年,第6375页。
② 金富轼:《三国史记》,吉林文史出版社2003年,第100页。
③ 金富轼:《三国史记》,吉林文史出版社2003年,第100页。
④ 金富轼:《三国史记》,吉林文史出版社2003年,第96页。
⑤ 金富轼:《三国史记》,吉林文史出版社2003年,第92页。
⑥ 金富轼:《三国史记》,吉林文史出版社2003年,第91页。

平壤,勣遣别将冯师本载粮仗以资之。师本船破,失期"①,而跨海去百济的船失事也很多,宰相李义府迫害刘仁轨的方式就是派他去百济,希望他会因为船溺而吃官司。当时百济唐军"又遣来去运粮,涉海遭风,多有飘失"②。

作战损失的记载自唐新战争才出现,如上表所统计公元669年大量唐船未及开战即被风浪淹没,而唐军海上作战损失的开始是如表所示公元671年开战以后第一次海战,新罗击唐漕船七十余艘,同年,唐援军五万被淹没,则损失战船三百艘以上。上元元年(674)正月唐朝以刘仁轨为主将,然后有七重城战役为中心的南北海陆夹击,唐朝调动靺鞨海上作战力量是为了弥补自身海上军力的枯竭。

公元675年泉城战役中唐军损失兵船四十艘,则兵员超过五千。仪凤元年(676)发生伎伐浦水战,二十二战说明作战激烈,唐军死去四千战士就算都是水军,相当于三十艘战船的兵力,可见参战唐水师之弱,堪称唐新战争"最后一战"。两次战役唐损失战船共七十余艘,不显强大。

第四,造船的高成本与财政负担是唐朝不能在江南继续大量造船以维持水师强大战力的重要原因。

仪凤二年刘仁轨撤军后,唐高宗决心再次大举讨伐,张文瓘劝谏之:

> 今吐蕃为寇,方发兵西讨;新罗虽云不顺,未尝犯边,若又东征,臣恐公私不堪其弊。③

其中两个罢战的理由,一是吐蕃的威胁,二是"公私不堪其弊"。《资治通鉴》"贞观二十二年九月"条记载建造"大船一艘,庸绢二千二百三十六匹",唐朝的租庸调制下每户调绢一匹,则大船一艘耗费二千二百三十六户均田制农户一年的调,更不用说相关的军事建设投入。西征不仅耗费大量人力物力,而且也要求漕运支持。在吐鲁番哈剌和卓附近阿斯塔纳出土的唐前期军用税布上有文字显示其来自江南,如"婺州信安县显德乡梅山里祝伯亮租布一端,光宅元年十一月日"、"婺州兰溪县瑞山乡从善里姚群庸调布一端,神龙二年八月日"。④ 如上文所见文献确切记载的唐新战役两次直接作战损失船只数量为七十和四十,则分别耗绢156 520匹和89 440匹,分别相当于156 520户和89 440户的庸。

隋朝亡国和战事负担有很大关系。贞观二十二年,唐从巴蜀造船运粮,曾引起"巴、蜀大骚"⑤,发生叛乱,"蜀人愿输财江南,计直作舟,舟取缣千二百"。朝廷改雇潭州人造船,后又改官费。唐太宗三征高句丽,仅文献所见造大船实数记载共计就有一千九百五十艘,⑥实际造船总数恐远不止。唐高宗时"上以海东累岁用兵,百姓困于征调,士卒战溺死者甚众,诏罢三十六州所造船,遣司元太常伯窦德玄等分诣十道,问人疾苦,黜陟官吏",是社会负担比较严重的表现。跨海平百济之役,用船达到最高峰两千多艘,若都是大船,则两千艘折合用绢4 472 000匹,或相当于4 472 000户所出调,隋唐耗财总数必极大,折算为绢匹几为天文数字。史言唐初财政

---

① 《资治通鉴》卷二〇一,中华书局1956年,第6353页。

② 《旧唐书》卷八四《刘仁轨传》,中华书局1975年,第2794页。

③ 《资治通鉴》卷二〇二,中华书局1956年,第6385页。

④ 全汉昇:《唐宋帝国与运河》,国立中央研究院历史语言研究所专刊,商务印书馆,民国三十五年(1946),第39页。

⑤ 《新唐书》卷二二〇《东夷列传·高丽》,中华书局1975年,第6195页。

⑥ 见拙作《论唐太宗对高句丽之战跨海战略的决策作用:兼论海上力量与高句丽之战战略成败的关系》,《史林》2011年第4期。

简俭，岁漕不过数十万石，京师和北方边防都要依靠漕运的支持，以江淮漕运与河南北漕粮同时支持，战事持久必捉襟见肘。

六、隋唐东征中江南造船的形制问题

隋唐东征造船的具体形制史料相当缺乏，笔者才疏学浅，也难以详细求证。隋朝二世而亡，固然短暂，但唐代自李渊登基至朱温篡唐，长达289年，整个隋唐历史阶段超过300年，因此把唐朝后期的史料用于隋朝和唐朝前期的历史分析一定要慎重。唐代敦煌壁画中有一些船出现，包括有唐太宗时期的小舢板画作，①但是多数敦煌壁画中的船涉及宗教题材，是不完全写实的。李约瑟指出："可惜唐代相应的船图似乎没有留传下来，而《武经总要》的图集显然是由两套很久之后才绘制的船图组成的。"②这些史料基本不能对我们分析东征船的形态起到什么帮助。《太白阴经》是李筌在759年撰写的著作，其中提到了"楼船"、"战舰"、"海鹘"、"蒙冲"、"走舸"、"游艇"六种战船及其形态，但在唐朝前期发生的东征战事相关史料中基本没有见到这些称谓的出现，因此很难论证东征军用船的形态就是这些不分江海船的类型。值得注意的是，《太白阴经》提及的战船主要是内河船，如李筌指出虽然楼船形态壮观，"船上建楼三重，列女墙、战格，树旗帜，开弩窗、矛穴，置抛车、垒石、铁汁，状如城垒。晋龙骧将军王濬伐吴，造大船，长百二十步，上置飞檐、阁道，可奔车驰马"，但是一旦"忽遇暴风，人力不能制，不便于事。然为水军，不可不设，以张形势"③。也就是说"楼船"不适合暴风情况下的作战，很大程度上是做指挥船的"样子货"，那么其在海上更不适合作战。第二种"蒙冲"，"前后左右开弩窗、矛穴，敌不得近，矢石不能败"，显然也不是海战用船。"战舰"和"海鹘"有可能和唐朝前期的军船形制接近，特别是后者"舷下左右置浮板，形如鹘翅。其船虽风浪涨天，无有倾侧。背上、左右张生牛皮为城，牙旗、金鼓如战船之制"④。对于军船的描述，《太白阴经》过于单薄，有学者"据文献记载粗略统计，有隋一代制造的不同种类、型号的舰船多达二十余种，而其中直接用于攻击作战的即有五牙、黄龙、青龙、平乘、舴艋、艨艟、艚艇、八棹、艇舸等九种不同类型的战船"⑤。但是有关这些战船记载的文字主要是出现在隋朝统一作战的文字中，即以描述内河军船为主，这些名称的命名显然不是根据一种标准，有些名称可能并非是船的形制学名，而是根据部分船的修饰外观来称呼，如"黄龙"就并非船型，而最多只是船形（装饰）。隋朝大将杨素命于永安（今四川奉节）所造名为"五牙"的大舰，实际也是楼船之一种，《隋书·杨素传》称其"上起楼五层，高百余尺，左右前后置六拍竿，并高五十尺，容战士八百人，旗帜加于上"。看起来"五牙"船载兵比唐代东征海船多数倍，但却是长江内河战船，不足以作为跨海远征的海船技术史标准。因此，《中国海洋文化史长编·魏晋南北朝隋唐卷》作者将《太白阴经》所述的六种类型总结为"唐初海军装备"，甚至说楼船是海军最

---

① 李约瑟著：《中国科学技术史》，科学出版社2008年，第四卷第三分册，第504页。
② 李约瑟著：《中国科学技术史》，科学出版社2008年，第四卷第三分册，第470页。
③ 张文才：《太白阴经新说》，解放军出版社2008年，第276页。
④ 张文才：《太白阴经新说》，解放军出版社2008年，第276页。
⑤ 张文才：《太白阴经新说》，解放军出版社2008年，第281页。

主要的作战舰船是不适当的。①

我们应该承认,唐朝航海技术的发展虽然一直处于领先地位,但是"显然,到唐朝末期,中国船舶才发展到其全盛时期",因为"极少有印度传教士或佛教求法者(五至七世纪)谈到搭乘中国船旅行之事"。② 笔者自己阅读史料,也感觉唐后期有关长江流域大船和漕运船、海船载运数据的信息相对要稍多一些,但这很难说明唐前期就是如此。

唐代东征史料中提到在今天的浙江地区大量建造双体船"双舫"、"偶舫",这几乎是相关文献中唯一的船型信息,也是唐朝海船建造高技术的证明。1975 年秋在山东省平度县新河乡出土了隋代的一条双体船残体,残长 20.22 米,最宽处 2.82 米,其载重量约为 23 吨。该船出土地点位于莱州湾南面的冲积平原,是潍河、胶莱河、滋阳河、沙河等河流河口附近。出土地点北距今渤海湾仅 15 公里,在隋代仍是沙滩,古船底部的淤积土层中有不少海生动物遗壳,是内河和近海的两用船,这条船是至今所见最早的中国双体海船实物。以其双独木舟间连接甲板的船型来看,作为运输船的功能最为明确。唐代前期江南地区建造大型可以出海的双体船不是问题,估计东征用双体船也是以运输军事物资为主。该船用材树种,经送样给南京林产工业学院化验鉴定,南北两条独木舟身除少数船身属樟木外,多数船身为金缕梅科枫香。樟木和枫香现代均属我国南方产树种,山东当地不产,因而还不清楚这只船是造于南方还是北方、是就地取材还是外来材。③ 但是江南地区寻找类似木材应该是不难的。问题在于平度隋船考古报告认为其"整体厚重,难于抗拒大风浪的袭击"。出土船型确实较为简单,江南地区为东征打造的双体军用船应该更大、更复杂一些。现代海军建设尖端领域已经开始出现双体和三体舰船,比如今天美国的独立级滨海战斗舰就是三体舰,唐朝中国把大量双体船用于海上军事远征在世界上也算是较早的。

七、结　论

隋唐东征是中国古代航海文化和造船业发展的重要分水岭,中国古代的造船业地理版图发生了重要变化,这应该与东征包括了长期的、断断续续的大规模海上军事活动有关,也反映了经济重心南移的进程。

其一,东征过程中,江南造船业的地位日益彰显,巴蜀和华北造船业相对衰落,是多种原因造成的。

影响航海航运产业和文化发展的因素是多重的,文化、技术、人才保持、材料资源、气候、地理条件、国家政策,等等,都有一定影响力。古代江南和华南的航海文化可以长久不衰,而华北沿海却先盛后衰,是有其内在原理的。造船材质需要坚固、经久耐腐,但相比之下,中国北方所产树木木材大不如南方。如隋初统一作战中造船虽然并不依靠南方,但作战行动少有入海,杨

① 曲金良主编,朱建君、修斌分册主编:《中国海洋文化史长编·魏晋南北朝隋唐卷》,中国海洋大学出版社 2013 年,第 360—361 页。

② 李约瑟著:《中国科学技术史》,科学出版社 2008 年,第四卷第三分册,第 498 页。

③ 山东省博物馆、平度县文化馆:《山东平度隋船清理简报》,《考古》1979 年第 2 期。

素二次平南时水军固然有个别战役曾自海路南下，但主要是沿海岸线进军，没有像东征那样经受深海跨海航行的考验。隋唐东征在华北地区造船其实只有隋炀帝首次东征一次，旋即放弃，这是有其客观原因的。谭其骧教授曾指出“中国文化有地区性，不能不问地区笼统地谈中国文化”①。从航海文化看，中国历史上南北存在几个航海文化区，如华北环渤海区、江南区、华南的福建和广东，其航海文化形态与兴衰各有特征。航海文化需要造船业物质基础，也需要海洋文化方面的精神观念来支持，还需要地理条件在资源方面提供可持续支持。如今天的山东省自古渔盐业发达，早在春秋战国时期，山东半岛和环渤海地区的航海文化曾经非常发达，当时当地的很多人移民去朝鲜和日本，而不少先秦秦汉的方士出于当地，成为航海家。先秦齐人邹衍的“大九州”地理学说就是以海洋知识为素材，以天文学知识为想象力提出的。② 秦汉时期秦始皇曾经派徐福率领数千童男童女出海寻找蓬莱，当时也有半岛沿海的海上漕运活动。但是到了明朝前期，受海禁政策影响，山东地区海洋文化大为衰微，以致有学者甚至认为山东不属于海洋文化区域。③ 可见航海文化的发展，需要有航海技术进步、造船业的部门经济基础、对海洋进取的精神观念，以及地理条件作为有效支撑的必要条件。

需要指出的是，唐初贞观时期巴蜀地区造船业衰竭的具体原因仍然是个谜。耐人寻味的是，自此之后再无北方政权包括北宋、元代、清代采取像先秦和魏晋南北朝时期那样先夺取处于“上游”的巴蜀然后造船“顺流而下”统一南方的古老战略方式。究竟是产业技术问题还是社会经济成本，抑或是木材之类的环境原因导致了这一现象？这需要以后的深入研究。

其二，从隋唐东征战事看，江南造船业经历了曲折发展，这种发展受政策影响很大。六朝江南造船业本有良好的底子，隋文帝的政策曾构成短期压制，但随着东征发展海上力量的需要，得到了刺激和动员，造船地理范围以江南为中心扩大到整个长江流域，船只建造规模领先于东亚，隋唐江南造船工业成为支持隋唐帝国平定高句丽和百济，树立东亚国际威信的重要经济基础。虽然在唐新战争中江南造船业因为长期疲惫而一度小有衰落，而造船力之衰落与唐军之败损存在一定的互相影响，但造船业不仅在官方采购和征派活动中，也在社会经济的持续发展中一度取得新的复苏动力。比如唐太宗曾经试图重启四川盆地的造船工业，但是遭到当地人民的反抗，改为官费雇潭州民力造船，说明在贞观二十二年之前唐军造船很有可能是由地方和民间承担造船成本，中央官方是否给予某种形式的经济补偿不得而知，使用官费造船也会为造船业的良性和持续发展注入动力。

其三，以东征为中心观察江南造船业的具体地理分布，也很有意义。从记载看，隋朝东征动用的造船业地域范围是山东半岛“东莱海口”和笼统的“江南”地区，唐朝的造船活动在太宗时期则多数有具体的州的范围记载，高宗时期则无。展观谭其骧主编《中国历史地图集》，结合文献来看，唐太宗时期造船史料显示今天江西鄱阳湖流域临近长江的几个州是有力的造船中心，而相当于今天苏南和浙东沿海地区的十几个州是另一个范围更大的造船中心区域，以越州，即今天的绍兴为中心。这两个造船业区域的力量联合起来已经形成了上千艘战船的成批制造力，把唐太宗时期的战船建造推向空前的高峰，前者是依靠六朝以来造船业和经济的积累，后者则还

① 谭其骧：《中国文化的时代差异和区域差异》，《复旦学报》1996 年第 2 期，第 5 页。

② 曲金良主编，陈智勇分册主编：《中国海洋文化史长编·先秦秦汉卷》，中国海洋大学出版社 2008 年，第 147 页。

③ 徐晓望：《妈祖的子民——闽台海洋文化研究》，学林出版社 1999 年，第 19 页。

有长期以来海洋文化的孕育浸润，而且具备了像批量制造大型跨海双体海船这样的先进技术。近乎整个江南道的“三十六州”是一个在地理范围上“竭泽而渔”的造船业圈子，成为苏定方大型兵团两千艘船大舰队的技术基础。从古代到抗美援朝战争，除了苏定方部远征，东北亚地区的两栖战和登陆活动从未出现如此大的兵力和船队规模。

总的来看，隋唐江南造船业的发展是经济重心南移的重要表现，隋唐发展海上力量在一定阶段构成了刺激，战争动员是江南造船潜力的重要表现。相比较而言，一度成为造船中心的巴蜀地区和山东半岛造船业显然在隋朝就开始衰落，这也是经济重心南移特别是趋向江南的“东南移”的重要标志。到唐朝晚期，航海技术发展出现了新的成就，除去官使航行的记录，唐朝巨大的商船远航至幼发拉底河口，而在魏晋南北朝时期还主要是以中国人搭乘外国商舶出洋的记录为多。隋朝和唐朝前期的东征确实是日后造船发展的重要刺激。虽然汉代也曾经进行了对南海地区和朝鲜半岛的海上军事远征，但是作战活动的持续规模和造船规模远不及隋唐，何况东汉相关史料本身也有可疑之处。① 早在汉代以官方力量开拓海上丝绸之路之时，中国南方就是海上丝绸之路的重要参与者和出发基地，六朝时期江南更是积极扮演了这两个角色，除了隋文帝压制江南航运的短暂行为之后，隋唐江南地区的造船业和航运业发展在海上丝绸之路的发展动力中占据着越来越大的份额。

① 《后汉书》记载马援南征曾有“楼船大小二千余艘，战士二万”，这条史料被广泛引用，但是其中兵力和船只数量极其不合比例。当时东汉未必具备造楼船二千艘的能力，远征也不可能仅仅动用楼船，更何况“楼船”有很多不实用处，平均十个军人一艘楼船是不可能的。笔者怀疑楼船的另一个含义“水军”，即“水上作战人员”是文献最初的原意，因为汉代“楼船”也是郡县兵种的称谓用词，而且水军不可能以二千艘来计量，很有可能《后汉书》在传播过程中出现文字错讹，但是缺乏证据证明我的推测。如果真的是大型主力战船二千艘，则军人必不止二万，而应该至少接近十万。

The Southward Remotion of Economic Center in the Sui and Tang Dynasties and the Development of Shipbuilding Industry in South of the Yangtze River

Zhang Xiaodong

Abstract: Development of shipbuilding industry in south of the Yangtze river was an important characteristics of the Southward Remotion of Economic Center in the Sui and Tang Dynasties. The eastern expedition pushed the development of shipbuilding industry in south of the Yangtze river. Military mobilization showed the potential of shipbuilding industry in south of the Yangtze river. Howerver, Sichuan Basin and Shangtung Peninsula, once as the important shipbuilding industrial base in the Six Dynasties, lost their historical role. It is the important sign of the Southward Remotion of Economic Center, and the sign of the southward remotion of shipbuilding industry.

Keywords: Sui and Tang Dynasties, south of the Yangtze river, the eastern expedition, shipbuilding industry, Economic Center

组织、技术与产量：浙江海洋渔业集体化初探（1949—1959）

叶君剑*

摘　要：本文主要探讨了 1950 年代组织、技术变迁下的浙江海洋渔业。通过渔改、渔业合作化，政府加强了对海洋渔业的控制，并建立了计划生产体制。以渔船机帆化为代表的有限技术进步增加了渔业产量，同时也在一定程度上支撑着组织方式的变革，但不能很好解决计划产量与实际生产之间的矛盾。而在增产的巨大压力下，温州地区敲船作业的兴起和 1959 年的吕泗洋海难事件折射出海洋渔业集体化的弊端。

关键词：海洋渔业　集体化　机帆化　产量

渔业[①]在中国历史悠久，并且大致经历了内陆水域、浅海滩涂、近海、外海这样一个空间拓展。整体而言，渔业虽是社会经济的重要组成部分，但相对于农业来说长期处于次要地位。而在中国海洋渔业发展进程中，相关的海洋渔业政策也一直作为附属内容隐含在盐铁政策、户籍政策、海防政策之中，迟至明代中期才出现独立的海洋渔业政策。[②] 到了晚清，随着西方殖民者泛海而来，时人对于海防、海权等问题更为重视，组织沿海渔民、发展海洋渔业亦成为维护国家权益的重要手段。光绪十年(1884)、二十二年，清廷两次下令沿海各省筹备渔团。渔业公司倡导者张謇指出发展渔业与维护海权之间的利害关系："海权渔界，相为表里。海权在国，渔界在民。不明渔界，不足定海权；不伸海权，不足保渔界。互相维系，各国皆然。……际此海禁大开，五洲交会，各国日以扩张海权为事。若不及早自图，必致渔界因含忍而被侵，海权因退让而日蹙。"[③]

因此，海洋渔业的发展不只局限于经济层面的意义，同时也隐含着浓厚的政治意味。诚如穆盛博所认为的，"20 世纪中国的渔业政策致力于为高效的生产扫除障碍，从而加强官方监督，

---

* 作者简介：叶君剑，浙江大学历史系博士生。

① 渔业亦称水产业，是以栖息、繁殖在海洋和内陆水域中的水产经济动植物为开发对象，进行合理采捕、人工增养殖，以及加工利用的综合性产业。一般可分为捕捞业、水产增养殖业、水产品贮藏与加工业。按水域性质，可分为海洋渔业和内陆水域渔业。广义的渔业还包括渔业船舶修造业、渔用仪器仪表制造业和渔用饲料加工业等。参见潘迎捷主编《水产辞典》，上海辞书出版社 2007 年，第 6 页。

② 白斌：《明清以来浙江海洋渔业发展与政策变迁研究》，海洋出版社 2015 年，第 31 页。

③ 《商部头等顾问官张咨呈本部筹议沿海各省渔业办法文》，《东方杂志》第 3 卷第 2 期，1906 年 3 月。

确保可预测的渔获供应，获得稳定的现金流”①。从民国时期渔会、渔业合作社的创建，到中华人民共和国时期的渔改、渔业合作化，其逻辑是一脉相承的，只不过在实现路径上有了区别。现代生产技术的发展与推广，也主要是为了增加渔业产量。

中华人民共和国成立后，较之民国时期，政府在海洋渔业的发展过程中扮演了更加重要的角色。不管是组织方式的变革，还是生产技术的进步，都显示出政府的控制明显加强。权力的下渗，意味着海洋渔业生产不再只是简单的个人或团体经济行为，还与政治环境、国家规划紧密联系，海洋渔业的近代化②也异化成了生产集体化、产量最大化。发生在海洋渔业领域的这种转变，其政治意义和经济意义无疑是突出的，同时也有着显著的环境史意义。1950年代中后期，由于高强度的捕捞以及敲舫作业的兴起，浙江近海渔业资源破坏严重。不幸的是，自然环境也恰在此时给了集体化时期的渔民们一次灾难性体验。组织、技术、产量三者，在二十世纪五十年代浙江海洋渔业发展中相互缠绕，关系密切，本文即试图加以呈现并作初步探讨。③

一、从渔改到合作化

渔改是渔区(渔业)民主改革的简称，它的起步与土地改革基本相同。1950年，渔区根据《中华人民共和国土地改革法》和政务院、最高人民法院《关于镇压反革命活动的指示》，发动广大渔民群众进行反霸、镇反和土改的斗争，没收了渔霸、地主、湖主的渔用地、渔船渔具及渔业设施，取消了鱼行的专卖权。④ 浙江省也在渔区进行了相关改革。但由于当时工作重心放在土改，渔民发动不充分，所以此次渔改并未取得应有效果。

1952年11月，中共中央发布《关于渔民工作的指示》，要求各地“立即采取适当步骤，大力争取渔民，发动渔民进行民主改革，肃清潜伏反动势力，并逐步恢复与发展渔业生产，以配合全国大规模的经济建设”⑤，由此掀起了第二轮渔改。此次渔改实行依靠雇工及贫苦的劳动者，团结一般渔民(包括渔业资本家在内)，打击匪首特务、封建把头、帮会首领及逃亡恶霸的方针，主要任务一是继续清匪反霸，镇压反革命，处理土改遗留问题，彻底摧垮封建势力和废除封建剥削制度；二是整顿和健全渔民协会、渔工会和渔民民兵等组织，开展武装护渔，反对盘踞在沿海岛屿的国民党残部的骚扰破坏；三是调整劳资关系，对渔业资本家实行利用、限制和改造；四是处理好海权、湖权纠纷，加强渔农之间的团结；五是发放贷款，帮助渔工、渔民依靠互助合作恢复和

---

① [美]穆盛博著，胡文亮译：《近代中国的渔业战争和环境变化》，江苏人民出版社2015年，第8页。

② 有学者认为，渔业的近代化就是工业革命成果应用于渔业生产，其标志是1882年英国发明轮船拖网技术，中国渔业的“近代化”是包含着渔业经营“公司化”、渔业管理“制度化”、渔业生产“机械化”、渔业教育“专业化”等基本要义的历史进程。参见都樾、王卫平《张謇与中国渔业近代化》，《中国农史》2009年第4期。

③ 需要特别说明的是，笔者博士学位论文将围绕1950年代的浙江海洋渔业问题而展开，本文主要利用目前手头已掌握的资料撰写而成，是笔者的初步思考。另外，大规模的档案资料搜集工作尚未铺排开来，所以文中没有引用相关档案，许多重要方面无法深入探讨，这也是本文最大的缺陷。

④ 宫明山、涂逢俊主编：《当代中国的水产业》，当代中国出版社1991年，第28页。

⑤ 《中共中央关于渔民工作的指示》，1952年11月19日，农牧渔业部水产局编《水产工作文件选编(1949—1977年)》(上)，农牧渔业部水产局1983年，第16页。

发展生产。① 在渔改中,还进行了渔区阶级成分的划分工作,主要分为渔业工人、贫苦渔民、一般渔民和渔业资本家四类。②

从实际操作层面来看,浙江各地渔改进度不一,有的早在中央发布指示前即已充分展开。1952年3月,中共台州地委组织渔区民主改革工作队,进驻温岭县石塘、箬山两个乡(镇)开展工作,之后在全区沿海开展,于1953年结束。中共温州地委于1952年9月组织工作队,进驻瑞安县城关镇、东山乡进行渔区民主改革试点,然后在全区全面铺开,1953年基本结束。在宁波,中共宁海县委于1952年10月组织渔区民主改革工作队到峡山、西垫两个乡进行改革,并组织了全县第一个渔业中级互助组,象山县、鄞县亦开展了渔区改革。1953年4月,中共舟山地委组织干部到普陀县蚂蚁岛进行渔区民主改革试点,同年7月在全区展开,共抽调378名干部,组成51个工作队。据1953年底的统计,浙江全省沿海海洋渔民91 698户,其中划为渔业工人47 782户,占渔业总户数52.1%;贫苦渔民24 791户,占27%;一般渔民17 065户,占18.6%;渔业资本家2 060户,占2.3%(包括部分渔霸和其他成分)。③ 虽然大规模的渔改到1953年底就已经基本结束,但实际状况仍呈现出复杂、反复的一面,玉环县的渔改即是非常典型的例子。1952年9月,中共温州地委及玉环县委派出工作队,在坎门区钓艚、应东两乡进行民主改革试点工作,随后在6个渔业乡镇相继展开,至1953年底结束。但由于缺乏经验,群众发动不够充分,所以在1955年8月成立中共玉环县委渔区民改委员会,集中培训干部,又进行了一次改革。④

渔改对渔区中所谓封建势力和封建制度的打击,换言之即是为政治权力的下移和深入扫除了障碍。如前所述,渔改的一个主要任务就是整顿和健全新的组织,通过渔改,浙江全省建立起渔民协会197个,参加的渔民28 888人;渔民工会11个,1 139人;生产小组412个,19 445人;生产委员会13个,199人;合作组织47个,35 481人。⑤ 政府成功地将部分渔民纳入新的组织中,即便这些组织的一个重要功能是为了发展渔业生产,但"组织"起来也就意味着政府通过这些组织对渔业生产的调控能力增强。而随着社会主义改造的到来,沿海渔民将不可避免地被整合进新的生产组织中。

传统渔民组织有渔帮和渔业公所。渔帮以地域为基础形成,负责协调本帮渔船的捕鱼工作,并在生产竞争中维护本帮的利益;渔业公所则是渔帮的高级组织或者是其联合体。与渔帮

---

① 宫明山、凃逢俊主编:《当代中国的水产业》,当代中国出版社1991年,第29页。

② 渔业工人没有生产工具,以出卖劳动力为生;贫苦渔民类似农村中的贫农,占有少量而不完全的生产工具,需租用部分生产工具或与他人互助或出卖部分劳动力;一般渔民类似农村中的中农或上中农,占有渔船和一定数量的生产工具,有些需要与人互助,有些在渔汛季节需雇用部分劳动力帮忙,有的有轻微的剥削收入,本人参加劳动;渔业资本家占有大量船网工具,一般不参加生产劳动,靠雇用劳动力或出租船网剥削渔工为主要经济来源。此外,又有渔行主(占有渔获场地,靠经营渔获、渔行剥削渔民)、渔霸(渔村中封建势力的代表,政治上独霸一方,经济上垄断把持,欺行霸市,鱼肉乡里)、湖主(有些是地主,占有大量滩涂和水面,出租剥削渔民)等。参见《当代中国的农业合作制》编辑委员会编《当代中国的农业合作制》(下),当代中国出版社、香港祖国出版社2009年,第360—361页。

③ 《浙江省水产志》编纂委员会编:《浙江省水产志》,中华书局1999年,第419—421页。

④ 王志统:《渔区民主改革运动》,玉环县政协文史资料研究委员会、玉环县水产局编《玉环文史资料》第十六辑《渔业专辑》,2000年,第111页。

⑤ 《浙江省水产志》编纂委员会编:《浙江省水产志》,中华书局1999年,第419—420页。

侧重于生产领域不同，渔业公所主要协调渔民与渔商、政府间的关系，并维护渔业生产安全与善后事宜。到了晚清，政府又赋予渔业公所征收各种税费的功能，使其负面影响逐渐凸显。① 民国时期，在旧有渔民组织之外，出现了新式组织——渔会。从法理上来看，渔会为合法组织，且得到政府的扶持，渔业公所则沦为非法组织。但在浙江，即便新式组织有所发展，抗战前渔业公所的势力仍旧非常强大。② 在各地渔会创建与发展过程中，又产生了另外一种组织，即渔业合作社。合作事业向来为国民政府所重视，所以渔业合作社的出现也是顺时而为，其种类有生产合作社、产销合作社、产制合作社、产制销合作社、产制信合作社、综合性合作社。根据浙江省渔业局的统计，1947 年浙江全省有 14 个县共计各类渔业合作社 103 个，社员人数 13 180 人，占 14 个县海洋渔民总数的 12.11%。③ 渔会与渔业合作社虽然在人员构成上多有重复，但前者为基层群体组织，后者则是经济合作组织。④

随着政权更迭，渔会、渔业合作社在 1949 年均瓦解，以集体化为导向的互助合作成为五十年代海洋渔业发展的主流。同农业一样，渔业生产合作化也经历了互助组、初级社、高级社的演进路径。并且，渔业合作化是与渔改交叉进行的。早在 1952 年春，象山县爵溪镇渔民谢世法就组织了 12 艘独捞渔船成立渔业互助组。⑤ 1952 年 8 月，浙江省召开沿海渔区工作会议，将互助组划分为三种形式：第一类型，以一个生产单位为单位，进行劳力、工具、资金的互助；第二类型，是几个生产单位联合进行生产、技术互助，但不统一分配；第三类型，几个生产单位不仅进行联合生产、技术互助，而且在经济上采取一定的统一分配。至 1952 年底，第一类型互助组有 977 个，参加渔船 1 294 只，渔民 8 168 人；第二类型 112 个，参加渔船 445 只，渔民 3 294 人；第三类型 273 个，参加渔船 38 只，渔民 188 人。⑥ 在发展互助组的同时，也开始试办渔业合作社。1952 年冬，中共台州地委率先在温岭县石塘镇、临海县杜桥镇分别试办了厉德友渔业生产合作社和项义品渔业生产合作社。⑦

1953 年初，第三次全国水产会议召开。会议要求大力发展渔业互助合作，各地应根据“稳步前进”的方针和“自愿结合，等价互利，民主管理”的原则进行。⑧ 1953 年冬，过渡时期总路线提出，渔业合作化的进程随之加快。到 1954 年底，浙江全省海洋渔业合作社发展到 153 个，入社渔户 21 877 户，占总渔户数的 20.28%。1956 年上半年，随着农业合作化高潮的到来，渔业合作社也有了大发展，至 1956 年底，全省海洋渔区组织起 431 个渔业合作社，入社渔户 93 194

---

① 关于渔帮、渔业公所的讨论，可参见白斌《明清以来浙江海洋渔业发展与政策变迁研究》，海洋出版社 2015 年，第 29—31 页；[美] 穆盛博著，胡文亮译：《近代中国的渔业战争和环境变化》，江苏人民出版社 2015 年，第 33—34、40—45 页；孙善根等：《宁波海洋渔业史》，浙江大学出版社 2015 年，第 93—110 页。

② 李士豪、屈若搴：《中国渔业史》，上海书店 1984 年影印本，第 96 页；白斌：《明清以来浙江海洋渔业发展与政策变迁研究》，海洋出版社 2015 年，第 182 页。

③ 《浙江省水产志》编纂委员会编：《浙江省水产志》，中华书局 1999 年，第 413 页。

④ 白斌：《明清以来浙江海洋渔业发展与政策变迁研究》，海洋出版社 2015 年，第 185 页。

⑤ 《浙江省水产志》编纂委员会编：《浙江省水产志》，中华书局 1999 年，第 423 页。

⑥ 张立修、毕定邦主编：《浙江当代渔业史》，浙江科学技术出版社 1990 年，第 19 页。

⑦ 《浙江省水产志》编纂委员会编：《浙江省水产志》，中华书局 1999 年，第 425 页。

⑧ 《第三次全国水产会议总结》，1953 年 2 月 4 日，农牧渔业部水产局编《水产工作文件选编(1949—1977 年)》(上)，农牧渔业部水产局 1983 年，第 20 页。

户,占全省海洋渔业总户数的 98.08%。①

在渔业合作社中,一般要制定年度生产计划和长远发展规划,海洋渔业生产还要制定每个渔汛的季节计划。而从政府方面来看,中央食品工业部②早在 1950 年 2 月第一届全国渔业会议时便已制定全国性的渔业生产计划,③紧接着华东军政委员会水产管理局、浙江省实业厅④也相应提出各自的计划。⑤ 这种计划生产折射出行政权力对渔业的干涉力度加大,渔业生产要更加契合国家的整体安排,与工业发展、出口创汇等紧密联系。随着渔业集体化的发展以及政府控制能力的增强,渔业互助组、合作社也不可避免地要按"计划"生产。

计划的优越之处在于可以为渔业生产提供一个非常明确的目标,督促各级政府和已经组织起来的渔民们朝这一目标努力,但在政治压力下又容易形成产量必须逐年增加且指标偏高的倾向。1954 年浙江渔业实际产量仅达到计划的 78%,其中一个重要原因就在于"从上到下好订大计划,只凭主观愿望出发,不走群众路线,不切实分析增产的条件,而是盲目推算,因此计划偏高"⑥。为了保证计划生产的有效推进,在大多数合作社中,渔民个人收入的增减与是否能超出计划产量紧密挂钩。以舟山渔区推行范围最广、时间最长的"三定两奖"分配制为例,所谓"三定"是指定产量(产值)、定成本、定工分,一般根据各合作社生产收益分配的一个周期来确定指标,把定产量、定成本作为应尽的责任,定工分作为参加分配的权利;"两奖"就是超过定产指标和节约成本奖励,完不成定产指标或超过成本定额则要赔偿。⑦ 而在面对年年高升的计划指标时,光凭渔民们的蛮干、苦干显然并不能有效解决问题,这样,渔业生产技术的改进就迫在眉睫了。

二、技术进步:以渔船机帆化为例

西方列强以坚船利炮打开中国的国门,所以不少有识之士在反思中西实力差距时,便将技术视为一个非常关键的因素。不管是"师夷长技以制夷",还是实业救国、科学救国乃至教育救国,学习和引入西方先进的技术一直是近代中国孜孜不懈的追求目标之一。晚清张謇在创建渔

---

① 《浙江省水产志》编纂委员会编:《浙江省水产志》,中华书局 1999 年,第 425—426 页。

② 1949 年 11 月 1 日,政务院各机构正式办公,水产工作由农业部管理,同年 12 月 12 日,水产工作划归食品工业部管理,12 月 16 日,两部正式交接,食品工业部下设渔业组,负责管理全国的水产工作。1950 年 12 月,食品工业部撤销,渔业组并入轻工业部。此后不久,水产工作又划归农业部。1953 年 1 月,水产管理总局建立。参见宫明山、涂逢俊主编《当代中国的水产业》,当代中国出版社 1991 年,第 19—20 页。

③ 《全国渔业会议闭幕 规定今年渔产最低任务为七十三万余吨 朱德副主席出席作详尽指示》,《人民日报》1950 年 2 月 16 日,第 4 版。

④ 新中国成立之初,浙江渔业工作由浙江省实业厅管理。1950 年 4 月 15 日,水产局建立,划归浙江省农林厅领导。1956 年 3 月 20 日,水产局由浙江省人民政府直接领导。1957 年 6 月 5 日,浙江省水产局改为浙江省水产厅。

⑤ 《华东举行水产会议》,《浙江日报》1950 年 4 月 10 日,第 4 版;顾忿:《通过今年水产计划》,《浙江日报》1950 年 4 月 24 日,第 1 版。

⑥ 张立修:《努力完成今年的渔业生产任务》,《浙江日报》1955 年 2 月 22 日,第 2 版。

⑦ 浙江省舟山市政协文史和学习委员会编:《舟山文史资料》第十辑《舟山渔业史话》,中国文史出版社 2007 年,第 451 页。

业公司的过程中，也相当重视西方渔业生产技术的引进。他从青岛德国公司购入“万格罗”号捕鱼轮船，改名“福海”号，主要负责保护江浙洋面的渔船，①该船也被认为是中国第一艘机动渔轮。传统渔船借助风力航行，而新式渔船依靠机械动力，这不仅极大提高了生产效率，同时也保障了海上生产安全，给处于风险中的渔民们带来心理上的安慰。据有的老人回忆说：“船到佘山洋，如遇大雾，或者黑夜，一听到‘福海’轮叫(指鸣笛)，就放心了。”②

渔轮的购买和使用需要大量资金支持，成本很高，一般只有渔业公司才能承担。根据学者统计，截至 1932 年，在浙江海域从事海洋渔业捕捞的上海、浙江、福建渔轮共有 35 艘，其中 50 吨以下的小型渔轮又占绝大多数。③ 对于大多数普通渔民来说，仍旧得依靠木制帆船进行捕捞。但是，民国时期政府与渔民也有过渔船动力化的尝试。1935—1936 年，浙江省水产试验场曾计划进行小型机动渔船试验，但未实施；1937 年，苍南新城倪家堡倪家村村民筹资欲建造 40 吨、29.4 千瓦渔船，并购置 25 吨、14.7 千瓦渔船五艘，进行拖网捕捞，未获成功。④

中华人民共和国成立后，渔船动力化更为迫切。一方面，政府需要提高渔业产量来增加财政收入，渔民们面临着较高的渔业生产指标；另一方面，有限的财政资源并不可能去支持制造大量渔轮。在这种窘境之下，渔船机帆化成为实现渔船动力化的一个重要路径，即通过改造木帆船、安装发动机，以较低的财力成本和简单的操作技术来实现渔船动力的革新。

最初机帆船的试验是各地自发开展的，结果以失败告终。1953 年，台州海门直属区政府改装成两艘机帆船进行试捕，后因资金问题停止。同年冬，象山县鹤浦渔业社将木帆船装上 17.6 千瓦汽车发动机，以木炭为燃料，试验用对网捕带鱼，也未能成功。⑤ 1954 年 3 月，浙江省财政经济委员会核准浙江省农林厅水产局关于舟山地区机帆船试验的报告，并下拨基建经费 15.8 亿元、试验费 7 亿元，⑥决定由舟山地区水产局局长陈刚负责实施，省农林厅水产局沈家门水产技术指导站负责试验任务。经过反复试验和改进，于 1955 年获得第一阶段的成功。此后又进行第二阶段的试验，并在 1956 年顺利完成。⑦

由于机帆船速度快、安全性高，并能减轻渔民劳动强度，增加作业时间，所以其单位产量远高于木帆船。据报道，1955 年 2 月至 5 月，舟山渔场上的三对机帆船每对捕获二十多万斤鱼，超过一般渔民大捕船的产量将近六倍，比小对船产量提高十七倍以上。⑧ 除了快速、安全、高产之外，对渔民们来说，机帆船的操作也相对简单，因为它“是在风帆对船的基础上加以改进提高而设计成功的，机帆两用，掌舵驶篷，同木帆船并没两样”，而且“进出渔港不用摇橹，除掉在生产

---

① 《江浙渔业公司简明章程》，《东方杂志》第 1 卷第 12 期，1905 年 1 月。

② 舟山市政协文史和学习委员会编：《舟山文史资料》第十七辑《舟山渔业世纪回眸》，中国文史出版社 2014 年，第 5 页。

③ 白斌：《明清以来浙江海洋渔业发展与政策变迁研究》，海洋出版社 2015 年，第 160—163 页。

④ 吴家骓主编：《浙江渔业科技志》，浙江省水产局 1995 年，第 102 页。

⑤ 《浙江省水产志》编纂委员会编：《浙江省水产志》，中华书局 1999 年，第 140 页。

⑥ 1955 年 2 月 21 日，中华人民共和国国务院颁布“关于发行新的人民币和收回现行的人民币的命令”，责成中国人民银行自 1955 年 3 月 1 日起发行新的人民币，收回旧的人民币，新币一元等于旧币一万元。参见邵之久编著《新中国的货币制度》，江苏人民出版社 1958 年，第 14 页。

⑦ 《浙江省水产志》编纂委员会编：《浙江省水产志》，中华书局 1999 年，第 625—626 页。

⑧ 《舟山渔场的机帆船》，《浙江日报》1955 年 6 月 8 日，第 4 版。

时候,大家都可轮班休息。晚上过鲜、补网,都用电灯照明;走进舱里,每人都有固定的铺位,打扫得整齐清洁;舱里或床头都有电灯,晚上休息,可以看书读报”,同时也增加了开辟新渔场、扩大捕捞范围的可能。① 机帆船的优越性很快在渔民中间引起巨大反响。譬如普陀县蚂蚁岛渔业合作社社员就集资造了一对“青年号”机帆船,改建了一对“妇女号”机帆船,并计划在1958年投入五对机帆船进行生产。②

需要指出的是,即便渔区在五十年代中后期掀起了发展机帆船的热潮,但该时期渔业生产中仍以木帆船为主。以舟山为例,其机动渔船与木帆船的数量、吨位比较如下表所示:

年份	机动渔船			木帆船	
	船数(艘)	吨位(吨)	动力(万千瓦时)	船数(艘)	吨位(吨)
1948				5 343	18 700
1950				4 000	14 000
1953				10 018	42 017
1954	4	128	0.01	10 057	42 017
1957	157	5 009	0.47	11 077	61 003
1965	1 765	57 279	8.55	6 626	28 815
1970	2 730	99 121	13.71	5 010	25 175
1975	3 378	143 682	19.40	5 255	20 612
1980	4 906	198 255	31.33	3 803	16 807
1985	9 170	251 001	41.77	1 247	2 378
1990	10 538	306 291	58.85	554	850
1995	12 353	635 013	115.20		

资料来源:舟山市政协文史和学习委员会编《舟山文史资料》第十七辑《舟山渔业世纪回眸》,中国文史出版社2014年,第262页。

如果以渔船总吨位来衡量的话,舟山地区1957年机动渔船的总吨位不及木帆船的十分之一。到了1965年,机动渔船的总吨位则是木帆船的两倍左右,1975年是七倍左右。从船数上看,机动渔船的数量在1980年超过了木帆船,木帆船迟至九十年代才退出生产领域。而就浙江全省来说,1965年全省机帆船、渔轮捕捞量27.24万吨,占全省海洋捕捞产量52.92万吨的51.58%,超过木帆船的捕捞量,海洋捕捞业的木帆船时代已经结束;在船只数量上,1983年全省机动渔船16 388艘,首次超过木帆渔船13 451艘。③

从晚清张謇购入外国渔轮,一直到二十世纪五十、六十年代的机帆化,渔船动力化问题始终困扰着中国海洋渔业的发展。对渔民来说,渔船动力的革新意味着生产安全性的提高、捕

① 钢浪:《26对机帆渔船》,《浙江日报》1957年1月9日,第2版。
② 张立修、毕定邦主编:《浙江当代渔业史》,浙江科学技术出版社1990年,第93页;李谒旺、陆渭川:《为建设机帆化的渔岛努力》,《浙江日报》1956年1月1日,第5版。
③ 《浙江省水产志》编纂委员会编:《浙江省水产志》,中华书局1999年,第133页。

捞范围的扩大以及捕捞产量的增加，但由于资金的限制很难独立承担成本。就政府而言，渔船动力化是增加渔业产量和财政收入的重要途径之一，集体化虽然强化了对渔民的控制，但组织方式的变革并不必然代表渔业产量也能够增加。所以，五十年代中后期以低投入、见效快为特点的渔船机帆化成为政府革新渔业生产的一个重要支柱。机帆化与集体化一起推进，通过改进生产工具、提高渔业产量来证明集体化的优越性和必要性，以技术进步支撑组织方式的变革，这确有其高明之处。然而我们也将看到，集体化固然凸显了有效的动员能力，但当这种动员失去理性、一味追求完成自上而下的任务时，它也将带来破坏性的后果，甚至酿成悲剧。

三、一切为了产量

渔业产量是衡量渔业发展状况的一个重要指标。1949 年以前，中国的水产品历史最高产量是 1936 年的 150 万吨，①这与国民政府在三十年代致力于创建新式渔业组织、推广先进渔业生产技术、开展渔业金融救济等密不可分。在浙江，1936 年全省出海渔船近 3 万艘，渔民 20 多万人，产量 20 多万吨。但经过战争的破坏，到 1947 年全省出海渔船只有 1.5 万余艘，渔民 10 万余人，产量 17 万吨。至 1949 年，渔业更为衰落，全省出海渔船 1.4 万余艘，渔民 5.7 万人，产量仅 7.1 万吨。②

1949 年春夏间浙江大陆的解放，对于沿海渔民来说其实并不是全新的开始，国民党势力仍旧盘踞在浙江沿海岛屿，战争没有彻底结束，反而严重影响了海洋渔业生产和渔民生计。在宁波专署召开的宁波地区渔民座谈会上，专署实业处奚副处长就告诫渔民："目前海外暂不能捕鱼，可在象山港内多用小船捕捉，在地势有利条件下，可用大拖曳网捕鱼，并望大家加紧组织，努力支前，并结合开荒种粮植树，解决一部困难。"③国民党军队占据舟山，除了向渔民征收军用补充费、鱼税、港口捐、绥靖费、护照费、每天每户一块银元的鲞鱼代金费等捐税外，还实行"封港"，只准渔民在指定远洋区域捕鱼，不准渔船靠岛，结果许多木船不堪远洋航行，经常被大风浪打回头来，一无所得。有的船只则被集中封扣在岛上，海上风暴来时，船只互撞，以致人船两亡。④在台州，"海匪"破坏掠夺，使渔民不敢下海捕鱼，海门区 238 只渔船一度全部停止生产，1 924 家渔民生活困难。⑤ 所以在 1950 年 4 月召开的浙江省首届水产会议上，确定当时的渔业工作方向是"以淡水渔业为主，建立组织机构，发动与组织渔民，有重点地恢复生产，积极支援前线，打破海上封锁，争取全面出渔"⑥。

在解放军的持续作战下，1950 年 5 月舟山群岛全部解放，这对于浙江海洋渔业生产的恢复

---

① 《当代中国的农业合作制》编辑委员会编：《当代中国的农业合作制》(下)，当代中国出版社、香港祖国出版社 2009 年，第 359 页。
② 《浙江省水产志》编纂委员会编：《浙江省水产志》，中华书局 1999 年，第 4 页。
③ 欧阳仲文：《宁波专署开渔民会议》，《浙江日报》1950 年 1 月 22 日，第 2 版。
④ 《舟山渔业开始恢复》，《浙江日报》1950 年 5 月 26 日，第 1 版。
⑤ 项德润、许葆源：《台州专区渔业初步恢复》，《浙江日报》1950 年 6 月 5 日，第 2 版。
⑥ 顾忿：《浙江渔业概况与方向》，《浙江日报》1950 年 4 月 24 日，第 2 版。

具有重要意义。6月初,浙江省水产局即组织四个工作组,分赴沈家门、认母涂、登步、蚂蚁、岱山、东沙角、虾峙、六横等岛,调查渔民灾情,帮助修补船只,组织下海捕鱼。同时,浙江省人民政府拨发救济粮20万斤交由定海人民政府发放赈济,粮食公司又运来大米2万石,在定海、沈家门、岱山一带以低价出售,解决舟山的粮食问题。① 基于生产环境的改善,舟山地区出海渔船迅速增加,6月15日至水产局登记的冰鲜船已达190余艘,福建100余艘小钓船也到达沈家门。② 从6月18日开始,人民银行宁波支行配合浙江省水产局等单位,在定海登步、蚂蚁二岛发放渔贷,历时13天;9、10月间又在沈家门、岱山与六横岛三区重点发放渔贷,总共贷出资金达29亿余元。③

粮食救济与贷款发放,对于饱受国民党苛扰的渔民无疑是雪中送炭,不仅初步解决了他们的生活、生产问题,而且也树立了新政权的良好形象,同时对渔民进行了初步动员和组织。譬如蚂蚁岛第九保由于乡村政权未建立,所以在发放贷款之初群众思想顾虑颇多,如不相信人民政府有这样好,怕"先甜后苦",经宣传教育、打破顾虑后,即进行贷户自报、民主评定,再核定贷户借额,订立借据,发放贷款。而通过贷款发放,登步、蚂蚁二岛建立起6个生产委员会及36个生产小组。④ 可以说,粮食与资金是新政权初期进入渔业社会、发动组织渔民的有效手段。不仅在舟山,台州的情况也大致如此。1950年3月29日,台州海门区召开第一次渔商、渔民座谈会,后又组织生产互助委员会,提倡自由借贷,保证有借有还。委员会筹集2万斤大米,通过渔民小组的民主评议,贷放给支前船工,贫苦渔民及贫苦烈、军、工属。台州工商联也以12万斤大米创办渔业合作社,解决鱼盐及渔民下海所需口粮等问题。⑤ 新政权正是通过给予渔民实实在在的利益,让他们看到了希望,从而树立起威信,打下了建政的基础。

生产形势的好转、捕捞范围的扩大,刺激了渔业产量计划的增加。1950年8月,浙江省第二届水产会议召开,决定下半年全省下海的渔船至少要增加2 500艘,海洋产鱼数量将有45 900余吨,淡水产鱼14 900余吨。⑥ 同年12月,华东军政委员会水产管理局召开第二次华东水产会议,会议决定了1951年各地区的工作任务,要求生产海鱼、河鱼、贝藻等共485 600吨,比1950年生产任务增产116%,比1950年实产数量增产30%。⑦ 1951年7月,浙江省水产局召开第三届全省水产会议,要求宁波专区增加生产任务2 511吨,争取下半年完成15 000吨;台州专区增加5 087吨,争取全年完成20 000吨;温州专区增加3 000吨。⑧ 此后,随着浙江沿海岛屿的进一步解放以及生产集体化、渔船机帆化的兴起,如下表所示,五十年代浙江海洋渔业产量总体呈上升趋势。

---

① 苏东:《舟山渔业》,《浙江日报》1950年6月25日,第6版。

② 陈伯良、陈中:《舟山渔船纷纷出海》,《浙江日报》1950年6月21日,第3版。

③ 冯贻白:《定海渔贷发放完毕》,《浙江日报》1950年7月9日,第3版;《舟山群岛渔产丰收》,《浙江日报》1950年11月27日,第2版。

④ 冯贻白:《定海渔贷发放完毕》,《浙江日报》1950年7月9日,第3版。

⑤ 项德润、许葆源:《台州专区渔业初步恢复》,《浙江日报》1950年6月5日,第2版。

⑥ 孙彦民:《省二届渔业会议闭幕》,《浙江日报》1950年8月20日,第2版。

⑦ 《总结布置水产工作》,《浙江日报》1950年12月13日,第2版。

⑧ 《总结和布置全省水产工作》,《浙江日报》1951年7月26日,第2版。

年份	全省海洋捕捞产量(万吨)	四大鱼产	
		产量(万吨)	占全省海捕产量比重(%)
1950	8.6	5.1	59.1
1951	10.7	4.7	43.9
1952	16.5	7.9	47.8
1953	24.0	9.8	40.7
1954	22.1	7.8	35.5
1955	35.0	12.7	49.1
1956	37.0	22.5	60.8
1957	37.6	22.0	58.6
1958	42.3	20.8	49.2
1959	45.6	24.6	53.9

说明：四大鱼产指的是大黄鱼、小黄鱼、墨鱼和带鱼。
资料来源：张立修、毕定邦主编《浙江当代渔业史》，浙江科学技术出版社 1990 年，第 87 页。

渔业产量增加的一个重要前提是每年先确定生产计划，由此自上而下形成了生产压力。如前所述，1950 年代中后期浙江机帆渔船不管在数量还是吨位方面并不占据生产上的主导地位，技术进步的影响仍十分有限。所以，集体化时期的渔民为了完成生产任务，不得不另辟蹊径。上表数据显示，1956 年四大鱼产产量增长了近一倍，这与敲舡①作业的兴起有关。敲舡作业起源于广东，约有近 300 年的历史，许多渔民称其为"麻疯渔业"、"自杀渔业"，1953 年前后传到福建，1956 年传入温州。② 在初期，因该作业方式产量高，所以被认为是"先进"、"科学"的，洞头县各渔业合作社纷纷制订增产计划，增添船只渔具，拟大规模采用。③ 1957 年 1 月，中共温州地委提出要"控制发展"的方针，全区控制在 103 艚，但实际状况是 1957 年上半年敲舡作业在温州迅速蔓延开来。同年 6 月，浙江省水产厅、浙江省海洋水产研究所等组成敲舡渔业调查队到温州进行调查，后向省委提交《关于温州地区敲舡渔业的调查报告》，省委批转这个报告时认为"敲舡作业应当坚决停止发展"，从而有效遏制了敲舡作业。④

其实早在 1956 年 7、8 月温州开始发展敲舡渔业时，省水产局对"发展不发展"的问题没有统一认识，抱着不加过问的态度，到 11 月中旬事态严重，才指示停止发展，但没有有效遏制这一

① 敲舡，亦作"敲罟"，属无撑架敷网，以 2 艘母船和 20—30 余艘子船组成一个作业单位，称一艚。利用大黄鱼等石首鱼类惧怕声音，将鱼群驱赶集中于网具而达到捕捞目的。作业时，两艘母船将长方形网片敷设水中，网片上至水面，下及水底。子船由两艘母船为起端围成一个大圆圈，然后同时用木棒敲击船体，声音传入水中，震耳欲聋，形成无形声网，鱼类受惊，向没有声音的敷网方向逃去，最后集中而捕获，产量极高。参见《浙江省水产志》编纂委员会编《浙江省水产志》，中华书局 1999 年，第 221—222 页。

② 张立修、毕定邦主编：《浙江当代渔业史》，浙江科学技术出版社 1990 年，第 115 页；《敲舡渔业利小害大应即停止》，《浙江日报》1957 年 6 月 9 日，第 2 版。

③ 郑蔚文：《新的县治——洞头》，《浙江日报》1956 年 12 月 16 日，第 4 版。

④ 张立修、毕定邦主编：《浙江当代渔业史》，浙江科学技术出版社 1990 年，第 116—118 页。

趋势。在1957年2月底召开的沿海渔区工作会议上,省委决定会后不准发展,已发展的敲舫,有条件的逐步转业,并且只准在温州大陈渔场以南捕捞。但温州渔区并没有停止发展敲舫作业,省水产局在检查时认为责任在于自身对"停止发展,逐步转业"的方针没有拿出具体办法,所以派了工作组下去调研。① 在对待敲舫作业问题上,地区之间、省里与地区、党政系统之间的态度各异。我们不妨援引《浙江日报》的报道:

> 这位负责人接着谈到了各地党、政领导对敲舫渔业的态度。对于温州地区某些领导不重视上级领导的指示提出批评。舟山地区的党、政领导一开始就教育渔民不要发展敲舫,因此一艚也没有发展。宁波地区的党、政领导也是不同意发展敲舫的,据了解只临海渔民暗地发展了一艚,在大陈洋生产。然而,温州地区则是拥护和积极发展敲舫的。在去年下半年专署召开的一次水产工作会议上,专署水产局"同意发展,但要加强领导"。今年1月地委召开的渔区工作会议上,虽然这时省水产局、省委农工部要求"停止发展"的指示已经早发下了,但是温州专署水产局领导上仍然坚持发展;这时,温州地委渔盐部则提出不发展的意见。结果,提出了敲舫渔业的控制数:不超过一百艚。可是专署水产局的负责人仍然说:原则上不发展,看实际情况决定。会后,温州的敲舫仍然是大量发展的。直到温州地委在4月召开的渔区工作会议上,提出了停止发展的指示。这样,温州地区的敲舫渔业才没有再继续发展。②

材料揭示出,舟山、宁波地区的党、政部门对于不发展敲舫作业的态度是一致的。温州地区则主张积极发展敲舫作业。但在省里"停止发展"的指示下达后,作为行政系统的温州专署水产局却违抗政令。耐人寻味的是,作为党组织系统的中共温州地委渔盐部此时主张不发展。

敲舫作业严重破坏了海洋渔业资源。其包围圈动辄数十平方华里,包围圈内不论大小鱼群、上中下层鱼群,大量杀伤,一网打尽,对将近产卵的母鱼或刚刚孵化不久的子鱼杀伤力更大。据玉环县1957年6月统计,前一阶段捕获大黄鱼亲鱼均系紧子(尚未产卵),一个月来该县水产公司光出售净鱼子就有9 300斤;在平阳县河口渔业社捕获的11万斤鱼货中,三两到八两重的占到三分之二。③ 在洞头渔场,1957年4—7月捕获的大黄鱼中幼鱼占70%,初步估算,一艚敲舫全年捕获的幼鱼约有185万尾,全区共达3亿多尾,以至于渔民痛心地说:"鱼子鱼孙都捕上来了,这碗饭是吃不长的。"④

在增产的巨大压力下,不仅是人类破坏了海洋生态,自然也给渔民带来了灾难。1959年的吕泗洋海难事件,⑤正是集体化时期干部、渔民、自然环境三方共同演绎的一场悲剧。吕泗渔场位于长江口北侧,江苏省启东至射阳等沿海县域以东浅海,渔场中心区水深都在20米以下到10米左右,是大小黄鱼主要产卵场之一。距吕泗渔场最近的启东县境内主要有三个供渔船避风的港口,但三个港口纵深很长,江水落差很大,四周并无岛屿作屏障和标识,初到吕泗渔场的

① 《敲舫渔业已经停止发展》,《浙江日报》1957年6月14日,第2版。
② 《敲舫渔业已经停止发展》,《浙江日报》1957年6月14日,第2版。
③ 《劝渔民停止敲舫渔业》,《浙江日报》1957年6月14日,第2版。
④ 张立修、毕定邦主编:《浙江当代渔业史》,浙江科学技术出版社1990年,第117页。
⑤ 关于吕泗洋海难事件,亲历者曾有详细回忆和深刻反思,参见舟山市政协文史和学习委员会编《舟山文史资料》第十七辑《舟山渔业世纪回眸》,中国文史出版社2014年,第83—101页。本文即据此梳理。

外地渔船一般很难找准港口位置。并且由于港口航道正处于长江东流入海与海洋潮汐对撞的区域，潮流与江流交相回转，使密布于航道的暗沙明滩经常变迁。1950年代中期，由于佘山渔场小黄鱼资源迅速衰退，舟山渔民开始进入吕泗渔场南部捕鱼。1958年，“大跃进”、“人民公社化”相继展开。10月，舟山全区实现人民公社化，共建立26个公社，实行政社合一、工农商学兵一体和“组织军事化、行动战斗化、生活集体化”。当时，舟山一些干部在渔业生产指挥上的官僚主义作风已经相当严重，最典型的就是对广大渔船的作业渔场和停泊避风港口是凭主观想象来划线定点的，任何人也不能违反。1958年10月，舟山宣布撤地建县，定海、普陀、岱山、嵊泗四个县合并建立舟山县，到1959年4月，舟山县人民委员会才正式对外开展工作，因此，对渔场的领导和现场指挥正处于新旧交替过程中。1959年春，舟山开展渔民北上吕泗的前期组织动员工作，实行“组织军事化”模式，采取强迫命令式的编队，规定统一时间，集中行动，提前北上吕泗渔场。也就是在清明前10天，即3月26日就开始出海北上，这比往年提前了10天左右。大约在4月8日之前，渔船全部到达吕泗渔场。没过几天，渔民们便遭遇了狂风暴雨的袭击。吕泗渔场从4月11日凌晨开始刮起8—9级的大风，到10时风力增强到10级以上。面对狂风巨浪，舟山渔船想返回嵊山、花鸟避风，却因顶风逆流而行不通，想选择就近的港口避风，又因航道不熟，浅滩、流沙遍布，除一部分尾随江苏当地渔船安全进港外，大部分渔船陷入绝境。虽然海、空军及东海舰队、海军舟山基地先后派出舰艇、飞机进行抢救，江苏省启东县也积极开展救援，但损失仍非常惨重。据统计，浙江省北上吕泗渔船3 314艘，渔民32 899人，沉没渔船278艘，死亡1 479人，其中舟山地区渔船2 260艘，渔民22 571人，沉没达230艘，死亡1 178人(内含职工、干部38人)。事发之后，舟山各地爆发了大规模群干冲突，持续20天。有些干部难以忍受两头受气，辞职不干，有的甚至断指自残，发誓不再干渔业这一行。值得注意的是，在这次海难中，北上吕泗的250艘机帆船除个别因机器故障或操作不当受到损坏外，无一艘沉没。以此为契机，舟山各级干部向渔民广泛宣传，加速推进渔船机帆化。1959年，舟山全区的机帆船从春汛时的253艘，到年底增加到648艘，短短几个月就增长了1.56倍。

大自然的异常人类无法避免，但就吕泗洋海难事件而言，天灾之外，更有人祸的因素。若非在1958年“大跃进”、“公社化”的急躁氛围影响下，干部们何须迫使渔民在清明前北上，并且还统一时间、集中行动？对于吕泗渔场港口的复杂状况，干部们事先未作调查研究，也无引导渔民进港的任何措施。大风起时，多数渔船离港口不过20—30海里航程，却因不熟悉航道和自然环境无法进港。从船型方面来看，舟山渔船是尖形船底，不像江苏当地的平底渔船吃水浅、船底坚固，适宜在浅水和沙质滩涂上航行。统一行动、异地捕捞，并进入复杂陌生的环境，困难应对准备不足，凸显了集体化时期在产量压力下海洋渔业生产的盲目。

结　语

不管是民国时期，还是中华人民共和国成立后，政府都致力于提高海洋渔业产量以增加财政收入。渔业生产的计划性成为1950年代区别于此前一个时期的重要特征。而在高度组织化状态下，1950年代中后期以渔船机帆化为代表的有限技术进步并不能很好解决计划产量与实际生产之间的矛盾。渔民们不得已竭泽而渔，温州地区敲舟告作业的兴起正是基层面对压力时的无奈写照。然而,近海渔业资源的严重破坏并未让人警醒。相反的是,在“大跃进”、“人民公社化”这样的非正常状况下,某种程度上由人祸所引发的吕泗洋海难事件使政府和渔民着重关注渔船的改进,却未对海洋渔业生产组织方式和管理体制进行深刻反思。不得不说,这是集体化时期海洋渔业发展的困境,也是时代的困境。

Organization, Technology and Production: A Preliminary Study about Collectivization of Marine Fishery in Zhejiang(1949 - 1959)

Ye Junjian

Abstract: This article mainly discusses the marine fishery of Zhejiang with the changes of organization and technology in 1950's. After fishery reform and cooperation, the government strengthens the control of marine fishery, and establishes the planning system. The limited progress of technology which stresses on the motorization of fishing boats, increases fishery production and supports the change of organization to some extent, but can't solve the contradiction between planning production and actual output. Under the pressure of increasing production, the rise of Qiaogu in Wenzhou and the shipwreck of Lvsi fishing ground in 1959 reflect disadvantages of collectivization.

Keywords: marine fishery, collectivization, motorization, production

明清时期广东东路沿海巡检司的海防功能*

周伟峰　黄忠鑫**

摘　要：广东东路沿海巡检司在明代时发挥着重要的海防作用。清初，由于迁界、冗官等原因，沿海各司陆续被裁废；雍正、乾隆年间增设了一批沿海巡检司，但其职能转向民事管理，海防色彩淡化；嘉庆、道光年间，随着广东海防重心转移至西路和中路，东路沿海巡检司的海防功能基本丧失。

关键词：明清时期　广东东路　海防　巡检司

一、问题的提出

巡检司是明清时期县级政区以下的重要基层机构，驻守于关津要道，“专一盘诘往来奸细，及贩卖私盐犯人、逃军、逃囚、无引面生可疑之人”①，发挥治安巡缉的功能。② 学界关于巡检司的历史地理研究，大多集中在其建置沿革、时空分布、辖境范围、功能变化以及是否成为政区等方面，③较少从巡检司与东南海防的关系角度进行探讨，目前仅见郭声波、鲁延召、宋烜三位学

---

* 本文是国家社科基金重大项目“环南海历史地理研究”(项目编号：12&ZD144)的阶段性成果。

** 作者简介：周伟峰，暨南大学历史地理研究中心硕士生；黄忠鑫，暨南大学历史地理研究中心讲师。

① 万历《明会典》卷一三九《兵部二十二·关津二》，《大明会典·四》，江苏广陵古籍刻印社 1989 年，第 1980 页。

② 胡恒、傅林祥、贺跃夫等人的研究表明，巡检司在个别地区符合“县辖政区”或“次县级政区”的条件，具有丰富的行政功能，不止于治安巡缉。参见胡恒《皇权不下县?》，北京师范大学出版社 2015 年；傅林祥《清代的次县级政权和辖区》，孙进己主编《东北亚历史地理研究》，中州古籍出版社 1994 年，第 59—68 页；贺跃夫：《晚清县以下基层行政官署与乡村社会控制》，《中山大学学报》1995 年第 4 期。

③ 相关研究主要有：胡恒：《清代巡检司地理研究》，中国人民大学硕士学位论文，2008 年；《明代四川地区巡检司分布变迁考》，西南大学硕士学位论文，2011 年；刘海荣：《明代陕西巡检司研究》，陕西师范大学硕士学位论文，2009 年；林勇：《明代广西巡检司变迁的地理学考察》，复旦大学历史地理研究中心硕士学位论文，2007 年；赵思渊：《明清苏州地区巡检司的分布与变迁》，《中国社会经济史研究》2010 年第 3 期；韩虎泰：《晚清广州府巡检司的地域分布特征初探——以〈宣统三年冬季职官录〉的记载为中心》，《地方文化研究》2014 年第 1 期；张研：《对清代州县佐贰、典史与巡检辖属之地的考察》，《安徽史学》2009 年第 2 期；胡恒：《“司”的设立与明清广东基层行政》，《清史研究》2015 年第 2 期；王伟凯：《试论明代的巡检司》，《史学月刊》2006 年第 3 期；徐林、胡仲恺：《明清广州府巡检司设置与变迁初探》，王元林主编《中国历史地理研究》第五辑，暨南大学出版社，第 133—157 页。

者在这方面有较多论述。① 其中，郭声波主要梳理了在海防部署背景之下的珠江口东岸各巡检司的建置沿革、驻地和辖境变迁；鲁延召以广东新安县的官富巡检司为例，从海防地理学的视角对沿海县治、巡检司建置沿革与海防形势、海防政策的关系作了详细、生动的个案考察；宋烜则重点研究了明代浙江各府沿海巡检司的名单、布局及其与海防的关系 。三者的研究都表明巡检司这一机构在明清时期的东南海防中具有重要作用。

明清时期，广东的海防区域部署一般划分为东、中、西三路。② 嘉靖《筹海图编》说："岭南滨海诸郡，左为惠、潮，右为高、雷、廉，而广州中处。"③道光《广东海防汇览》也说："粤海三路说昉明，东指惠、潮，中属广州，肇、高、廉、雷、琼五管毗连，并居西境。"④而在明代，"广东三路虽并称险扼，今日倭奴冲突莫甚于东路，亦莫便于东路，而中路次之，西路高、雷、廉又次之，西路防守之责可缓也"⑤。这无疑与明代倭寇多从闽粤沿海一带入犯，惠、潮二府首当其冲有关。潮州府"与福建连壤，漳舶通番之所必经。议者谓潮为岭东巨镇，柘林、南澳俱系要区，枕吭抚背之防不可一日缓。而靖海、海门、蓬洲、大城诸所又皆跬步海滨，所以赖以近保三阳、远卫东岭者也"⑥。海防之重自不必言。惠州府虽处潮州下游，然"自府东南以迄西角皆以海为险……东南有海港焉，置平海所为外藩。东曰海丰，负峻岭，临大洋，碣石一卫孤悬海表，翼以甲子、捷胜二所，称重镇焉"⑦。海防之责亦不可谓不重。而上述郭、鲁二人的研究地域都集中在广东中路的广州府，对于海防责任更重的广东东路则未涉及。笔者不揣浅陋，欲以明清时期广东东路惠、潮二府的沿海巡检司为中心，探讨其建置沿革、驻地变迁与海防形势的关系，并比较巡检司在不同时期海防中的作用，以对沿海巡检司的功能变化有一更清楚的认识。

二、明清潮州府沿海巡检司建置变化

《钦定续文献通考》载："国初惩倭之诈，缘海备御几于万里。其大为卫，置军四千五百六十人；其次为所，置军一千一百余人；又次为巡检司，置弓兵百人，少亦不下数十人。皆大小相维，经纬相错，星罗棋布，狼顾犬防。"⑧可见沿海巡检司确实是海防体系中的重要一环。嘉靖《筹海图编》列出潮州府沿海巡检司有：神泉、吉安、门辟、桑田、招宁、鮀浦、枫洋、辟望、黄岗；⑨道光

① 郭声波：《明清珠江口东岸海防部署中的巡检司》，谌小灵主编《明清海防研究》第五辑，广东人民出版社 2011 年，第 82—93 页；鲁延召：《海防地理学视野下官富巡检司建置沿革研究——基于广东新安县的考察》，《中国历史地理论丛》2014 年第 3 期；鲁延召：《明清时期广东中路海防地理研究》，暨南大学博士学位论文，2010 年；宋烜：《明代浙江海防巡检司考》，谌小灵主编《明清海防研究》第五辑，广东人民出版社 2011 年，第 36—51 页。

② 清初延续东、中、西三路的划法，清中期出现东、中、西上、西下四路的划法，清末又称"省防"、"潮防"、"廉防"、"琼防"。参见鲁延召《明清时期广东海防"分路"问题探讨》，《中国历史地理论丛》2013 年第 2 期。

③ （明）郑若曾撰，李致忠点校：《筹海图编》卷三《广东事宜・中路》，中华书局 2007 年，第 244 页。

④ （清）卢坤、邓廷桢主编，王宏斌等校点：《广东海防汇览・凡例》，河北人民出版社 2009 年，第 1 页。

⑤ （明）郑若曾撰，李致忠点校：《筹海图编》卷三《广东事宜・西路》，第 245 页。

⑥ （明）郑若曾撰，李致忠点校：《筹海图编》卷三《广东事宜・东路》，第 244 页。

⑦ （清）卢坤、邓廷桢主编，王宏斌等校点：《广东海防汇览》卷二《舆地一・险要一》，第 60 页。

⑧ 《钦定续文献通考》卷二三七《四裔考》。

⑨ （明）郑若曾撰，李致忠点校：《筹海图编》卷三《广东兵制・沿海巡检司》，第 237—238 页。

《广东海防汇览》则列出了南澳、浮洋、柘林、鮀浦、樟林、招宁、门辟、北寨、神泉。①

这里有必要对潮阳县吉安巡检司做出特别说明：据隆庆《潮阳县志》，吉安巡检司建于洪武二年(1369)，司署原在戎水之南山下；洪武二十七年以其地非扼塞，遂改置于县西七十里贵山都贵屿村。② 贵屿村是潮阳县的陆路隘口，距海尚有很长一段路程，巡司驻此无法发挥海防功能，但嘉靖《筹海图编》却将其划入沿海巡检司的范围，未解其意。乾隆元年(1736)，贵山都割隶新设的普宁县，潮阳的县域格局发生变动，"该地面四至远近与旧日不同"，吉安司署于是迁往县西四十里黄陇都峡山乡。③ 峡山乡较之贵屿村更接近海滨，但道光《广东海防汇览》却又不认为该司是沿海巡检司。严格来说，该司无论是在贵屿村还是在峡山乡，都不濒海。因此，本文暂不将吉安巡检司列入沿海巡检司的讨论范围。其余各处巡检司建置沿革讨论如下：

(一) 海阳县枫洋巡检司

据嘉靖《潮州府志》，该司旧在归仁都枫洋村(按：今潮州市潮安区古巷镇枫洋村)。④ 归仁都"在县治之西，距县十里许……群山嵯峨，石磴盘回，曩为萑苻之泽"⑤，枫洋村又"距城西十五里"⑥，是潮州府四十八隘之一；⑦元末兵乱，土人曾于枫洋之山巅要害列栅豫守，事宁虽废，但遗迹尚存。⑧ 巡司驻此当是防守陆路隘口。洪武四年，该司移往南桂都园头村(按：今潮州市潮安区东凤镇鳌头乡)。⑨ 园头村又曰"园头市"⑩，"距城南四十五里"⑪，位于韩江水道旁。光绪《海阳县志》说："明代移枫洋巡检司驻此以资控制，无层峦之突兀、石磴之盘纡，膴膴周原，庶几近之。"⑫可见当地既有水运之利，又有膏腴之地，经济已有一定水平，巡司驻此可维持墟市治安，并防止海寇沿江而上骚扰。嘉靖末，该司被裁。⑬ 至于裁废原因，府县志均缺载，笔者推测，或许与澄海立县有关。南桂都"东倚长堤，江中有洲渚焉。其外则澄海境也"⑭。嘉靖四十二年(1563)，海阳县上、中、下外莆三都割立澄海县，海阳县南部添一屏障，巡司退居二线，海防功能逐渐丧失，最终被裁。

(二) 海阳县浮洋市巡检司

浮洋司巡检署建在县南二十里浮洋市广惠桥头(按：今潮州市潮安区浮洋镇)。浮洋市"新

---

① (清)卢坤、邓廷桢主编，王宏斌等校点：《广东海防汇览》卷六《职司一》，第194—195页。
② 隆庆《潮阳县志》卷一《建置沿革纪》。
③ 道光《广东通志》卷一三二《建置略八》。
④ 嘉靖《潮州府志》卷二《建置志》。
⑤ 乾隆《潮州府志》卷一三《都图》。
⑥ 乾隆《潮州府志》卷一三《都图》。
⑦ 顺治《潮州府志》卷一《地书部》："隘四十八，海阳隘曰新关，在龙溪都；曰万里桥，在大和都；曰汤田，在丰政都；曰枫洋，在归仁都。"
⑧ 嘉靖《广东通志初稿》卷三十四《营堡》。
⑨ 嘉靖《潮州府志》卷二《建置志》。
⑩ 嘉靖《潮州府志》卷八《杂志》。
⑪ 乾隆《潮州府志》卷一三《都图》。
⑫ 光绪《海阳县志》卷三《舆地略二》。
⑬ 顺治《潮州府志》卷一《地书部》："枫洋巡检司旧在归仁都，洪武初迁南桂都，嘉靖末废。"
⑭ 光绪《海阳县志》卷三《舆地略二》。

旧二埠相连，逐日市”①，是海阳县的重要墟市，巡司驻此可维持墟市治安。乾隆《潮州府志》载，“永丰仓大使……乾隆二十六年知府周硕勋请裁，改移浮洋市巡检”，“浮洋司巡检，乾隆二十六年新设”。② 道光《广东通志》亦载：“浮洋巡司在县南二十里浮洋市，本朝乾隆二十六年新设。”③可得该司缺是于乾隆二十六年由永丰仓大使改设。又据乾隆《潮州府志》，该司司署建于乾隆二十七年，计地三亩价买监生李傅伟之业，由知县王文征倡绅士创建。④ 而光绪《海阳县志》却说是于“乾隆二十八年题准部覆，将潮州府永丰仓大使原署裁汰，估变移建”⑤。光绪县志的说法应是来源于道光《广东通志》，该通志虽两说均录，但指出“买地说”源于府志，而“估变移建说”来源于司册，要以司册为据。⑥ 同时，该通志在记录丰顺县汤坑巡检司署时，提到该司署是由大埔县乌槎巡司署估变移建，“同海阳县浮洋市司，所有二处应建衙署即将仓大使及乌槎旧署估变，不敷动项建造”⑦。考虑到该巡检缺是由大使缺改设，且估卖旧署建新署的做法在清代并不鲜见，所以浮洋司巡检署于乾隆二十八年由大使署估变移建的说法是可信的。

(三) 潮阳县门辟巡检司

据隆庆《潮阳县志》，门辟巡检司建于洪武二年，司署在县北六十里直浦都门辟村(按：今汕头市潮阳区关埠镇)。村内通大港，⑧“港故通大海，回环二十余村，上下三十余里”⑨。该地又“前临大江，是为潮揭之界”，设有门辟关以征收过往商税。⑩ 巡司驻此既有海防功能，又有保护关埠之责。顺治十三年添建门辟炮台，设营房三间、外委一员、兵若干名、炮四尊以扼守潮揭交界海域，进一步增强海防力量。⑪ 康熙三年(1664)迁界，“潮阳迁去直浦、竹山、招收、砂浦、隆井五都，附郭、峡山、举练三都之半”，沿海的门辟司按理说应裁撤或改驻，但乾隆《潮州府志》及光绪《潮阳县志》的职官表上又有崔呈玺、陈鑑于康熙三年及康熙五年分别任门辟司巡检的记录，⑫说明该司似乎在迁界浪潮中得以幸存。又据府志，门辟司曾一度改驻在直浦都后湖墟以维持墟市治安，但改驻时间未明，直到乾隆二十七年才迁回关埠旧址。⑬

(四) 潮阳县招宁巡检司

该司建于洪武初年，司署原在县南十五里附郭都之海口村(按：今汕头市潮阳区海门镇)，

---

① 乾隆《潮州府志》卷一四《墟市》。
② 乾隆《潮州府志》卷三一《职官表》。
③ 道光《广东通志》卷一二〇《关隘略一》。
④ 乾隆《潮州府志》卷七《署廨》。
⑤ 光绪《海阳县志》卷一八《建置略二》。
⑥ 道光《广东通志》卷一三二《建置略八》。
⑦ 道光《广东通志》卷一三二《建置略八》。
⑧ 隆庆《潮阳县志》卷九《官署志》。
⑨ 隆庆《潮阳县志》卷六《舆地志》。
⑩ 隆庆《潮阳县志》卷六《舆地志》；道光《广东通志》卷一五五《建置略三十一》。
⑪ 光绪《潮阳县志》卷十《兵防》。
⑫ 乾隆《潮州府志》卷三一《职官表》；光绪《潮阳县志》卷一四《职官》。
⑬ 乾隆《潮州府志》卷七《署廨》。

称海口巡检司。① 洪武二十七年,潮阳守御千户所迁往海口村并建所城,改称海门所城。② 海门城坐临大洋,是"全县门户","为琼南、广惠、闽浙、江苏商船往来之要口,为海防最要"。③ 在海口村置千户所之前,担起海防重责的无疑是巡检司。由于该司与卫所在海防职能上重合,洪武二十八年,司署迁往县东三十里招收都之招宁村(按:今汕头市濠江区达濠古城),改称招宁巡检司。④ 招宁司扼守达濠港,该港"东西两岸山多田少,襍以盐埕,民以渔盐为业……渔船千艘,商民稠密,与海门俱为扼要"⑤;其所属之河渡门为"县东达濠海防最要"⑥,南接外海,嘉靖三十八年十一月就有倭寇千人从此处入犯潮阳。⑦

康熙三年,潮阳迁去招收都,招宁司裁废。康熙七年展复,但达濠港仍在界外,为海寇邱辉占据,且"受台湾郑经伪札,开府于达濠埠,置市廛,擅渔盐之利"⑧。至于招宁司,据光绪《潮阳县志》,康熙年间的首任巡检是在康熙十六年上任的,⑨这应该也是招宁司复立的时间。但直到康熙十九年朝廷才彻底击退海寇重新收回达濠港,⑩巡司在此期间也应发挥了一定的防御作用。康熙五十六年,又奉旨建达濠寨城,招宁司与守备营同驻城内。⑪ 该司与守备营除一般防守任务外,还一同负责盘查堵截河渡门东、西两场的私盐。

(五)潮阳县桑田巡检司

据隆庆《潮阳县志》,桑田司署建在县北三十里竹山都桑田村(按:今汕头市潮阳区河溪镇桑田乡),⑫扼守桑田港。正统十三年(1448),"县丞刘忠以其地濒山海,寇扰时作,奏闻□创",但直到景泰四年(1453)才除官并给印信。⑬ 该地有桑田市,⑭又有桑田口用于堵截河东、河西、隆井三场私盐。⑮ 巡司驻此可发挥巡缉私盐、维持墟市治安的作用。顺治十七年(1660),该司奉文被裁,所属地方并入门辟司管辖。⑯

(六)揭阳县北寨巡检司

北寨司设于洪武四年,司署驻在县西北蓝田都岗头山,⑰正统四年移驻县东北梅冈都乌石

---

① 隆庆《潮阳县志》卷九《官署志》。
② 隆庆《潮阳县志》卷九《官署志》。
③ 乾隆《潮州府志》卷三四《关隘》。
④ 嘉靖《潮州府志》卷二《建置志》。
⑤ 乾隆《潮州府志》卷六《城池》。
⑥ 光绪《潮阳县志》卷十《兵防》。
⑦ 隆庆《潮阳县志》卷二《县事纪》。
⑧ 乾隆《潮州府志》卷三八《征抚》。
⑨ 光绪《潮阳县志》卷一四《职官》:"招宁司:刘建鼎,泰州人,康熙十六年任。"
⑩ 乾隆《潮州府志》卷三八《征抚》。
⑪ 光绪《潮阳县志》卷三《城池》。
⑫ 隆庆《潮阳县志》卷九《官署志》。
⑬ 隆庆《潮阳县志》卷九《官署志》。
⑭ 乾隆《潮州府志》卷一四《墟市》。
⑮ 乾隆《潮州府志》卷二三《盐法》。
⑯ 康熙《潮阳县志》卷四《官署》。
⑰ 嘉靖《潮州府志》卷二《建置志》。

山南，正德十二年(1447)又迁回岗头山旧址，"其乌石遗址分守道檄县估鬻，以为营建新署之费"①。岗头山、乌石山都不濒海，因此嘉靖《海防图编》没有将北寨司列为沿海巡检司。但清初该司移往桃山都铺前市(按：今揭阳市榕城区炮台镇)以扼守海口，②道光《广东海防汇览》收录的沿海巡检司中也包括了北寨司，故将该司列入讨论范围。顺治十五年又在铺前市建了一座炮台以加强防御，③铺前市因而又称炮台市。此次移驻的时间，乾隆《潮州府志》说是雍正十年(1732)，④道光《广东通志》又说是顺治十年。⑤ 据顺治《潮州府志》，"北寨巡检司在岗头山，今移桃山"⑥，可见移驻在顺治年间已经发生，所以正确时间应为顺治十年。

(七) 饶平县黄冈巡检司

黄冈司建于洪武三年，司署驻在县城东南九十里宣化都黄冈村(按：今潮州市饶平县黄冈镇)。⑦ "黄冈为闽广之交，山海之会，流贼往来啸聚，截劫士宦，商旅多受其害。自是置司镇御之。"⑧成化年间，山寇曾东宽、郑金龙、郑金牛等人聚众劫杀黄冈等村镇，郡守谢光檄巡检魏志统乡兵擒获诛之，⑨突出展现了巡司在维持治安方面的作用。到了山海二寇猖獗的嘉靖年间，单凭巡检司已无法控御地方，于是"知县罗印凯呈详巡抚舒公奏设通判一员驻扎黄冈"，"然衙宇空置，官惟时历"，⑩效果并不明显。嘉靖二十七年，"因岛寇蹂躏，居民余廷仁等呈请当道筑城御寇……越明年工乃竣"⑪，巡检司也由此迁入黄冈镇城东门内。⑫ 镇城的修筑虽然增强了防御力量，但仍然无法抵挡海寇，嘉靖三十六年十二月，倭"袭陷黄冈土城"；三十七年十月，"又自和平桥突犯饶平黄冈镇，踞其城"；三十八年十一月，"又有倭从分水关犯黄冈镇"，十二月"又有倭自福建云霄突入黄冈"。⑬ 倭寇的屡次进犯促使朝廷于嘉靖四十四年改海防同知驻黄冈，然而"亦但春秋二汛耳"⑭；直至天启三年(1623)，"移潮州右营兵镇黄冈"⑮，黄冈地方才有了常备的正式武装力量保护。

明末，黄冈城因寇乱被毁，顺治年间饶镇吴六奇重建，"坚厚倍昔"⑯。康熙三年迁界，黄冈城被弃，巡检司也一同被裁撤。该地改由黄冈协驻防。⑰ 康熙十一年展复，知府宋征璧重建黄

---

① 雍正《揭阳县志》卷二《公署》。
② 雍正《揭阳县志》卷二《公署》。
③ 顺治《潮州府志》卷一《地书部》："炮台二，一在揭阳县铺前，一在潮阳县直浦都，俱顺治十五年建。"
④ 乾隆《潮州府志》卷七《署廨》："北寨司巡检署……国朝雍正十年壬子改建桃山都海口炮台市。"
⑤ 道光《广东通志》卷一三二《建置略八》："北寨巡检司署……国朝顺治十年改建桃山都海口炮台东。"
⑥ 顺治《潮州府志》卷一《地书部》。
⑦ 嘉靖《潮州府志》卷二《建置志》。
⑧ 光绪《饶平县志》卷五《兵防》。
⑨ 乾隆《潮州府志》卷三八《征抚》。
⑩ 光绪《饶平县志》卷五《兵防》。
⑪ 光绪《饶平县志》卷二《城池》。
⑫ 乾隆《潮州府志》卷七《署廨》："黄冈司巡检署建自明洪武三年，在城东门内。"
⑬ 乾隆《潮州府志》卷三八《征抚》。
⑭ 光绪《饶平县志》卷五《兵防》。
⑮ 光绪《饶平县志》卷五《兵防》。
⑯ 光绪《饶平县志》卷二《城池》。
⑰ 光绪《饶平县志》卷五《兵防》。

冈城,巡检司也得以重新设立。① 黄冈镇在康熙年间发展为一大墟市,"其地依山背海,鱼盐之利傍及邻邑,通货贸财,最为辐辏"②。巡司亦有维持墟市治安的职责。嘉庆二十四年(1819),黄冈司改驻柘林,称柘林巡检司。

(八) 饶平县柘林巡检司

该司原为饶平县黄冈巡检司,嘉庆二十四年改驻县东南一百二十里柘林寨城(按: 今潮州市饶平县柘林镇),同年九月奉文改称柘林巡检司。③ 柘林寨为潮州海防重地,屡受海寇侵袭,嘉靖四十五年设寨城防守。④ "其地对峙南澳,闽广之要。至黄冈、至大城相为犄角,声援相通,饶邑之门户也。"⑤道光《广东通志》载:"嘉庆二十四年……总督阮元、巡抚李鸿宾奏: 饶平县柘林地方逼近海口,巡防宜密,向设千总不足以资弹压。查该县属黄冈巡检,地非紧要,可以移驻柘林,俾得就近巡缉,于捕务益资得力。"⑥似乎到了嘉庆年间,柘林城的地方局势较之黄冈城更为严峻,于是改黄冈司为柘林司加强弹压。

(九) 澄海县辟望巡检司

辟望巡检司建于洪武二年,原属海阳县,司署在下外莆都辟望村(按: 今汕头市澄海区澄华街道)。⑦ 洪武六年曾迁于港口,即辟望港;十六年复迁回辟望村。⑧ 嘉靖三十七年,海寇许朝光盘踞辟望村;十一月,倭寇被官军击败,余众逃奔辟望港;十二月,这批倭寇又与来自福建云霄的倭寇合伙,四处劫掠,直到次年正月才从辟望港遁走。⑨ 嘉靖四十一年,"督府张公臬率师征讨,山酋朴灭,海寇招安,地方甫靖。父老曾栋等议善后之策,奏割七都,置县于下外辟望村弹压之"⑩。所置新县即为澄海县。而之所以选择将辟望司治所升级为澄海县治,除了该地是倭寇往来通道外,也与其便利的海防条件有关。《澄海县建置图序》说:"邑治……为辟望巡司治所。东际大海,西瞰田寮,前襟外砂诸村,后带南洋、东陇诸堡……南有马耳澳为之翰屏,且南澳诸山峙其左,华富诸山峙其右。至于南北二水之交流,莱芜、侍郎之鼎峙,实为滨海胜区。"⑪

辟望司改隶澄海县后,司署改在苏湾都南洋村(按: 在今汕头市澄海区莲上镇)。⑫ 南洋村"直通外海,可泊战船。四乡米谷云集,居民富庶,乃可战可守之地"⑬,海防地位十分突出。明

---

① 光绪《饶平县志》卷二《城池》:"黄冈镇城……康熙三年迁斥,十一年展复,知府宋征璧重建。" 同书卷六《职官》载:"国朝黄冈司巡检,李勳……康熙元年任;唐应麟……康熙十一年任。"说明迁界期间黄冈司巡检无人上任,该司被裁。

② 康熙《饶平县志》卷二《城池》。

③ 道光《广东通志》卷一五八《经政略一》。

④ 光绪《饶平县志》卷五《兵防》。

⑤ 光绪《饶平县志》卷五《兵防》。

⑥ 道光《广东通志》卷一三二《建置略八》。

⑦ 嘉靖《潮州府志》卷二《建置志》。

⑧ 嘉靖《潮州府志》卷二《建置志》。

⑨ 光绪《海阳县志》卷二四《前事略一》。

⑩ 康熙《澄海县志》卷二《建置》。

⑪ 嘉庆《澄海县志》卷二五《艺文》。

⑫ 康熙《澄海县志》卷二《建置》。

⑬ 乾隆《潮州府志》卷六《城池》。

洪武三年在此置南洋水寨城，扼守蓬子、大洲、飞钱、旗岭等港。① 辟望司设在乡村，而不是在寨城内，明显是用于补充寨城防御的不足。康熙五年，澄海受迁界影响，全县被裁，“设墩台戍卒以守”②，辟望司无疑也被裁撤。康熙七年，巡抚王来任上疏请求复界，澄海重新设县，该司也得以复立。但到了雍正二年，该司又被裁，衙署改为社仓，③此后不再设立。

（十）澄海县鮀浦巡检司

鮀浦司原属揭阳县，建于洪武三年，④司署在鮀江都溪东村（按：今汕头市金平区鮀江街道溪东社区），扼守溪东港。嘉靖四十二年澄海设县后，该司改隶澄海，司署建在鮀江都鮀浦镇（按：今汕头市金平区鮀江街道桥头、云露、木坑、夏趾社区一带）。⑤ 据顺治《潮州府志》，鮀浦是澄海四大隘口之一，⑥也是澄海县五大墟市之一，⑦巡司驻此既可发挥海防作用，又能保证墟市治安。康熙三年迁界，鮀江都在内迁之列，⑧鮀浦司也被裁撤。康熙七年复界，鮀浦司也连同澄海县一同复立。但“自展复以来，山川再辟，时异势殊，形胜因之，似不可一概论也”⑨，原先作为澄海县重要关隘的鮀浦镇似乎已经失去地位，乾隆《澄海县志》所列展界后的形胜中并无鮀浦。⑩ 康熙二十七年，该司迁往蓬洲所城内（按：今汕头市金平区鮀江街道蓬东居委东门）。“蓬洲所西北群峰环抱，袤延数十里，负山阻海，屹然滨海要区……其南曰溪东港，在双溪口外，舟楫停泊若蜂屯蚁聚，与沙汕头炮台东西相望。”⑪巡司驻此更能发挥海防职能。

（十一）澄海县樟林巡检司

樟林巡检司署在县东北三十里樟林城内（按：今汕头市澄海区东里镇寨城旧址），雍正九年由东陇河泊所改设。⑫ 樟林寨城建于康熙八年展界之后，⑬用于扼守樟林、东陇等港。樟林港为“商渔船只停泊之处，米谷聚积之所，与东陇毗连……人烟稠密，建有城寨，属澄海协营汛地，为海防最要”；东陇港“在樟林港西畔，北达郡城，商船停泊之处，为海船出入要隘，木筏盐船货物

---

① 嘉靖《潮州府志》卷一《地理志》：“大洲港、飞钱港、旗岭港俱在南洋。”

② 康熙《海阳县志》卷一《兵事》：“（康熙）三年……澄海迁去上外、中外、下外、蓬洲、鳄浦、鮀江六都，仅存苏湾一都，至五年而全县毕裁，设墩台戍卒以守。”

③ 雍正《澄海县志》卷二《建置》。

④ 见嘉靖《潮州府志》卷二《建置志》：“鮀浦巡检司在溪东村，洪武三年建。”一说建于洪武元年，见康熙《澄海县志》卷二《建置》：“鮀浦巡检司，明洪武元年置。旧隶揭阳，嘉靖四十二年割隶澄海。”

⑤ 顺治《潮州府志》卷一《地书部》：“鮀浦巡检司在鮀浦镇。”

⑥ 顺治《潮州府志》卷一《地书部》：“澄海隘曰冠陇，在县西十里；曰鮀浦，在鮀江都；曰南洋，在苏湾都；曰鸟汀背，在蓬洲都。”

⑦ 顺治《潮州府志》卷一《地书部》：“（澄海县）市集五，曰冠陇，曰鮀浦，曰南洋，曰程洋冈，曰樟林。”

⑧ 康熙《海阳县志》卷一《兵事》：“（康熙）三年……澄海迁去上外、中外、下外、蓬洲、鳄浦、鮀江六都，仅存苏湾一都，至五年而全县毕裁，设墩台戍卒以守。”

⑨ 乾隆《澄海县志》卷一《疆土一・形胜》。

⑩ 见乾隆《澄海县志》卷一《疆土一・形胜》。

⑪ 乾隆《澄海县志》卷一《疆土一・形胜》。

⑫ 嘉庆《澄海县志》卷四《署廨》。

⑬ 乾隆《潮州府志》卷六《城池》。

总汇之地……为海防最要”。[①] 康熙年间澄海协右营守备驻此,但不久又改驻南洋。[②] 雍正间增设巡检司是为增强樟林寨内的防守力量,但“澄海县樟林港地当水陆之冲,接连鸿沟、盐灶并饶平员头,沿海一带奸匪多从此出没,最关紧要。虽额设巡检、千总而幅员辽阔,兵役无几,未免顾此失彼”,显然单凭巡检司不足以弹压,于是乾隆三年又将南洋守备改驻樟林。[③]

(十二)惠来县神泉巡检司

神泉司原属潮阳县,司署旧在惠来都北山村,称北山巡检司;洪武二十七年改建于酉头都神泉村(按:今揭阳市惠来县神泉镇),因名神泉巡检司。[④] 嘉靖四年析潮阳、海丰地置惠来县,神泉司改隶惠来,司署仍在县治南十五里的神泉村,扼守神泉港。神泉港“为惠来门户,海防最要”[⑤],“在县治之南十五里,相距仅一望耳。海贼泊澳呼吸立达,则神泉固县之一外障也”[⑥]。神泉司驻此可发挥海防功能。嘉靖三十三年又建司城以加强防御。[⑦] 顺治十三年,神泉被海寇占据,臬司奉部文议裁神泉司,但因神泉“有大港通海,港内一支西达龙江,一支直抵南关,合濠流为县之门户。明代设神泉巡检一员,领弓兵以备稽防……通县佥呈云此城原以壮邑外辅,乙酉、乙丑之变藉为犄角,仍旧不裁”。神泉司得以保存。但康熙三年迁界,沿海的神泉司城被拆毁,该司也被裁撤。康熙八年展界,巡司复立,并“添设战守官兵五百名”以资防守。[⑧] 次年重修司城,“后因飓风坍塌,平地片瓦无存,巡检移驻县城,以旧祀刘陈二公祠为署”[⑨]。雍正九年,“知县张玿美以靖海孤悬径口关外,离县穹远,详请将神泉巡检移驻靖海,兼管神泉。旧存守御所衙署地基……建为巡检衙署”[⑩]。靖海所扼守靖海港,该港“长三十余里,直达外洋,海船多泊于此”[⑪],“沿海迤西一带计四十余里有石碑、赤澳、前尖溪、东澳角四炮台,为海防最要”[⑫],所城内除巡检司驻扎外,还有海门、惠来二营水陆弁兵驻守。[⑬]

(十三)南澳厅南澳巡检司

“南澳前襟大海,后枕金山,屏障内地,控制外洋。大小莱芜之浮屿,远近澎山之列峙,闽粤咽喉,形势之最胜者也。”[⑭]然而,明前期朝廷却屡次迁南澳岛民内附,使得南澳岛长期空置,成为“倭之巢穴”,嘉靖、隆庆年间屡为海寇占据。[⑮] 直到万历三年(1575)设副总兵一员,建城领兵

---

① 乾隆《潮州府志》卷三四《关隘》。
② 嘉庆《澄海县志》卷四《署廨》。
③ 乾隆《潮州府志》卷四〇《艺文上·惠潮四则》。
④ 嘉靖《潮州府志》卷二《建置志》。
⑤ 乾隆《潮州府志》卷三四《关隘》。
⑥ 雍正《惠来县志》卷一《建置沿革》。
⑦ 雍正《惠来县志》卷七《公署》。
⑧ 雍正《惠来县志》卷十《兵防》。
⑨ 雍正《惠来县志》卷七《公署》。
⑩ 雍正《惠来县志》卷七《公署》。
⑪ 乾隆《潮州府志》卷六《城池》。
⑫ 乾隆《潮州府志》卷三四《关隘》。
⑬ 乾隆《潮州府志》卷六《城池》。
⑭ 乾隆《南澳志》卷二《疆域》。
⑮ 乾隆《南澳志》卷三《建置》。

驻扎，南澳才真正成为海防重区。入清以后，南澳为郑成功、陈豹、杜辉等海寇占据，康熙三年迁界，澳民再次内徙。施琅荡平台湾后，南澳于康熙二十四年设总兵驻扎，重新成为海防要区。经过长期发展，南澳已经成为“兵民杂处，商船络绎”的“海疆冲要之区”①，原先岛东、西日常民事分属福建诏安县、广东饶平县管辖的模式已经不再适合，于是雍正十年添设粤闽海防军民同知一员，“凡四澳军民保甲、编烙渔船、监放兵饷一切事宜，俱归该同知管理”②。雍正十三年，由于同知人手不足，各项事宜无法兼顾，又添设粤闽南澳巡检司，司署驻在南澳城内(按：今汕头市南澳县深澳镇)，“隶该同知管辖，仍听两省各该上司稽核”，负责“严行保甲，察奸缉赌，朔望遍行该处总汇各要区，宣讲圣谕，化导愚顽，遇有失事照例参处”，并特别声明“不得差委其管理监仓”③。由此可知，巡检司驻此主要用于维持岛上治安，其意不在海防。

三、明清惠州府沿海巡检司建置变化

嘉靖《筹海图编》列出惠州府沿海巡检司有四，曰内外管、碧甲、长沙港、甲子门；④道光《广东海防汇览》则列出甲子、碧甲、平政、平海四处。⑤ 而纵观整个明清时期，惠州府共设置沿海巡检司八处，其中内外管司、碧甲司、平政司、平海司属归善县，长沙港司、甲子门司、汕尾司属海丰县，甲子司属陆丰县。兹对各司建置情况讨论如下：

(一) 归善县内外管巡检司

据嘉靖《惠州府志》，内外管巡检司建于洪武元年，司署在府城东南一百三十里饭萝岗，⑥即今惠东县稔山镇范和村，徭编弓兵五十人。⑦ 饭萝岗位于归善县东南，远离县治，扼守稔山海口，巡司驻此可以发挥海防作用；嘉靖《筹海图编》也将该司绘制于海防图上，可作证明。⑧ 但该司具体的活动记录相当模糊，府县志均缺载。万历中期，⑨“知县李中道议移改内外管巡司于黄浦墟，改碧甲巡司于淡水场，似应从议”⑩。从崇祯《惠州府志》“有巡检司二，曰内外管里，府东南一百三十里饭萝岗，洪武元年建，今废”⑪的记载来看，位于饭萝岗的巡检司至少在崇祯年间就已废弃，说明李中道的建议应该是得到了批准。乾隆《归善县志》卷七《公署》曰“内外管理巡检司署旧在县东南饭萝岗，又改在黄埔墟”⑫，亦可证。黄埔墟即今惠东县黄埠镇，是明中后期

---

① 乾隆《南澳志》卷三《建置》。
② 乾隆《南澳志》卷三《建置》。
③ 乾隆《南澳志》卷三《建置》。
④ (明) 郑若曾撰，李致忠点校：《筹海图编》卷三《广东兵制・沿海巡检司》，第 237 页。
⑤ (清) 卢坤、邓廷桢主编，王宏斌等校点：《广东海防汇览》卷六《职司一》，第 195 页。
⑥ 嘉靖二十一年《惠州府志》卷六《公署志》。
⑦ 嘉靖二十一年《惠州府志》卷八《兵防志》。
⑧ (明) 郑若曾撰，李致忠点校：《筹海图编》卷一《广东沿海山沙图・广东九》，第 20 页。
⑨ 万历《惠州府志》卷四《秩官表》载：“(万历朝归善县知县)李中道，临桂人，举人，十五年任，升任庐州知州。”
⑩ 崇祯《惠州府志》卷八《建置》。
⑪ 崇祯《惠州府志》卷八《建置》。
⑫ 乾隆《归善县志》卷七《公署》。

逐渐发展起来的重要墟市,较之饭萝岗更偏近惠州府东南海域,且与海丰县相邻,容易成为海寇的劫掠目标。巡司驻此是出于墟市与两县交界处治安防御的需要。

清康熙年间,黄埔墟的治安情况似乎已超出巡司的管控能力范围,于是“改主簿管理”①。主簿的行政级别高于巡检,其对地方的管理力度亦大于巡检。此时的内外管巡检已沦为冗官,康熙《归善县志》的作者对此感叹道:“旧史氏曰:‘巡检,美官也。代县令巡行阡陌,可以省耕炊,可以劝社学,可以稽乡约,可以察奸萌。’然以其人不出正途,无学术、鲜自爱故,因而渔民。当道见其然,则禁巡检毋得巡行所部。如此则刻木无异,而又费禄食益。今日官之冗未有甚于巡检者,人负官矣,诚可惜哉!”②又据光绪《惠州府志》,“内外管巡司在县东南一百三十里饭萝岗,洪武元年置。本朝康熙间改主簿管理。今复设巡检,移建梁化墟”,该司最终还是因“冗官”而被裁汰,所以才会有后来的复设和移治。复设之举最迟在乾隆二十二年就已经完成,③新的司署位于梁化墟,即今惠东县梁化镇,处县境东部,往北即为山区,距海遥远。可见,重设的内外管巡检司仅仅保持了旧名,已经完全失去海防功能。

(二)归善县碧甲巡检司

据嘉靖《惠州府志》,碧甲司建于明正统八年,司署在府城东南一百八十里海滨,④即今惠东县平海镇碧甲村,同样徭编弓兵五十人。⑤ 碧甲司所在位于平海半岛南端的西侧,与居于东侧的平海守御千户所互为犄角,是明初惠州府的海防重地;平海所专门在碧甲地方建立兵营及烽堠,拨官军哨守瞭望。⑥ 嘉靖三十一年,碧甲司巡检孙镛针对当时的海防局势,认为碧甲司对过海面、属东莞大鹏所管辖的淘娘山澳可藏贼船数百艘,建议将其填塞以利防守,⑦这是该司参与海防事务的一大佐证。万历中期,归善知县李中道将碧甲巡司改治淡水场。⑧ 淡水场在平海所城以东,宋代时便是归善县的重要盐场,⑨明清时期成为惠州府五大盐场之一,⑩设有淡水场盐课司负责征收盐斛。巡司驻此可进一步强化对盐场的保护。

清康熙年间,相比内外管巡检司因“冗官”而遭裁撤,碧甲巡检司却因“司境多盗,庐舍田园所在攘窃”得以延续;巡检温九有在康熙二十七年上任后,“申饬保甲,昼夜巡缉,盗遂远遁,四民安堵”,受到知县佟铭的嘉奖。⑪ 到了乾隆年间,碧甲司内移至淡水墟,⑫负责维持墟市的治安。淡水墟即今惠州市惠阳区淡水街道,并不靠海,其地居民丛集,水陆交通便利,在嘉靖

① 光绪《惠州府志》卷二《舆地二》。

② 康熙《归善县志》卷八《建置志》。

③ 乾隆《归善县志》卷九《职官》记载的第一任内外管巡检为:“孟孚远,会稽人,(乾隆)二十二年任。”

④ 嘉靖二十一年《惠州府志》卷六《公署志》。

⑤ 嘉靖二十一年《惠州府志》卷八《兵防志》。

⑥ 嘉靖三十五年《惠州府志》卷十《兵防志下》。

⑦ 嘉靖三十五年《惠州府志》卷十《兵防志下》。

⑧ 崇祯《惠州府志》卷八《建置》。

⑨ 乾隆《归善县志》卷二《沿革》载宋代归善县有淡水盐场。谭其骧主编《中国历史地图集》第六册《宋·辽·金时期》也标出了淡水盐场的位置,中国地图出版社 1982 年,第 34—35 页。

⑩ 其余四场为归善大洲场、海丰墩白场、陆丰石桥场、小靖场。见光绪《惠州府志》卷一六《经政八》。

⑪ 雍正《归善县志》卷二《邑事纪》。

⑫ 乾隆《归善县志》卷七《公署》:“碧甲巡检司署,旧在县东南一百八十里,今迁淡水墟。”

年间便已出现墟市,①乾隆时墟市进一步发展壮大,于是设司署以便巡缉。碧甲司自此失去海防功能。

(三)归善县平政巡检司

光绪《惠州府志》载:“平政巡司,在县东南一百五十里。原名平政驿,本朝雍正八年改设。”②《清世宗实录》亦载:“改欣乐、平山、平政、苏州四驿驿丞缺,俱为巡检。从署广东巡抚傅泰请也。”③可见平政司是在雍正八年由平政驿改设而来。但乾隆《归善县志》却说:“国朝乾隆七年……裁改平政驿为平政司,在县城东南一百九十里。”④同书卷九《职官》亦载:“平政司,旧为平政驿,乾隆七年裁改。”⑤相同记载还可见于光绪《惠州府志》。⑥ 以上记载将平政司的设置时间推后至乾隆七年。何以会出现两个不同的设置时间?笔者认为,乾隆七年当为平政司徙治的时间,而非设立时间。乾隆《归善县志》载:“平政巡司署旧在内外管都,今在范和冈。”⑦光绪《惠州府志》也载:“平政巡检司署旧在内外管都,今在范和冈。”⑧说明平政司在乾隆年间曾由内外管都之平政驿(按:今惠东县吉隆镇)迁往范和冈(按:今惠东县稔山镇范和村),而这次迁徙的时间极有可能就是乾隆七年。乾隆县志是直接将新司署成立的时间作为其首立时间。

(四)归善县平海巡检司

“平海枕山面海,上通碣石镇,下达大鹏,其大星港为商盐船只聚集之区,巡防紧要。”⑨明代置平海守御千户所镇守,隶属碣石卫。清初,平海所改由碣石镇辖水师平海营参将驻扎,⑩继续发挥海防功能。但到了雍正年间,平海所被裁改为平海巡检司。雍正九年总督郝玉麟疏称:“平海所地方丛山大海,最易藏奸,并无文员弹压,应将该所裁汰,改设巡检一员以资巡缉……今将甲子、捷胜、平海三所议裁……俱系止理军屯事物,别无专责,应请一并裁汰……其太平、平海二巡检……即在平海所、太平驿各衙署驻扎,毋庸更设……”⑪可见,由于该地长期兵民杂处,需要文员管理日常事务,而平海所只负责军屯,职能有限,于是改立平海巡检司驻在所城内,代替卫所管理,原有的军屯事物则统一由雍正七年设立的惠州海防军民同知管理。⑫

---

① 嘉靖二十一年《惠州府志》卷五《食货志》:“归善之市……曰淡水,在上下淮……”

② 光绪《惠州府志》卷二《舆地二》。

③ 《清世宗实录》卷九二“雍正八年三月”。

④ 乾隆《归善县志》卷六《城池》。

⑤ 乾隆《归善县志》卷九《职官》。

⑥ 光绪《惠州府志》卷八《建置三》:“国朝乾隆七年……裁改平政驿为平政司,在县城东南一百九十里。”

⑦ 乾隆《归善县志》卷七《公署》。

⑧ 光绪《惠州府志》卷七《建置二》。

⑨ (清)卢坤、邓廷桢主编,土宏斌等校点:《广东海防汇览》卷一《三路海图·东路图》,第8页。

⑩ 道光《广东通志》卷一二三《海防略一》。

⑪ 道光《广东通志》卷一二六《建置略二》。

⑫ 光绪《惠州府志》卷一七《郡事上》:“雍正七年,设惠州海防军民同知驻碣石卫城。裁碣石卫守备及捷胜、甲子两所官,以卫所屯田归同知管理。”平海所属于碣石卫管辖,且与捷胜、甲子二所同时裁汰,其屯田事务理应也由该同知管理。

(五)海丰县长沙港巡检司

据嘉靖《惠州府志》,长沙港巡检司原为龙溪巡检司,司署在巡检围。洪武十三年,巡检白肃敏将司署改在县南三十里金锡都之长沙港,即今汕尾市区马宫街道长沙村,并筑有城,深广各三十丈。① 嘉靖《海丰县志》称,"长沙港为邑治之门户,旧置巡司及兵营以守之"②。港口对面海域乌洲、记心洋二处即为海寇巢穴。③ 长沙兵营有"海丰所官军四百员名,打手二百五十名"驻守,④长沙港巡司"有打手三十名、弓兵十名,复有营一置打手百名"驻守,⑤防守力量不可谓不强大。巡司的一营打手是在嘉靖三十六年添设的,时守备张岳、海丰知县张济时请置打手二百五十人,以百人戍石桥、湖东、鱼尾三港,五十人戍南沙、大德二港,其余百人全戍长沙港,⑥长沙港巡司的海防地位由此可见一斑。但即便是这样,也无法抵挡猖獗的海寇。嘉靖三十八年,长沙兵营及巡司署均被焚毁,海丰知县不得不奏请将司署及兵营内移到县治以南的谢道山,该地"居民丛集且离县十里,有警互相援应"⑦,方便"应援邑治"⑧。长沙港正处在内外海道的交界处,一旦内移,则不仅海防优势荡然无存,海寇还可长驱直入,直逼城下,甚至沿途上岸劫掠,当时的有识之士就意识到"此必不可已之策也"⑨。崇祯七年(1634)十月,海寇刘香直入谢道山,攻破县城并劫持了巡道康承祖、守道洪云蒸、参将夏之木等地方大员。⑩

清顺治十二年夏四月,海寇再次侵犯海丰谢道山、鹿境等处,⑪长沙港巡检司发挥不了应有的作用,终于在顺治十四年遭裁撤。⑫

(六)海丰县甲子门巡检司

甲子门巡检司建于明洪武五年,司署在县东石帆都圭湖村、鲘埕村附近,即今陆丰市甲子港。巡检马参在其地筑城,深广各二十丈,⑬规模较长沙港司城略小。"甲子湾港口狭,进港可泊。若西南风盛发时,贼过,一时难出外面,亦难久泊,大流水深一丈,小流五尺,大船东南风可进。"⑭实为防守要地。据嘉靖《海丰县志》载,甲子湾"其东置甲子巡司,附近圭湖、鲘埕二村;其西置甲子所,附近石帆村,居民勇悍,自能力战,鲜有败事"⑮。但历史上甲子门却多次受海寇侵

---

① 嘉靖二十一年《惠州府志》卷六《公署志》。

② 嘉靖《海丰县志·海防图》。

③ 嘉靖三十五年《惠州府志》卷一〇《兵防志下》。

④ 嘉靖三十五年《惠州府志》卷一〇《兵防志下》。

⑤ 万历《惠州府志》卷二《郡事纪》。

⑥ 万历《惠州府志》卷二《郡事纪》。

⑦ 万历《惠州府志》卷二《郡事纪》。

⑧ 嘉靖《海丰县志·海防图》。

⑨ 嘉靖《海丰县志·海防图》。

⑩ 康熙《惠州府志》卷五《郡事》。

⑪ 康熙《惠州府志》卷五《郡事》。

⑫ 《清世祖实录》卷一一一"顺治十四年八月至九月"载:"裁广东东莞县白沙,三水县横石、西南,乐昌县黄圃,英德县清溪、浛光,始兴县黄塘,恩平县恩平,镇平县蓝坊,海丰县长沙港、甲子门各巡检司巡检。"

⑬ 嘉靖二十一年《惠州府志》卷六《公署志》。

⑭ (清)卢坤、邓廷桢主编,王宏斌等校点:《广东海防汇览》卷一《三路海图·东路图》,第8页。

⑮ 嘉靖《海丰县志·海防图》。

袭攻破，隆庆二年(1568)，“倭寇入犯甲子所，署印千户马寿不设备，失机，下海丰狱以死”；隆庆五年九月，“海贼杨复破甲子所城，千户董死之”①。万历四十八年春正月，“海寇袁八老余党林新老入甲子澳，把总金允武轻战死之”；天启七年春三月，“海寇入甲子门，守备叶台死之”。② 历次寇乱对甲子所造成了严重打击，该所附近的甲子门巡检司想必也难逃厄运。崇祯六年，“海丰铸换巡司印”③，表明该司在明代一直延续，并未被裁撤。清顺治初年，海寇苏成先后占领了碣石卫、甲子所、捷胜所等地，④海丰一县的海防要塞尽丧，甲子门巡检司也名存实亡。顺治十四年，甲子门司连同长沙港司一同被裁。

（七）海丰县汕尾巡检司

雍正七年裁改海丰县南丰驿为汕尾巡检司，司署建在县治南五十里墩下城内，⑤即今汕尾市区香洲街道坎下古城。墩下城是明末崇祯九年修建的海防重寨，⑥用于扼守长沙港。顺治六年，该城被海寇苏利占据。⑦ 康熙初年，朝廷颁布迁海令，海丰县的迁界工作分三阶段进行，第一阶段在康熙元年，“时只迁鹅埠岭、琵琶寨等数处”；第二阶段在康熙二年秋八月，“以河内、鹿境山为界，离海六十里，离县十里”；第三阶段在康熙三年夏四月，“大路下为界，县治之东以叶家寮塔为界，县治之西以西田□为界，离城仅里许”⑧。苏利占据的墩下城、碣石卫等处也在迁界之列；同年六月，他起兵反抗迁界，结果被剿灭。⑨ 康熙七年，“广东抚院王来任遗疏题请展复海界，奉旨准复”⑩；康熙二十二年，又“奉部文开海禁，准民采捕”⑪，海丰再次展复海界，但墩下城始终不设防。直到康熙四十一年，“河渡贼出没，海岛边民苦之，始移守备驻墩下”。四年后，海丰河渡贼受抚，自是海道肃清。⑫ 到了雍正年间，由于海疆无事，“奉旨裁卫守备一员、所千总二员，另设汕尾巡司一员”⑬。雍正七年《改设碣石海防军民同知部文》称：“海丰县属之河田、汕尾二处，俱为山海要地，均须文员稽查缉捕。而该县南丰、平安二驿丞裁汰，改设巡检二员，分驻河田、汕尾二处要地，专司捕务，查缉奸匪，并令该同知时加督饬。”⑭明显汕尾巡检司是为处理一般民事而设。雍正九年，东海滘巡检司改设为陆丰县治，汕尾巡司改属陆丰，并移治黄沙坑，称

---

① 乾隆《海丰县志》卷一〇《邑事》。
② 康熙《惠州府志》卷五《郡事》。
③ 康熙《惠州府志》卷五《郡事》。
④ 康熙《惠州府志》卷五《郡事》。
⑤ 光绪《惠州府志》卷六《舆地一》：“墩下寨城……在县治南五十里捷胜所之右，明崇祯九年筑。谨按雍正九年详议，改南丰驿为汕尾巡检，于墩下城内建署。”
⑥ 康熙《惠州府志》卷五《郡事》：“崇祯九年九月，城土敢下。”
⑦ 康熙《惠州府志》卷五《郡事》：“顺治六年，海丰土敢守李夔龙以土敢城降于苏利。”
⑧ 乾隆《海丰县志》卷一〇《邑事》。
⑨ 康熙《惠州府志》卷五《郡事》：“康熙三年八月，碣石苏利抗迁，藩下、将军、督镇等奉旨各统大兵讨之，至十二日阵斩苏利，余党悉平。”
⑩ 康熙《惠州府志》卷五《郡事》。
⑪ 乾隆《海丰县志》卷一〇《邑事》。
⑫ 光绪《惠州府志》卷一七《郡事上》。
⑬ 乾隆《海丰县志》卷一〇《邑事》。
⑭ 民国《陆丰县志》卷三《建置・改设碣石海防军民同知部文》。

黄沙坑巡检司。巡司改驻后，墩下城于乾隆年间复设守备一员，碣石镇右营驻城以维持正常防御。①

(八) 陆丰县甲子巡检司

甲子巡检司原为海丰县东海滘巡检司。东海滘司于雍正七年由东海滘驿改设，《改设海防同知部文》称："海丰县属东海滘地方尤为广阔，商民辐辏。该地原设有驿丞一员，亦无经管夫马船只之责，应将东海滘驿驿丞改为东海滘巡检，俾稽查亦有专责。"②到了雍正九年，海丰县由于"山海交错，地方辽阔，民屯杂处。向虽设有甲子、捷胜所千总分管，但所千总非亲民之官，其间词讼以及稽查地方，县令相隔遥远，不能兼顾"，因此需要择地另设新县。东海滘巡司因"地处适中，与碣石、甲子二城遥为犄角，且系惠潮通衢"③，得以被升级为新县治。按照惯例，巡检司一般不与正印官同城而治，于是东海滘司移驻到陆丰县东南一百里甲子所城内，称甲子巡司，"以资巡缉"④。原来的甲子所也和平海所一样，因"止理军屯事物，别无专责"而被巡司代替了。

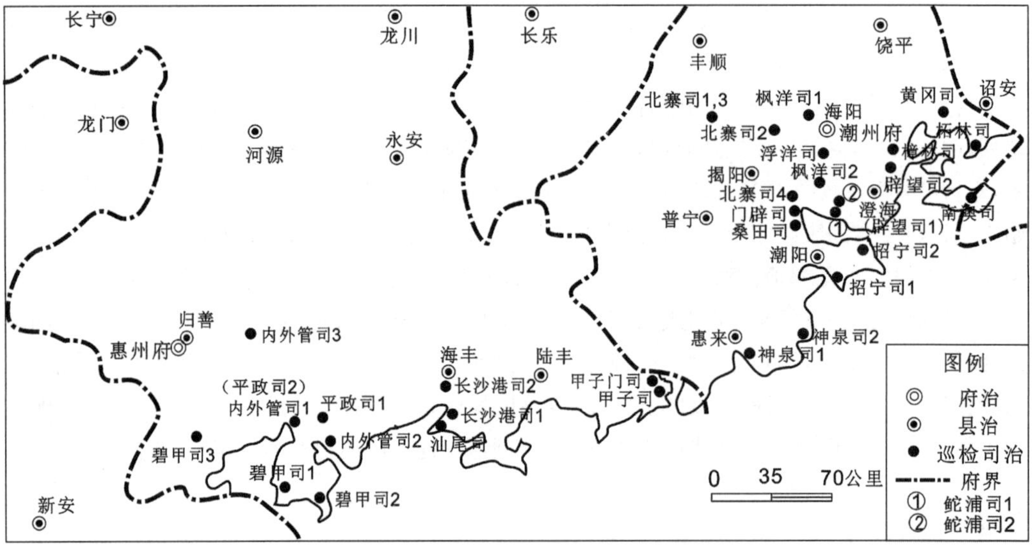

图1 明清时期广东东路沿海巡检司分布图

四、海防形势与巡检司功能变化

通过以上对沿海巡检司的建置梳理，我们可以看出，沿海巡检司的置废变迁与当时的海防形势密切相关。前已指出，东路是明代广东海防的重点区域，早在洪武二年即受到倭寇侵犯，

① 乾隆《海丰县志》卷六《兵防》。
② 民国《陆丰县志》卷三《建置·改设碣石海防军民同知部文》。
③ 民国《陆丰县志》卷三《建置·改置陆丰县部文》。
④ 道光《广东通志》卷一二六《建置略二》。

"倭寇惠潮诸州,时天下初定,海内父安,倭寇窃发,滨海一带皆被骚扰"①。而当时沿海的平海、捷胜、靖海、海门、大城等千户所城均未建立,②反而设置了内外管、长沙港、甲子门、招宁、辟望、鮀浦、门辟、黄冈等巡检司,其中长沙港、甲子门等巡司还筑有司城。可以想象,在这正规军事力量欠缺的时间段内,巡检司应在沿海防御方面起到了主要作用。洪武二十七年,沿海各卫所纷纷设置并建城防守,巡检司的海防地位虽有所下降,但仍然是重要的一环;建文三年(1401)五月,锦衣卫镇抚陈直称:"广东海滨巡检多系人才,不谙操战、御贼,请于军官弟侄中不应袭替者,保选。"③这充分说明在时人眼中,沿海巡检司具有浓厚的海防军事功能。这一时期巡检司能发挥作用,还与当时侵略东路的海寇力量较为薄弱有关。据《广东通志初稿》记载,嘉靖以前的海寇一般是零星出现,以侵略乡村为主,额设弓兵五十人的巡司能起到一定的巡缉效果。

但到了嘉靖、万历年间,倭寇日炽,惠潮二府首当其冲,卫所、县城屡被围攻。如黄冈镇城分别于嘉靖三十六年十二月、三十七年正月、三十八年十二月三次被攻陷,碣石卫城也于隆庆元年、隆庆三年两次被攻陷;其余如大城所、海门所、甲子所、潮阳县城、揭阳县城、海丰县城等也屡受打击,东路的海防形势十分严峻。嘉靖《筹海图编》在详细绘出沿海各卫所及其附近岛屿、海澳、烽堠的同时,也标出了各巡检司的位置,说明此时巡检司是卫所防御的重要补充力量。个别没有建城的巡检司也纷纷建城以加强防御,如嘉靖二十七年建黄冈司城、嘉靖三十三年建神泉司城。但此时连卫所城池都无法抵挡猖獗的海寇,巡检司的海防作用也不宜被高估。嘉靖四十二年,新设的澄海县治就建在辟望司署上,从侧面反映出了巡检司的防御效果并不令人满意;长沙港司于嘉靖三十九年内移至县南十里的谢道山,碧甲司、内外管司也于万历年间发生迁移,枫洋司于嘉靖末被裁废,这些情况均不同程度地削弱了海防功能。

入清以后,海防形势发生重大变化。顺治初年,郑成功、陈豹等海寇占据潮州府南澳岛;苏成、苏利等寇则抢占惠州府碣石、捷胜、甲子等要塞,屡犯沿海郡县。顺治七年,海寇黄海如"引寇数万围潮州五十日"④,顺治十二年夏四月,海寇又犯海丰谢道山、鹿境等处,⑤在这样的形势下,沿海各司基本发挥不了防御作用,长沙港、甲子门、桑田三巡司先后被裁,其余各司弓兵数量也大幅度削减。康熙初年,为防止沿海居民与反清势力勾结,厉行"迁海"。迁海令对潮州府沿海各司造成重大打击,招宁、黄冈、辟望、鮀浦、神泉各司均被裁撤,司城拆毁;康熙七年展界后各司得以复立,继续在海防方面发挥作用,如神泉司不仅重建司城,还加拨兵丁戍守,鮀浦司也进驻蓬州所以加强防御。

雍正、乾隆时期虽然新增了一批沿海巡检司,但由于东路海疆较为安定,⑥沿海各司的主要功能已从军事海防转向一般的民事管理。如潮州府新增的浮洋市司由仓大使改设,樟林司由河泊所改设,惠州府新增的平政、汕尾二司由驿站改设,平海、甲子二司由卫所改设,均是由于地方社会经济发展,原有机构无法满足需要,于是改驻文员以便缉察。雍正十三年新设的南澳司"严

---

① (明)郑若曾撰,李致忠点校:《筹海图编》卷三《广东倭变记》,第241页。

② 道光《广东通志》卷一二三《海防略一》:"洪武二十一年设惠州卫及各所,二十七年设碣石卫及各所……"

③ (清)卢坤、邓廷桢主编,王宏斌等校点《广东海防汇览》卷六《职司一》,第177页。

④ (清)卢坤、邓廷桢主编,王宏斌等校点:《广东海防汇览》卷四一《事纪三·国朝一》,第1018页。

⑤ 康熙《惠州府志》卷五《郡事》。

⑥ 雍正、乾隆年间基本没有关于广东东路海寇滋扰的记载。(清)卢坤、邓廷桢主编,王宏斌等校点:《广东海防汇览》卷四一《事纪三·国朝一》,第1026—1031页。

行保甲,察奸缉赌……宣讲圣谕,化导愚顽”的职能范围充分说明了沿海巡检司功能的转变。

嘉庆、道光年间,海寇卷土重来,但受滋扰的多为中路和西路一带。《广东海防汇览》称:“广东洋匪,始自嘉庆初年,积而日夥。黄正嵩投诚后,尚有张保辈,数百艘游弋外洋,全恃内奸为之接济。自总督百龄抵粤,改盐船为陆运,骤封海港,商舶不通,数万之众势不得不扑岸觅食。于是连帆内窜,香山、东莞、新会诸县滨海村落,惨遭焚劫,而顺德、番禺尤甚。”①又由于越南政局变动,广东西路也屡遭洋匪劫掠,②《广东海防汇览》在述及各路海防时亦要“特详于西路焉”③。海防重心的转移使得东路各巡检司失去振作的机会,潮州府由于远离西、中二路,没有受到多大侵扰,原有的防御体系基本没有改动,嘉庆十三年惠潮道林天培请添设炮台、营汛弁兵于各要害处的建议并没有被采纳;④惠州府由于更靠近中路而受到一定波及,如“乾隆五十八年,洋匪扰海丰,沿海各乡均被其害”⑤,“嘉庆十年闰六月,海盗攻海丰、长沙炮台”⑥,但惠州府并未因此而增加沿海巡检司的数量或增强其武力,而是通过增筑炮台以加强防御。仅嘉庆一朝,惠州府便修筑了海丰县汕尾(嘉庆二年)、麻疯寮(嘉庆五年)、长沙(嘉庆九年)、南山(嘉庆十年)、谢道山(嘉庆十五年),⑦归善县车缯头(嘉庆七年)、吉头(嘉庆十年)等七座炮台,⑧约占全府炮台的五分之二。⑨ 道光《广东海防汇览》在《东路图》中只绘出了各岛屿、海澳、城寨、炮台等,几乎没有出现一处巡检司,⑩表明在时人眼中,沿海巡检司已经被排除于海防体系之外了。鸦片战争期间,广州成为洋人的目标,广东的海防重点无疑是在中路。面对洋人的坚船利炮,更不可能依靠武力微弱的沿海巡检司了。

总而言之,明代以广东东路为海防重点,沿海巡检司在此期间也扮演了重要的海防角色;清初由于迁海、冗官等原因,沿海巡检司大量被裁废;雍正、乾隆年间复设了一批,但其海防色彩已经淡化,更加偏重民事管理;嘉庆、道光年间的社会变动并未倚重巡检司这一机构,加上广东海防的重点逐渐转向西路及中路,东路沿海巡检司的海防功能自此基本丧失。

---

① (清)卢坤、邓廷桢主编,王宏斌等校点:《广东海防汇览》卷四二《事纪四·国朝二》,第1039页。
② 参见曾小全《清代前期的海防体系与广东海盗》,《社会科学》2006年第8期。
③ (清)卢坤、邓廷桢主编,王宏斌等校点:《广东海防汇览》卷二《舆地一·险要一》,第37页。
④ (清)卢坤、邓廷桢主编,王宏斌等校点:《广东海防汇览》卷四二《事纪四·国朝二》,第1038—1039页。
⑤ 光绪《惠州府志》卷一七《郡事上》。
⑥ (清)卢坤、邓廷桢主编,王宏斌等校点:《广东海防汇览》卷四二《事纪四·国朝二》,第1032页。
⑦ 光绪《惠州府志》卷一七《郡事上》;民国《海丰县志》卷下《邑事》。
⑧ 道光《广东通志》卷一二六《建置略二》。
⑨ 惠州府共有17座炮台。参见(清)卢坤、邓廷桢主编,王宏斌等校点《广东海防汇览》卷三二《方略二十一·炮台二》,第821—824页。
⑩ (清)卢坤、邓廷桢主编,王宏斌等校点:《广东海防汇览》卷一《三路海图》,第1—7页。

The Coastal Defense Function of Xunjiansi Bureaus in East Road of Guangdong Province during the Ming and Qing Dynasties

Zhou Weifeng Huang Zhongxin

Abstract: In the Ming Dynasty, the police bureaus called Xunjiansi in East Road of Guangdong Province played an important part in coastal defense. In the early of Qing Dynasty, Xunjiansi had been dissolved because of Clearance Policy and Redundancy of Officials. During the reigns of Yongzheng and Qianlong, a number of Xunjiansi bureaus had been added, but their function had gradually changed from coastal defense to civil administration. In the reigns of Jiaqing and Daoguang, Xunjiansi had almost lost its coastal defense function with the main point of Guangdong coastal defense migrated to West Road and Middle Road.

Keywords: Ming and Qing Dynasties, East Road of Guangdong Province, coastal defense, Xunjiansi

台州大陈岛：从唐代闽商基地到现代台湾北门

周运中*

提要：本文首次指出唐代台州是浙东唯一有热带产品之地，甲香来自东镇山，此山又有来自朝鲜半岛的昆布、海藻、金漆木与来自南方的矾。东镇山即今上大陈岛，岛上有高丽头，此岛是唐代台州与福建、朝鲜的贸易枢纽。大陈岛在明代也是福建商人与倭寇的基地，明清时期发生多次战争。1949—1955年大陈岛成为蒋介石政权在浙江最后的据点。大陈岛在东海的心脏地带，大陈岛的历史是中国海洋文明发展史的缩影。

关键词：大陈岛　台州　台湾　东镇山　福建

大陈岛，今台州市椒江区大陈镇，又名台州列岛，在椒江区东南52千米的海中。主岛为上大陈岛、下大陈岛，上大陈岛在北，面积7平方千米，南面隔海2.5千米是下大陈岛，面积4.9平方千米。上大陈岛面积更大，但是大陈镇在下大陈岛，下大陈岛人口更多。上下大陈两岛周围还有27个小岛，大陈镇截至2012年底有居民3 862人。大陈岛附近是大陈洋，是浙江仅次于舟山渔场的第二大渔场，大陈列岛也是浙江省内舟山群岛以南最大的列岛。

现在中国人熟知大陈岛，主要是因为60年前那次"大陈岛撤退"。1955年，大陈岛人整体迁入台湾。现在的大陈岛人是1955年后迁入的，所以大陈岛的历史裂为两段。此前的大陈岛似乎在历史上默默无闻，但是正如中国东部很多海岛那样，大陈岛在古代就有多次文化更迭。1955年之前的大陈岛人早已忘记一千年来在这个岛上发生的多个历史片段，其实大陈岛在明代的抗倭战争中就处在风口浪尖，而且大陈岛在唐代就是福建人北上贸易的重要据点！幸好史书保存了不少线索，使我们能够重新拼接这些历史片段，进而窥探这个海岛一千年来的沧桑变迁。

一、唐代闽商据点大陈岛

西汉在今台州市椒江区椒江北岸的章安镇设回浦县，《后汉书·郡国志》说东汉光武帝时改名章安县。章安是浙江省东南部最古老的县，《宋书·州郡志》说吴孙亮太平二年(257)置临海

* 作者简介：周运中，厦门大学历史学系助理教授。

郡，治章安县。孙吴临海太守沈莹著有《临海水土异物志》，其中有关于夷洲（台湾岛）的宝贵史料，开头就说夷洲“在临海东南，去郡二千里”。一般认为孙吴东征夷洲，从临海郡出发。《临海水土异物志》又记载安阳（治今浙江瑞安）、罗江（治今福建福安罗江）的土著安家人风俗类似夷洲土著，说明浙江与台湾从上古时期就有紧密联系。东晋析临海郡置永嘉郡，隋代并临海郡入永嘉郡，又在高智慧战乱之后废除六百年的古县章安。① 《元和郡县志》说唐武德四年（621）在临海县置海州，次年改名台州。唐代台州治所在内陆的临海县，直到 1994 年台州市移治椒江区，才结束了一千多年区域政治中心在内陆的历史。台州航海业似乎严重衰落，有关唐宋时期台州海洋贸易的史料极少，但是唐代台州的航海真的衰落了吗？

其实唐代台州的航海没有衰落，我发现唐代台州贡品可以证明台州海洋贸易的繁荣，《元和郡县图志》卷二六说台州贡赋：“开元贡：干姜三百斤、鲛鱼皮。元和贡：甲香三十斤，鲛鱼皮一百张。”②《唐六典》卷三载台州贡品是：“金漆、干姜、甲香。”《新唐书・地理志》台州土贡是：“金漆、乳柑、干姜、甲香、蛟革、飞生鸟。”根据各书记载，东南沿海和台州贡赋如下表：

	浙　东	福　建	岭　南
甲香	台州		潮州、广州、漳州、循州、陆州
山姜	台州	福州	广州
鲛鱼皮	台州	漳州	潮州、循州、交州
鲛革	台州、温州	漳州	循州、潮州、封州、交州

唐代台州的贡品，多与福建、岭南各州贡品相同，而且浙东各州只有台州和福建、岭南的贡品最接近，浙东各州仅温州出现一次。说明唐代台州和岭南的海上往来非常密切，因此台州商人能得到岭南商品，或在台州本地移植生产。甲香产于岭南，福建贡品没有甲香。甲香是海螺制成的香料，故名甲香，最初来自海外，《太清金液神丹经》曰：“唯夫甲香螺蚌之伦，生于歌营、句稚之渊。”据我考证，歌营在今马来西亚的巴生（Klang），句稚在今泰国素叻他尼府。③ 孙吴万震《南州异物志》说：“甲香，螺属也。大者如瓯，面前一边直，才长数寸，围壳岨峿有刺。其掩可合众香烧之，皆使益芳，独烧则臭。”④李时珍《本草纲目》引苏颂《本草图经》：“甲香，生南海，今岭外、闽中近海州郡及明州皆有之，或只以台州小者为佳。”⑤这里特地提到台州甲香很好，另外还提及明州，明州的技术很可能来自台州。《元和郡县图志》记载循州（治今广东惠州）贡赋有大甲香、小甲香，不单是台州产小甲香。鲛鱼是鲨鱼，鲛鱼皮多见于岭南与台州。现在学者认为山姜很可能源自热带，所以见于广州、福州、台州。

为何台州成为唐代浙江独一无二的热带商品出产地呢？嘉定《赤城志》卷三六恰好对唐代贡品有解说：

金漆：其木似樗，延蔓成林，种法以根之欲老者为苗，每根折为三四，长数寸许，先布于

① 周运中：《夷洲与流求新考》，《厦大史学》第四辑，厦门大学出版社 2013 年。
② （唐）李吉甫撰，贺次君点校：《元和郡县图志》，中华书局 1983 年，第 627 页。
③ 周运中：《中国南洋古代交通史》，厦门大学出版社 2015 年，第 88、138 页。
④ （宋）李昉等编：《太平御览》卷九八二，中华书局 1960 年，第 4349 页。
⑤ （明）李时珍：《本草纲目》卷四六，人民卫生出版社 1977 年，第 2546 页。

地一年而发,则分而植之。其种欲疏不欲密,二年而成,五年而收,收时每截竹管,锐其首以刃,先斫木寸余入管。旧传东镇山产之,以色黄,故曰金漆云。

干姜:陶宏景云:干姜惟临海章安二三村善为之,其法以水淹三日,去皮置流水中,更六日,又去皮,然后晒干置瓮缸中,谓之酿也。今章安城门黄杜所出尤佳,齐孔琇之为守,至以为献,则其来久矣。

乳柑:出黄岩断江者佳,他如方山下亦有之,然皮厚味酸,且香韵亦差减。每岁雨多则倍长,未霜以餉行都贵游,谓之青柑。其径至八九寸者绝为艰得,园丁豫择以待需焉。曾守宏父诗有"一从温台包贡后,罗浮洞庭俱避席"之句。

甲香:一名流螺,《临海记》云生东镇山,《传信方》亦云出台州,小者佳。其法先以酒煮去腥涎,云可聚香使不散也。《南州异物志》曰甲香大者如瓯,其面才长数寸,壳有刺,惟以众香和爇则愈芳,若独爇则否。

鲛华:苏恭云形以鳖无足,而有尾,《山海经》曰鲛沙皮,可以饰剑。今南人但谓之沙鱼。《本草》云皮有二种,其最大而长喙如锯者曰胡沙,小而皮粗者曰白沙。

飞生鸟:《本草》云扁鼠出山都平谷即飞生鸟也,状如蝙蝠,大如鸱鸢,毛紫色,常夜飞生子,南人多以为怪,藏其皮,谚谓临产者持之则易免。①

干姜产自古港章安,至今台州还有一道家喻户晓的名菜姜汤面,可见章安文化的影响深远。因为章安原为海港,很多海味寒凉,所以食用必须配姜。黄岩蜜橘现在还很出名。金漆与甲香都产自东镇山,原来台州的热带产品多来自东镇山。东镇山在何处呢?

嘉定《赤城志》卷二〇"黄岩县"说:

东镇山,在县东二百四十里。《临海记》云:洋山东百里,有东镇大山,去岸二百七十里。生昆布、海藻、甲香、矾等物。又有金漆木,用涂器物,与黄金不殊。永昌元年,州司马孟诜以闻,中有四墺,极险峻,山上望海中,突出一石,舟之往高丽者,必视以为准焉。②

卷二八"黄岩县"说:

悟空院,在县东南三百里海中东镇山上。晋天福六年建,国朝治平三年赐额(旧传有金钟,一寨官胁而取之登舟,人钟俱溺,今水际时现金光云)。③

卷十九"临海县"说:

高丽头山,在县东南二百八十里,自此山下,分路入高丽国,其峰突立,宛如人首,故名。④

前人或以为此《临海记》是刘宋孙诜撰,⑤但刘宋的州无司马一职,州司马是唐代职官,《新唐书·百官志四》说各州有"司马一人,从五品下",刘宋临海郡属扬州,所辖地域甚广,州官不可能

① 嘉定《赤城志》,《宋元方志丛刊》第七册,中华书局,1990年,第7558页。
② 嘉定《赤城志》,《宋元方志丛刊》第七册,第7433页。
③ 嘉定《赤城志》,《宋元方志丛刊》第七册,第7493页。
④ 嘉定《赤城志》,《宋元方志丛刊》第七册,第7428页。
⑤ 张国淦:《中国古方志考》,中华书局1962年,第381页。刘纬毅:《汉唐方志辑佚》,北京图书馆出版社1997年,第201、203页。

去海中小岛；唐代的州变小，州司马才会去海岛，所以此《临海记》应是唐人所记，永昌元年不是晋成帝永昌元年(322)，而是武周永昌元年(689)。

东镇山在黄岩县东南260里，高丽头山在临海县东南280里。清代人或误以为东镇山在今温岭石塘镇东南，嘉靖《太平县志》卷一曰："三女山，山距东镇一港云。"①但是此书不提东镇山在何处。嘉庆《太平县志》卷一曰"东镇山"曰："据此，即叶志悟空山，与三女山隔一港者，今海图石塘西南大小蒜外有洞正山，即东镇音讹尔。"②大小蒜即今石塘镇东南的三蒜岛、二蒜岛，东南有更小的一蒜岛，洞正山或即一蒜岛。洞正山不可能是东镇山，因为此岛极小，至今无人居住，不符合东镇山情形。

其实东镇山、高丽头山就是大陈岛，因为现在上大陈岛的东南角还有一个突出的海岬称为高梨头，也即高丽头，高梨头是现代人误写。大陈岛正是在黄岩县城东南260里，在临海县城东南280里。

上大陈岛的东部面对大洋，山陡浪急，西部有四个大湾，村落集中在此。不过最北的一个海湾可能是晚近因为北部小岛联结形成，所以原来或许仅有三澳，古人所说的第四个澳可能在下大陈岛。下大陈岛聚落集中在西北部的大陈镇所在海湾，下大陈岛的人口虽然比上大陈岛多，但是异常集中，主要在北部的大陈镇一带。下大陈岛的西南部山势险峻，不宜建村居住。下大陈岛西南部是一个狭长的海岬，称为凤尾，所以大陈岛过去属温岭县凤尾乡。

东镇山不产矾，中国八成、世界六成的矾来自浙江最南部的苍南县矾山镇，所以东镇山的矾无疑是福建人经过苍南时转运到此。苍南县现在多数地方说闽南话，历史上有很多闽南人移居此地。所以唐代人说高丽头是去高丽的航标，很可能是指福建人去高丽而非台州人，因为大陈岛在台州东南，福建人从南方来，必经此地，而台州人去高丽不必南辕北辙走到大陈。

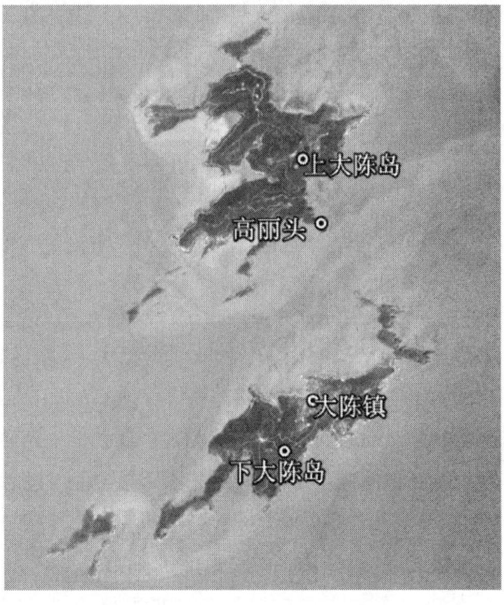

上大陈岛、下大陈岛地图

福建商人运来南方的矾、甲香、鲛鱼皮，或许还去朝鲜半岛贩卖商品，或许与高丽海商在大陈岛贸易，所以《临海记》说东镇山出产来自海东的金漆木、昆布、海藻。

金漆木，前人未考，今按此物来自朝鲜半岛海中，《新唐书·东夷传》说百济"有三岛，生黄漆，六月刺取汁，色若金"，无疑就是金漆木，说明唐代台州与高丽的往来绝非虚言。金漆木或许是黄花梨木，有树脂。

昆布即海带，也来自海东的朝鲜半岛或日本，《册府元龟》卷九七一记载开元二十六年(738)渤海靺鞨献昆布，《本草纲目》卷十九引陈藏器《本草拾遗》："昆布生南海，叶如手，大似薄苇，紫

① 嘉靖《太平县志》，《天一阁藏明代方志选刊》，上海书店1981年，第17册。
② 嘉庆《太平县志》，《中国方志丛书》，成文出版社有限公司1984年，第510号，第224页。

赤色。其细叶者,海藻也。曰:其草顺流而生。出新罗者叶细,黄黑色。胡人搓之为索,阴干,从舶上来中国。”卷四六又引陈藏器曰:“蛤类也。生新罗国,彼人食之……热气消食。杂昆布作羹,主结气。”博物学大家薛爱华(Edward Hetzel Schafer,1913—1991)指出昆布对应日本原住民虾夷(阿依努)语 kompo,但是不知出自阿依努语还是阿依努人借自其他语言。① 海藻可能是紫菜之类,而非海带,所以昆布、海藻并列。

张籍有《赠海东僧》诗云:“别家行万里,自说过扶余。学得中州语,能为外国书。与医收海藻,持咒取龙鱼。更问同来伴,天台几处居。”②来自海东的僧人,帮助中国医生收购海藻,很可能到过天台,也即台州。汉代扶余在今东北平原,唐代属渤海靺鞨。渤海国之西有扶余府,在今吉林省中部。但是扶余也指朝鲜半岛,《魏书》卷八八说高句丽与百济出自扶余,百济王姓余。此处说“过扶余”,或许是指这位僧人来自扶余故地以东,或许是指他去过扶余故地。此处的扶余或许指渤海靺鞨,或许指朝鲜半岛。又说能用咒语捕捞龙鱼,龙鱼应是一种海鱼。

宁波象山县最南端有南田岛,其南端的海峡,今称金七门,但是在清代杨殿才的《南田记略》与民国《南田县志》中,写作金漆门,③无疑是源自金漆木。南田与大陈,一水可通,历史上南田与台州关系紧密,至今南田所在的象山县南部仍然说台州话,金漆也在古代从大陈岛移入南田岛。

所以东镇山(大陈岛)不仅是福建人贩运南方商品的基地,也是朝鲜半岛商品的转运基地。因为大陈经济繁荣,所以岛上的悟空院有金钟。悟空院是后晋天福六年(941)建,说明晚唐到吴越时期此地经济仍然繁荣。此时南方诸国割据,战火较少,而且积极发展海外贸易。此时也是宁波兴起之时,很可能是因为宁波的崛起,使得大陈岛的贸易衰落,以致后人忘记了这个唐代一度兴盛的南北贸易海港。

二、明代海战中的大陈

大陈在台州外海,是浙东要冲,明代屡遭倭寇侵犯。明胡宗宪《筹海图编》卷五《浙江事宜》说:“松门港,其东为岛米门外积谷山及下洋、大陈忝等处,外即大海,直抵日本……若贼自温州而来,此为汇嘴快捷方式,竟抵城下;若自外国而来,止过大陈、邳山、大鹿登岸,皆为贼巢,甚难防守,今虽稍增战舰,仅堪小敌之御,而港内迂回屈曲,难以捍贼,必出大陈山而迎战于海中,乃为得之。”④松门即今温岭松门镇,现代松门在陆上,但是清代之前的松门是个海峡,故名松门。积谷山在其东北海中,再东北是大陈岛。

嘉靖三十二年(1553),海宁卫指挥佥事马呈图战死,其子继武,袭升指挥同知:“擢松海把总,值倭奴突犯……统海艘,战于西矶洋,亲斩酋首徭戍郎,生擒十余人。又战于大陈洋,穷追外岛,复生擒二倭,斩首十七级,犁沈贼舟,溺死不及,首卤者亡算。连战六日,皆大捷。设父像,生

---

① [美]薛爱华著,吴玉贵译:《唐代的外来文明》,中国社会科学出版社 1995 年,第 320、335 页。

② 《全唐诗》卷三八四,中华书局 1960 年,第 4319 页。

③ 龚缨晏:《中国古代海岛地图的若干特点——浙江图书馆藏〈南田记略〉中的海岛地图研究》,《宁波大学学报》2014 年第 2 期。

④ (明)郑若曾撰,李致忠点校:《筹海图编》,中华书局 2007 年,第 353 页。

剖倭心，取血酹酒以告，痛哭再拜，见者感动。”①

福建海盗林碧川等勾结倭寇，侵扰浙东，嘉靖三十四年在大陈岛被明军擒获，《筹海图编》卷五《浙江倭变记》记嘉靖三十四年“八月，副使孙宏轼等破贼于大陈山岙，擒贼首林碧川。贼首林碧川自柘林遁，出海为飓风沮，回泊台州之螺门。宏轼与兵备许东望、参将卢镗、知府宋治、都司王霈等督舟师追之，贼败登山，官兵围之月余，碧川与高赠、乌鲁美他郎等一百五十人俱俘斩无遗”。明王士骐《皇明驭倭录》卷六记载此战说：“倭舟三艘，泊台州海洋之螺门。备倭都指挥王沛等，引舟师出哨，遇于大陈山嶼，擒贼十七人，斩首九级。余贼弃舟，登山走匿。我兵焚其舟，四面环守。参将卢镗以大兵会之，入山搜剿，生擒真倭乌鲁美他郎、酋首林碧川等八十四人，斩首三十八级，由是三舟之倭尽殄。”②

万历五年(1577)四月，“倭贼乘船，一犯渔山，再犯大陈等处外洋，当被各该设伏官兵督并剿捕，尽绝两次，在阵擒斩倭首四十六名”③。

崇祯元年(1628)，郑芝龙在厦门受抚，同党多未受抚，散布各地海上。有周三老窜入大陈岛，明戴澳《杜曲集》记：

> 明年(郑)芝龙称受抚，而叛党周三老等，竟扬入浙，窟大陈山，时时出掠，并海诸村，戍众数万，帆樯蔽天，犯石浦及昌国，转攻爵溪，迫窥象山……中丞公(张延登)方且触暑凌江，督省会兵至越，越司理刘(光斗)，慷慨监军……分兵为两翼，一军定海，扼其咽喉，巡海使者(萧基)临督之；一军象山昌国，防其侵轶，越司理航海监之，监军随宜指授，将士皆有奋心。寇屡衄，遂逸保大陈。适飓风作浪稽天，缘海诸楼船多漂溺，公料寇必乘虚。密檄诸将备非常，寇果再犯石浦。于是诸将奉公秘略，监军亲援枹，寇至伏发，火其舟，斩溺无算，急窜金齿门外，如雾散波，委公犹以不大创，终贻肘腋忧，与巡海使者往复商订，疏请合剿，益选将励士，一切军需，悉倚办郡守陈(之美)，用夏郡丞(以宾)策，募改商舶，增战舰，期三郡兵会海门，直捣大陈，鱼丽陈沧溟，百年来所未见，贼惊从天而下不知所战，并不知所走，一鼓覆之，仅数十舸南逸，我兵追至闽界，返，公宴赉诸官将有差，浙海遂清。④

盘踞在大陈的福建海盗武装，时常劫掠象山县，明军在征讨时借助商船，说明大陈与象山之间有密切的商业往来。石浦等地虽然属于象山县，但是自古以来通过海路与台州紧密联系，象山县南部地区至今仍然是宁波境内唯一的台州话分布地区。关于石浦与南田的重要地位，本人另有专文。

次年四月十八日，浙江巡抚张延登引再前一年即天启七年(1627)三月抚臣潘汝祯所奏说：

> 浙、闽俱濒海邻倭，虑奸民勾引，禁船只不许往来，日久玩愒，出入毋禁，以致崇祯元年，海寇大举入犯。臣细访闽船之为害于浙者有二：一曰杉木船，福建延、汀、邵、建四府出产杉木，其地木商，将木沿溪放至洪塘、南台、宁波等处发卖，外载杉木，内装丝绵，驾海出洋，

① 天启《海盐县图经》卷一〇，《中国方志丛书》华中地方第589号，成文出版社有限公司1983年，第823页。

② (明)王士骐：《皇明驭倭录》，《续修四库全书》编纂委员会编《续修四库全书》第428册，上海古籍出版社2002年，第379页。

③ (明)项笃寿：《小司马奏草》卷四，《续修四库全书》第478册，第629页。

④ (明)戴澳：《杜曲集》卷一一《大中丞张公平寇碑》，《四库禁毁书丛刊》编委会编《四库禁毁书丛刊》集部第71册，北京出版社1997年，第369—371页。

> 每赁兴化府大海船一只,价至八十余两,其取利不赀。一曰钓带鱼船,台之大陈山、昌之韭山、宁之普陀山等处,出产带鱼。独闽之蒲田、福清县人善钓,每至八九月,联船入钓,动经数百,蚁结蜂聚,正月方归,官军不敢问。此二项船,皆与贼通。贼先匿大陈山等处山中,为巢穴,伪立头目,刊成印票,以船之大小,为输银之多寡,或五十两,或三十二十两不等。货未发,结票,谓之报水。货卖完,纳银,谓之交票。毫厘不少,时日不爽。此二项船,贯盗贼勾引之囮媒也。至浙人之自为害者,奸船为最。前钓鱼船,搭厂于山,系船于海,内地奸民皆以大小划船,假冒乡绅旗号,装载酒米,与渔船贸易,而藏违禁硝磺等物以资贼。每获重利,而归穷洋,竟同闹市。①

此处叙述了福建人在大陈岛的具体营生,一是杉木船,把闽江上游的杉木运往宁波,经过大陈岛;一是钓带鱼船,莆田、福清人往大陈岛钓带鱼。海盗在大陈岛发放印票,收取钱财。台州本地人去大陈岛贩卖酒米,甚至硝石、硫磺等违禁物品。

清嘉庆元年(1796),闽贼李发枝引安南(今越南)艇贼深入浙江,安南海盗在温州三盘山,福建海盗水澳帮六七十船南泊玉环外洋,浙江海盗凤尾帮六七十船及土盗小船散泊大陈、石塘、鲎壳等岙。嘉庆四年冬,定海总兵李长庚征讨未果。五年六月,浙江巡抚阮元督师,剿灭安南海盗与浙江凤尾帮。② 凤尾帮就在大陈海岛,凤尾在下大陈岛西南。

清代大陈岛还有福州移民,据说下大陈岛的小坑有八闽会馆,大浦、小浦是福州人聚居地,有来自福州的三山境威烈侯庙。③

三、"大陈大撤退"

1949年国民党政府退守台湾,仍然保有浙江大陈等岛。大陈岛北通舟山、宁波,南通温州、台湾,是蒋介石在故乡浙江最重要的据点。

上大陈岛东北50千米有象山县的渔山列岛,上大陈岛西北11千米有一江山岛,其北有临海县的东矶列岛。大陈岛的西北门户一江山岛有两个主岛,中间是一条狭长的海峡,如同一条江水,故名一江山。大陈岛西南49千米有玉环县的披山列岛,再南有洞头的洞头列岛、瑞安的北麂列岛、平阳的南麂列岛。南麂岛现属平阳县南麂镇,是南麂山列岛的主岛,面积7.64平方千米。其北部有瑞安东南的北麂山列岛,主岛北麂岛仅有1.97平方千米。南麂岛是温州东南最大的岛,最高峰229米,海岸曲折,港阔水深。南麂岛在大陈与台湾之间,远离海岸,地居要冲。

1951年蒋介石派浙江同乡胡宗南抵达大陈,化名秦东昌,训练江浙流散军队。1952年,伪浙江省政府在大陈岛重建,胡宗南任伪省主席。1953年,朝鲜战争结束,东亚的军事重心南移到闽浙海域,蒋介石派陆军第46师到大陈岛,刘廉一为大陈司令官。1954年,大陈岛本地

---

① (清)计六奇撰,魏得良、任道斌点校:《明季北略》卷五,中华书局1984年,第103页。

② (清)焦循:《雕菰集》卷一九《神风荡寇记》,《续修四库全书》第1489册,第311页。(清)张鉴:《雷塘庵主弟子记》卷一,《续修四库全书》第557册,第219—222页。

③ 孙静江:《大陈纪略》,《中国民俗学会民俗丛书》第170册,东方文化书局1976年,第54—55、61页。

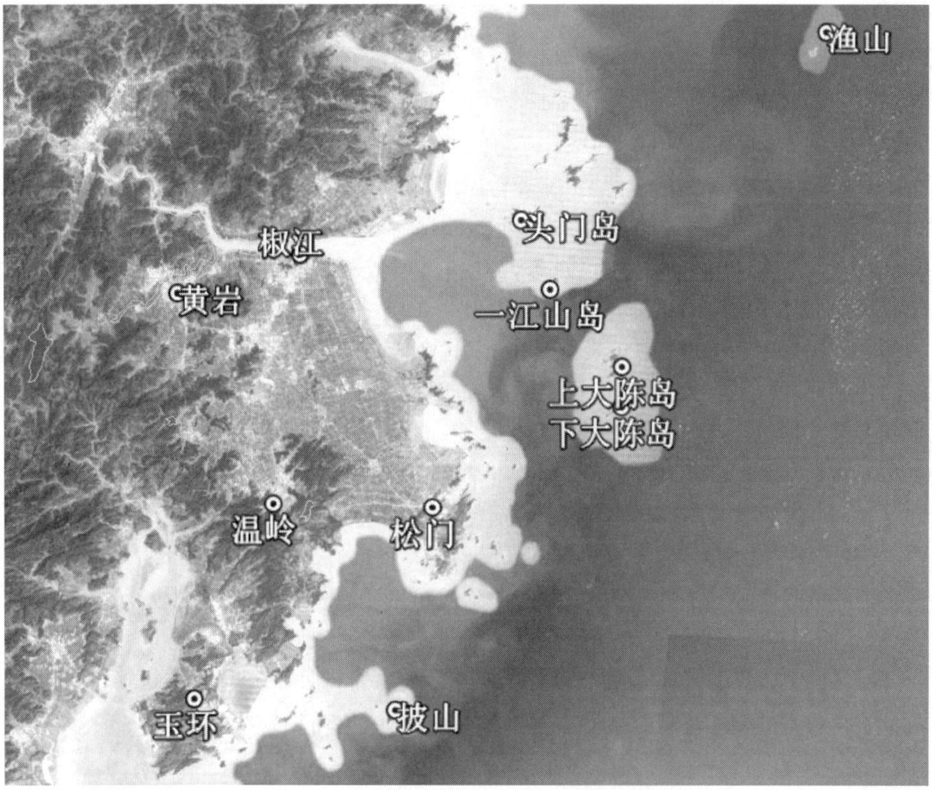

大陈、一江山、头门、渔山、披山位置图

13 622人，各地迁入 2 540 人。1954 年 5 月 5 日，美国大使蓝钦与蒋伪政权外交部长叶公超到大陈岛。6 日，蒋介石亲临大陈岛。7 日，蒋介石在大陈岛遥望大陆。8 日，蒋介石回台湾。13 日，大陈北部的头门列岛被攻占。7 月 8 日，美国安全分署长官卜兰德到访。8 月 10 日，蒋经国与顾维钧“大使”、西班牙驻台代办赖桂齐到访。17 日，美国太平洋舰队司令史敦普到访。19 日，第七舰队到访。11 月，大陈等岛遭到猛烈轰炸。12 月 3 日，叶公超与美国国务卿杜勒斯签订所谓《中美共同防御条约》，蒋介石获得美国协防台湾的目标达到。

1955 年 1 月 20 日，大陈岛西北的门户一江山岛被攻克，大陈岛暴露在炮火之下。驻守一江山岛的蒋介石部队几乎全部阵亡，但是大陈岛的美军不予援助，蒋介石非常不满。美国认为大陈岛距离台湾太远，而且是个小岛，不值得美军花费过高成本防守。蒋介石很不希望放弃大陈岛，因为保有大陈岛，就证明他还占有家乡浙江省。蒋介石还想通过大陈等岛组成的海上据点，借机反攻浙江。但是美国人不理解蒋介石对故乡的深深眷恋之情，他们希望蒋介石放弃大陆沿海的所有岛屿。蒋介石不想放弃大陆，不想划海而治，他决定与美国人妥协，以退出大陈岛为代价，换取他据守金门、马祖等福建沿海岛屿的资格，美国人接受了这一方案。蒋介石与美国合作制定了大陈撤退的“金刚计划”，30 日蒋经国亲自到大陈岛指挥。①

2 月 4 日，美国航空母舰 4 艘、重巡洋舰 2 艘、驱逐舰 14 艘、飞机 400 架进行演习。6 日，首

① 陈玲：《大陈记忆·两岸新移民的悲欢》，时英出版社 2015 年，第 41—53 页。

批大陈岛民众抵台湾。7日,由蒲赖德指挥的美国海军第七舰队132艘舰船、台湾27艘舰船组成混合船队抵达大陈岛,包括6艘航空母舰。8日,蒋伪政权国防部长俞大维、副总司令黎玉玺、国防部第三厅副厅长蒋纬国、空军署长罗英德等人到达大陈岛。9日,大陈、渔山、披山等岛的全体民众登船,晚抵基隆。10日,美国大使蓝钦、顾问团团长蔡斯、孙立人抵达大陈岛。12日,大陈司令官刘廉一等撤离。计从大陈等岛撤走正规军1万人、游击队4千人、居民17 132人(其中上大陈岛3 937人,下大陈岛10 974人,披山岛1 083人,渔山岛518人)、军用物资4万吨、各村庙宇神像10余座,同时炸毁码头、渔船、工事等。25日,蒋伪政权独立完成“飞龙计划”,把温州南麂岛军民撤到台湾,至此完全退出浙江。

大陈等岛民众到台湾后,被分散安置在屏东、高雄、花莲、宜兰、台东、台北、基隆、桃园、新竹、南投、台南的35个新村。大陈移民及后代至今已有十多万人,仍通用台州话。① 大陈人还为从家乡带来的神像在台湾建立了新的庙宇。由于他们居住集中,家族完整,又被蒋介石看成是最忠实的所谓“大陆义士”,在很长的时期内享有较高的社会声誉,所以大陈文化在台湾得到了完好保存。大陈移民新村多建在海边,但是台湾海洋情况与大陈不同,很多大陈人不适应台湾渔业,很多人转而做海员,因此很多大陈人又借机移民美国。

现在惨烈的战争早已成为历史,渡海的大陈人虽然把台湾当成了第二故乡,又从台湾走向世界,但是他们的心中始终怀念真正的家乡。近年两岸走向开放,无数大陈人从台湾回到大陈扫墓、寻根、怀旧,有的回乡定居,甚至还与晚近迁居大陈的新居民成为朋友,大陈人让台州和台湾这两个原来仅是地名相近但是无甚来往的地方联结在了一起。

四、大陈岛的历史地位

蒋介石之所以苦心经营大陈岛,就是看中此地的重要战略位置。正是同样的地理原因,使得唐代的大陈岛成为福建人、高丽人在浙江居住与经营的据点,也使得明清大陈岛成为航海要冲。在陆上人书写的历史中,大陈岛可以忽略不谈。但是在海上人的另一个世界中,大陈岛地位重要。因为海上人群自古以来就是在陆上王朝话语体系中失语的一群人,所以过去我们对大陈岛的历史了解甚少。我们从陆上史书记载的一鳞半爪,勉强可窥见古代大陈岛在海上世界中的繁华景象。

如果我们不重新发掘出大陈岛在古代海上世界的重要地位,一定会以为大陈岛在现代战争的突出地位不过是偶然现象。其实大陈岛在现代的突出地位是其古代地位的自然发展,因为决定现代大陈岛命运的台湾岛就是由闽南海商开辟的,古代大陈岛也是闽南海商经营的据点。纵观中国历史,经济与文化中心持续南移。海洋在中国的地位持续上升,南宋政权不过在大陆沿海流亡,南明的旗号则最终到了海岛。所以大陈岛的历史看似多次断裂,其实反映了中国海洋势力的持续发展。大陈岛历史的多次断裂源自海陆势力的冲撞,每一次冲撞都带来一次融合,海洋势力的地位在每一次融合中都有上升。我们从大陈岛的历史,看到了中国海洋文明发展史的缩影。

① 孙静江:《大陈纪略》,第17、69—70、107—108、117—119、125—131页。

大陈岛在唐代就是福建人前往中国北方和高丽、日本的重要节点，正是中国、朝鲜、日本之间的海域中心，真可谓东海的心脏，至少应该与舟山群岛一起被归入东海的核心地带。我们不能用陆上的眼光来衡量海上，大陈与舟山虽然有一段距离，但是就传统交通方式来说，海上航行速度比陆上行进速度快得多，所以海上各地看似较远，其实联系密切。浙江海岛是中国南北海域的枢纽，我们应从浙江海岛入手探索中国南北海域的交流史。

Dachen Islands Taizhou: From the Basis of Fujian Merchants in Tang Dynasty to the Gateway of Taiwan in Modern Times

Zhou Yunzhong

Abstract: This article firstly points out that Taizhou was the only district producing tropical products including snail in Tang Dynasty. The snail was from Dongzhen Island, and the kelp, seaweed and Jinqimu(Golden Lacquer Tree) from Korea, the alum from the south also were sold here. Dongzhen Island is Dachen Islands nowadays where the Korea Cape located. This islands was the hub between Taizhou, Fujian and Korea in Tang Dynasty. Dachen was the base of Fujian merchants in Ming Dynasty, so several battles were broken out here. Dachen became the last Zhejiang stronghold of Chiang Kai Shek from 1949 to 1955. The whole Dachen people retreated to Taiwan in 1955. Dachen was on the heartland of the East China Sea. The history of Dachen is the miniature of the Marine Civilization of China.

Keywords: Dachen Islands, Taizhou, Taiwan, Dongzhen Mountain, Fujian Province

近代上海城市天后信仰变迁研究

陈云霞*

摘　要：开埠以后上海城市的民间信仰受到战争、外来移民、宗教政策等多方面因素的影响，天后信仰的传播正是这几方面的集中体现。在战争破坏和宗教政策的影响下，上海城市的天后宫先后经历了破坏和新建，其信仰因闽粤移民数量的增多而得到扩散和进一步传播。在此过程中，信仰群众由船商转变为闽粤籍人士，使得其间行业性和地域性相混杂，并在社会生活中扮演着凝聚的角色。同时，由于政府的介入，重建后的天后宫被赋予了一定程度的政治色彩。

关键词：天后信仰　时空传播　闽粤移民　地域性

天后信仰，又称天妃信仰、妈祖信仰，兴起于东南福建一带。妈祖是海上船民的保护神。顾颉刚、容肇祖和周振鹤等先生对天后的身份及天后信仰的源流进行了详尽的考证。① 关于天后信仰的研究主要集中在信仰本身流变、与海运贸易的关系、与地域移民团体间的互动等几方面，可谓成果累累。② 而学界对上海地区天后信仰的关注早已有之，举办了相关的学术讨论会议，出现了不少专门的论文。③ 但是笔者认为作为开埠后城市区域内的天后信仰，其演变、传播受到移民、宗教政策、战争等开埠后特有的社会因素影响，还有待深入、细化的研究。

一、近代上海城市天后信仰的时空传播

天后信仰传入上海地区是在南宋时期。宋元以来，天后一直作为船民的保护神存在。至清代乾嘉时期，上海的海上交通与贸易渐趋兴盛，天后信仰也在这个时期开始繁盛。上海城

---

* 作者简介：陈云霞，复旦大学社会学博士后。

① 顾颉刚、容肇祖：《天后》，《民俗》周刊第41、42合刊；周振鹤：《天后》，《民俗》第61、62期。

② 陈燕：《天后信俗在香港的传播及其对海外的影响》，暨南大学硕士学位论文，2001年；曹琳：《天后信仰在天津之变化及衰落原因再分析》，《宗教学研究》2005年第3期；郑丽航：《清代国家祭祀体系中的天后考述》，《海南大学学报》2009年第5期；管勤积、杨焕鹏：《近代以来烟台天后信仰与城市社会变迁》，《民俗研究》2011年第2期；宋德剑：《庙宇的地理空间分布与社会功能——粤东梅州天后信仰的宗教地理学研究》，《江西师范大学学报》2013年第4期。

③ 2002年在松江召开"首届浦江妈祖文化研讨会"；高红霞：《近代上海的天后信仰》，《安徽史学》2013年第5期。

市最早建立的天后信仰场所是位于小东门外的顺济庙，开埠以后因战争被毁。又在河南北路建立新的天后宫，也称天妃宫。在国家政策的不断推动下，由于信仰人群的增多，天后宫在上海城市的分布由点状向面状转变，即除了专门的天后宫之外，以潮惠会馆为主的许多会馆都供奉天后。

文献对本文研究空间范围内的天后宫记载最早的是明代正德年间修撰的《松江府志》，其中关于上海县的部分就记载了“顺济庙”：

> 在县治东北黄浦上。……即圣妃宫，咸淳中重建，后有丹凤楼。①

这里的圣妃宫，即天后宫，但是文献接下来没有更详尽的记载。通过考证，可以得知该处圣妃宫就是后来上海县城小东门外的天后宫。

同治《上海县志》记载的天后宫有两座，其一修建于南宋咸淳七年(1271)，位于小东门外，“古称顺济庙，庙面东浦，潮汹涌北来，至此而伏，过则复起，人以为神焉。国朝雍正十三年，定制秩祀。咸丰三年，寇乱庙毁。今其地为西人租去，有司岁祀就本地商船会馆举行”②。从这里可以看出，小东门的天后宫沿袭了正德《松江府志》中记载的顺济庙中的圣妃祭拜。

同治《上海县志》记载这座天后宫因不断显灵而在开埠前后地位得到提升。“道光六年试行海运告竣，因神默佑，诏于江苏上海县神庙，加封安澜利运。十九年，册封琉球显应，加封泽覃海宇。二十八年，海运，诏于上海神庙，加封恬波宣惠。咸丰二年，海运，诏于上海神庙，加封导流衍庆。”这种不断加封使得小东门天后宫信仰在咸丰二年(1852)达到顶峰，而此后不久，便同开埠后其他祠庙的命运一样，天后宫先后毁于战火和旅沪西人的租占。

> 咸丰三年，寇乱庙毁。克复后，绅商郁松年、郭长祚等集资重建，未毕工而复毁于兵。今其地为西人租去，有司岁祀就本地商船会馆举行。③

可见，小东门天后宫在1853年小刀会起义中被毁，至同治《上海县志》修撰的1872年止，该天后宫已经被西人租占。

同治《上海县志》记载的本文研究空间范围内的第二座天后宫是位于引翔港码头的天后行宫，“同治二年，里人周志溶募建”④。但对这座天后行宫，文献并未见其他记载。

天后信仰先后于1853、1855、1857、1868、1871、1891年八次受到政府的加封，可以看出这一时期有利于护国安民的民间信仰能被政府认可，而一旦被官方承认，该信仰的祠庙就会建立，并在更大范围内得到推广、传播。⑤ 在这一大背景下，至光绪九年(1883)，小东门天后宫得以重建，地点位于河南北路苏州河段。民国《上海县续志》在“秩祀”中记载：“天后宫，在二十五保头图铁大桥北，光绪九年与出使行辕同时建筑。”⑥

与小东门天后宫不同的是，它由来自广帮的绅商集资修建，而不是像小东门天后宫一样承袭了传统顺济庙的规模。关于河南路天后宫的修建，文献是这样记载的：光绪六年，海防分府

---

① 正德《松江府志·寺观》。
② 同治《上海县志》卷一〇。
③ 同治《上海县志》卷一〇。
④ 同治《上海县志》卷一〇。
⑤ 民国《上海县续志》卷一二。
⑥ 民国《上海县续志》卷一二。

饬令自本年冬季米船承担每石捐银二分，以作为修建天后宫的资费。

本埠前议重建天后宫，所有经费曾奉关道宪刘观察饬：在冬漕起承运米船提捐旋经会馆董事及号商等赴海防厅属，禀请筹议改章，经刘分府批示今抄录于左。海防分府刘批：查上海重建天后宫行馆，筹议工费，曾奉道宪札饬应于本届。光绪六年分冬，漕起承运米船每石捐银二分，以资经费，当经转行遵照。①

至光绪十年，河南路天后宫最终落成。“虹口铁路天后宫系广帮绅商创捐建造，将次竣工，大门内旁侧另盖接官□三楹，想以备各绅栖息之地耳。”②也就是上文所提到的出使行辕三楹与天后宫一同建筑而成。

在河南路天后宫（铁路天后宫）建成以后，为了使它和先前的小东门外天后宫有祭祀传统上的继承性，小东门天后宫的天后神像被移至河南路天后宫。

铁路天后宫落成后，业经演戏敬神，诸事毕备。兹闻于月之念三日，恭请小东门外天后宫内之敕封护国庇民天后圣母元君法驾进宫升座，届期除各执事往迎外，凡有一切仪仗均由各绅商敬助云。③

河南路天后宫尽管是由旅沪广东绅商集资兴建，但是由于传承了上海城市最有权威的天后神像，因此这一处天后宫对旅沪福建人来说，也是寄托其信仰的一个重要场所，以至于“铁路新建之天后宫，今日有闽省与泉漳永众商恭送匾额一方，并用鼓吹一部，以答神庥，各商先后拈香，衣冠颇济济也”④。上文已经提到小东门天后宫曾经是福建商帮的聚集之地，尤其是在开埠之初，它成为以福建人为主体的小刀会成员的聚集之地。然而，新的河南路天后宫并未因捐资方是粤商而使其信奉者具有地域性，相反，因为其继承了早期小东门天后宫天后神像而使得信众广泛，这也是河南路天后宫与小东门天后宫的不同之处。

综上所述，上海城市自开埠起共出现过四座天后祠庙，即顺济庙、小东门天后宫、引翔码头天后行宫、河南路天后宫。与此同时，上海的闽粤会馆以及其他道观也在开埠以后出现了增祀天后的现象。⑤ 例如，在光绪年间出现的安澜道院位于小南门外商船会馆，其中供奉的主神就是天后。它的创建者为沙船商，隶属于商船会馆。⑥ 另一个增祀天后的庙宇是位于南京东路的虹庙，该庙原祀保安司徒，开埠以后增祀许多其他神灵，其中就有天后，而其中的原因则是出于利益考虑。

当时有些流氓拟在附近开一所观音庙，同虹庙抢生意。虹庙当家道士得到消息生怕生意被人抢去，便将庙堂重新扩充，在正殿上供上观音。后来又怕别人另设新庙，于是干脆把玄天上帝、关老爷、纯阳祖师、六十星宿、紫薇大帝、天后圣母、文武财神、地藏王、二郎神、城

---

① 《本埠董事号商请改修庙捐章禀批》，《申报》，1881年1月22日。
② 《广厦告成》，《申报》，1884年5月17日。
③ 《择吉迎神》，《申报》，1884年6月5日。
④ 《闽商送匾》，《申报》，1884年7月16日。
⑤ 《上海碑刻资料选辑》，上海人民出版社1984年，第235、278页。
⑥ 民国《上海县续志》，卷一二。

隍等各色神佛一起堆在庙里,好似一间百货店,货色繁多,应有尽有,省的别人来抢生意。①

由此可见,天后信仰在开埠以后的上海城市由单一的小东门一点扩展至河南北路、引翔码头天后行宫、小南门外、南京东路的虹庙、各商船会馆等多处,呈现出面上的分布。同时,也正是由于奉祀天后信仰的祠庙在空间上的扩散,使得城市民众对该信仰本身和天后其神的认识也有所增加。基于此,关于天后的传说在上海传播开来,而河南路天后宫所在的虹口和小东门天后宫及商船会馆所在的上海县城这两处是天后民间故事流行的主要区域。该传说故事的内容是关于天后其神的生平事迹。② 无论是祠庙的增建还是信仰传说的流行,都说明一个问题,那就是天后信仰在开埠以后的上海城市中得到了由点到面的传播。

二、天后信仰:地域神和行业神混杂

上海开埠以后民间信仰的一个重要特征就是地域神和行业神的混杂,即一种信仰在城市内出现了按籍贯、地域划分的趋向,并且这种划分与行业划分相互渗透。

行业神崇拜是从业者供奉护佑本行业经营之神灵的行为,伴随着行业分工的出现而产生。上海城市开埠以前就已经存在行业神的崇拜,例如供奉鲁班像的仁寿祠、先棉祠街的黄婆庵等等。开埠以后随着不同地域来源的移民进入上海,有的行业神出现了按地域划分的趋向,甚至转化为地域神。其中,天后信仰就是典型的案例。

如上文所述,天后信仰传入上海地区是在南宋时期,在传统观念中天后一直作为船民的保护神存在。开埠以后,随着小刀会起义和太平天国战争的影响,进入上海的闽粤人士数量激增,天后宫开始慢慢转变为乡缘的重要纽带,成为闽粤会馆中必须供奉的神灵。

> 神系福建莆田林氏女,……雍熙四年九月九日升化时显灵异,护庇海舟,始封灵慧夫人。③
>
> 咸丰二年,海运诏于上海神庙,加封导流衍庆。④
>
> 神于咸丰三年、五年、七年四次加封为护国庇民妙灵昭应宏仁普济福佑群生,诚感咸孚显神赞顺垂慈笃祜安澜利运,泽覃海宇,恬波宣威导流衍庆靖洋锡祉恩周德普卫漕保泰振武绥疆天后之神。⑤

从这里可以看出,开埠之前及初期天后显灵的内容都是护佑漕运、安澜利运,属于典型的行业神崇拜,而到了开埠以后,这种情况就发生了转变。

王韬在《淞隐漫录》中就讲到小东门外的天后宫:"三月二十三为天后诞辰,……东门一带为尤盛。闽粤富商,无不殚其财力以奉神。"而"闽粤大商,多在东关外。……闽粤会馆六七所,类多宏敞壮丽"。王韬的这部文言短篇小说集刻印于光绪初年(1875),它反映的是开埠以后上海

---

① 上海档案馆藏,《南京路上保安司徒庙(虹庙)害人不浅群众要求加以撤销》,卷宗号:B257-1-4586。
② 《中国民间故事集成》(上海卷),第437页,2007年5月,中国ISBN中心出版。
③ 同治《上海县志》卷一〇。
④ 同治《上海县志》卷一〇。
⑤ 民国《上海县续志》卷一二。

县城东门区域闽粤富商对天后的信奉。

对于天后为何成为旅沪福建、广东人的护佑神，在道光壬辰年(1832)的《兴修泉漳会馆碑》中讲得很清楚。

> 夫上属泉漳会馆，吾闽中邑人所创建也。……会馆而有庙，有庙而春秋祭祀，遵行典礼者，盖生逢国家升平之日，设关招商，遐迩毕至。吾邑人旅寄异地，而居市贸易，帆海生涯，皆仰赖天后尊神显庇，俾使时时往来利益，舟顺而人安也。且吾邑人聚首一堂，而情本枌榆，爱如手足，更仰赖关圣尊神灵佑，俾使家家通达义理，心一而力同也。此所为前宫后殿与会馆二而一也，合庙堂于会馆也。然则会馆贵创，而尤贵修乎！①

开埠之前，泉漳人已经在福建和上海之间开始了往来，而这些贸易又以海上为主，因此天后成为其尊奉的神灵，并且因为早期旅沪的泉漳人以此为生，天后信仰也就成为其乡土神。在这种情况下，为了维护会馆和乡谊，天后庙堂被合并入会馆。

泉漳会馆的捐赠记录，统计如下：

> 金恒发洋船，捐洋银60元；正美号，捐银40元；允昌号，捐银42元；启丰号，捐银38元；合茂号34元；茂兴号、恒珍号，各24元；亨吉号、庆隆号，各11元；金永安洋船、金庆春洋船、金兴源洋船、金永庆洋船、金庆顺洋船，各20元；德盛号、聚盛号、捷兴号、信成号、金荣发洋船，各16元；德丰号、永丰号，各15元；万丰号、永瑞号，各14元；亨隆号等7家，各12元；长盛号等3家，各11元；恒丰号等9家，各9元；新景万船等9家，各7元；黄春合船、金发厂船等39家，各2元。

在出资捐赠的商号中，能确认是船商的数量不多，但这一情况到开埠以后就发生了变化。至咸丰七年，《重建泉漳会馆捐款碑》中记载参与捐资的商户共86家，其中可以明确知道是船商者为55家，占总数的64%。② 也就是说，在信仰天后的群体中，船商的比例较开埠之前为高。除了这一点变化外，旅沪的其他广东、福建人也陆续重修其会馆，以强化乡谊，促进其贸易发展。同治五年(1866)，原来的潮州会馆不再单一存在，而是合并成为潮惠会馆。

> 吾郡距沪四千里，其航海而懋迁于是者，我朝阳及海阳、澄海、饶平、揭阳、普宁、丰顺、惠来凡八邑。溯始来至今日，百有余年矣。……嘉庆年间，于洋行街捐厘公建潮州八邑会馆，奉天妃祀焉。以迓神庥，以敦梓好。③

而此时旅沪福建人也创建了新的会馆——建汀会馆：

> 嘉庆初年，先君子与同邑□□□聚金置上海南郊田创立义冢，复于董家渡购屋数椽，春秋祀天后。借祭余以联乡情，因名其堂曰同庆，即今之会馆祀产也。道光中，……又置翠微庵西南数亩为新冢，……以供天后。……阅三年而落成，名之曰建汀会馆。取建宁、汀州两郡之意。④

---

① 《兴修泉漳会馆碑》，《上海碑刻资料选辑》，第235页。
② 《重建泉漳会馆捐款碑》，《上海碑刻资料选辑》，第239页。
③ 《创建潮惠会馆碑》，《上海碑刻资料选辑》，第325页。
④ 《创修建汀会馆始末碑》，《上海碑刻资料选辑》，第275页。

从《潮惠会馆众商捐金碑》中来看,捐赠款物的商户为普通商户,而船商并没有在其中有特殊位置,甚至字面上也没有记载。而建汀会馆碑文也记载“议向例每逢圣诞演剧称觞……议会馆供奉圣母殿庭厅事……议各同乡逢节到馆拈香”,这就说明开埠以后,上海城市中信奉天后的群体由开埠前的船商为主体转变为以闽粤同乡为主体,并陆续建立以天后为主神的会馆。在组织形式上也是专门规定了通过供奉天后神像、演剧游行、同乡到馆拈香等方式来达到巩固乡谊的目的。

天后对乡缘的凝聚直接表现在地域群体围绕天后宫分布,小刀会起义中这一点表现明显。“小刀会以广东帮、福建帮船夫为主力。”①“东关外羊毛弄左右,闽粤游民群聚于此。赌馆、烟舍,鳞次栉比。一有睚眦小憾,辄兴械斗。”东门外因为有上海最早的天后神像,闽粤游民在这里的商号也十分众多,因此游民聚集。同时,闽粤船帮也构成了小刀会起义的主体。

> 到清咸丰三年,即西历1853年,洪杨之乱发生,天后宫也在战火中被焚为平地。事平以后,闽广等航商帮,即集资在原址重建。但造成后不久,又因有小刀会之乱,天后宫二次被焚。原来那时的几个小刀会首领,即以天后宫作为隐匿联络之地,清廷前去捉捕,却扑了个空,于是把天后宫烧了,算是铲除巢穴之计划。②

综上所述,1884年之前上海城市的天后信仰主要集中在小东门和闽粤各会馆,其信众由早期的船商为主发展为闽粤地域移民群体,天后信仰成为闽粤上海移民的保护神和乡缘纽带。在这种情况下,为了满足上海城市闽粤移民的生活需求,河南路天后宫在兴建后增祀了许多其他的神灵。除了供奉天后圣母像外,还增祀民间信仰的地母、顺风耳、千里眼及佛教的观音,脱离了完全意义上的海神崇拜。③

神灵体系的庞杂是中国民间信仰自古就有的特点,但通过对近代上海城市天后信仰的研究可以发现:其原有的民间信仰在步入近代以后或者新民间信仰进入上海后出现了两种转向,即神灵的功能变化和祠庙中配祀其他神灵来强化主祀神灵的功能,而地域神和行业神的混杂属于前者。这种相互渗透、混杂归根结底是移民在上海的状况决定的。

明清以降,商帮本身就具有极强的地域性特征,以地域性商业神为核心的神祇信仰对地域性商帮的形成与发展有重要的推动作用。商帮所奉祀的神灵在进入上海后,由于行业竞争而产生地域保护。同时,近代移民进入上海的方式大多是通过同乡介绍,往往在行业选择上也存在从众现象。这样就使得来自同一地域的移民从事同一行业,为行业神和地域神的混杂提供了基础。当然,并不是上海城市中的所有行业神、地域神都有这样的倾向。例如药王信仰属于传统的行业信仰,但是在开埠以后并没有出现地域划分的迹象。总的来看,这与从事该行业人员的来源有关。

实用性是民间信仰的另一个重要特征,也是导致行业神和地域神庞杂的原因之一。信众会根据自己的需要来选择所需的神灵祭拜,当特定地域的人群需要在精神上有一个中心的信仰作为维系时,那么他们原来所奉祀的民间信仰就成为首要选择。这一情况在工人运动中表现得非

---

① 《百年来的上海演变》,《民国史料丛刊》第695册,大象出版社2009年,第35页。

② 《上海旧话》之三《闲话天后宫》,《申报》,1949年3月8日,第8版。

③ 上海市社会局关于天后宫注册登记等文件,卷宗号:Q6-10-180。

常明显。罗威廉(William Rowe)和裴宜理(Elizabeth J. Perry)在对汉口和上海的研究中都有相关的论述。① 在对近代汉口进行详细研究后,罗威廉指出“行会是社会经济生活中最重要的因素”②。而对近代上海城市的研究中,裴宜理也证实了该点,她认为:“建立同乡行会(公所)和招收技术工人之间存在着密切的联系。”③关于这一点,有关中国近代行会、会馆的研究已经硕果累累,一致认为行业信仰是行会既有的传统。④ 每个行业都有自己的行会来管理。在技术工人的招收上地缘因素也起着很重要的衡量作用。而在每个行会或公所中经常会供奉自己行业的鼻祖或护佑神灵,配有戏台、庙宇等。金属加工业奉祀老君,纺织业奉祀黄道婆,木工业奉祀鲁班。《上海碑刻资料选辑》中收入了许多关于会馆、行会的碑刻,其中也记录了上海的会馆具有同样的特征,⑤正如《浙绍公所肇兴中秋会碑》所记载的那样:

> 邵郡商绅在上海地方贸易,立有铺户,计在久长。犹虑樯帆来往,无总会之局,于是就近本城北门内,置得隙地一处。当即具呈纳粮,建立公所。一则以敦乡谊,一则以辑同帮。惟生理之兴隆,全仗神灵之默佑。⑥

当一个行会内人员大多是按照地缘因素集合起来的时候,行业信仰往往也会打上地缘因素的烙印,而最终与地域信仰糅合在一起。

如上文所述,开埠以后上海城市的天后信仰在行业性的基础上融入了地域区分,因此在地域人群的社会生活中扮演着重要作用,主要表现在影响商业布局和地域人群的分布。

对于旅沪的福建人来说,他们的分布与天后宫有着密切的联系。福建人对天后极其崇拜,往往带着天后神像前往世界各地,起初在码头旁供奉天后神像,是为了方便从事海上作业的人随时奉祀,以获得妈祖的庇佑。正如上文所说,上海最早供奉天后神像的就是位于小东门外的顺济庙,而后福建人在上海供奉天后神像的地点扩大到各个会馆。从上海福建人的分布和闽商商号的分布来看,两者具有空间的一致性。⑦ 同时,福建旅沪会馆、公所、同业公会等具有同乡联谊性质的组织为了更好地凝聚同乡、同业的群体,往往在地理位置的选择上与这些商号在空间上保持着依附关系。而会馆、公所、同业公会又是组织群体供奉、拜祀天后神像的地方,这就形成了旅沪福建人与天后神像在空间分布上的吻合。

通过地缘这个纽带,来到上海的地域移民和祠庙或公共祀奉的神像联系起来。总的来说,开埠以后上海城市新建的祠庙与移民的空间分布也是相一致的。十六铺区域分布着许多轮船制造厂,而这里也是上海最早的天后宫的地点所在。⑧ 当然,这并不说明祠庙的分布决定着工业布局,相反,祠庙分布和工业的相关性在于某些工业生产有着自身的神祇信仰,因此工业的分

---

① 裴宜理:《上海罢工:中国工人政治研究》,江苏人民出版社 2001 年;罗威廉:《汉口:一个中国城市的商业和社会(1796—1889)》,中国人民大学出版社 2005 年。

② 前揭罗威廉书,第 252 页。

③ 前揭裴宜理书,第 40 页。

④ 李乔:《中国行业神崇拜》,中国华侨出版公司 1990 年;彭南生:《行会制度的近代命运》,人民出版社 2003 年;王日根:《中国会馆史》,东方出版中心 2007 年。

⑤ 《上海碑刻资料选辑》,第三部分“会馆公所类”。

⑥ 《浙绍公所肇兴中秋会碑》,《上海碑刻资料选辑》,第 210 页。

⑦ 具体分布的数据来自高红霞《上海福建人研究(1843—1953)》,上海人民出版社 2008 年,第 56—57 页。

⑧ 《上海市指南》,《民国史料丛刊》第 824 册,第 316、347、348 页。

布就直接影响着相关祠庙在哪里扎根。

商业布局呈区域分散状态时,对于这些神祇的供奉也不再是单一的地点,而是分散到各个商业点内。比如天后神像的供奉,由上海县城小东门的天后宫,转变成各个相关商业会所内的天后神像供奉。也就是说,对天后神像的供奉起初在小东门外天后宫,后来分散到河南北路天后宫以及各个会所,这在一定程度上也反映了信仰天后的人群及行业的扩散过程。

总的来说,在大量移民进入上海城市后,同乡关系很可能成为这些移民适应城市环境的重要渠道之一。他们通过同乡来寻找谋生手段,从而选择从事同一行业。在这种情况下,地缘的区分导致了职业的分化,从而在特定的行业中形成独立的社交网络和地域社会。在此基础上,行业神和地域神的身份混杂在一起,成为他们区别于其他社会团体的重要标志,也成为近代上海城市民间信仰的特色之一。

三、河南北路天后宫的政治意象

新建的河南北路天后宫除了不具备祭拜人群的地域性之外,与小东门天后宫另一个不同的地方在于它在供普通民众祭拜的功能外,更重要的是作为政治的附庸,而这一功能是与开埠以后上海城市非单一的政府组织引起的,天后宫因位于租界内而具有特殊性。租界设立以后,在中外双方的条款中规定天后宫虽在空间位置上隶属于公共租界,但仍归上海县政府管理:

> 天后宫庙及毗连之屋,系款接出使大臣过上海时之所用,均不归工部局节制。又以下所开虹口各庙系载在北京部册,工部局愿不收捐。……计开:三官堂、下海庙、鲁班庙、天后宫、净土庵。①

这一协定使得天后宫这个独立的公共祭祀空间与其他祠庙有所区别。为了显示中外双方的抗衡,天后宫的公共空间不像其他祠庙空间那样可以被平民百姓随意利用,而是为政府所支配,以彰显对其占有权。这一特殊性使得自该天后宫建立直至辛亥革命前夕,它一直作为接待出使官员等的重要场所。以河南路天后宫刚建成的1884年为始至1890年的六年间为例,《申报》对河南路天后宫中举办的活动屡有记载,统计出表格如下:

表1 1884—1890年间河南路天后宫活动内容

时间	人 物	活动内容	时间	人 物	活动内容
1884.5	出使德法之钦差	暂驻启行	1886.1	宫保	暂驻启行
1884.6	上海道台及官员	宴请外国领事等	1886.1	广东盐运司	同上
1884.7	曾爵帅与法公使	商议交涉事件	1886.2	驻俄大使	同上
1884.11	驻日大使	暂驻启行	1886.2	同上	同上
1885.12	驻美、日、秘大使	同上	1886.2	驻英大使	同上

① 《上海市指南》,《民国史料丛刊》第824册,第417页。

续 表

时间	人　物	活动内容	时间	人　物	活动内容
1886.4	洋货洋药船号商	演剧酬神	1888.1	英会审员等	谒见出使日本大臣
1884.4	沪上各官	拈香	1888.1	出使德国大臣	暂驻
1886.6	新任英廨谳员	暂驻	1888.3	吴淞港李观察	谒见天后宫工程局
1886.8	英会审署	弹压演戏	1888.4	江安粮储道	暂驻
1886.9	新任江海关道	拈香	1888.6	江宁织造	暂驻
1886.10	出使大臣	暂驻	1888.8	山东臬	暂驻
1886.10	旅沪粤商	迎神赛会	1888.11	江苏臬	暂驻
1886.11	驻英、俄大使	暂驻	1889.2	上海洋务局	演剧设宴
1886.11	前任江海关道	演戏酬神	1889.5	使美大臣	暂驻
1887.1	台湾裁撤之兵	暂驻	1889.6	安徽巡抚	暂驻
1887.3	出使大使	暂驻	1889.7	使英、俄大臣	暂驻
1887.10	驻德、意、奥大使	暂驻	1889.8	台湾巡抚子	暂驻
1887.11	出使日本大臣	暂驻	1889.9	县邑、英会审	因工部局越界筑路会堪
1887.12	新署苏臬	暂驻	1890.4	江海关道	陈古玩书画迎英三皇子
1887.12	出使日本大臣	暂驻	1890.6	中丞	受新关税务司等西官拜会
1887.12	西人饬水利督	饬设局议疏苏州河事	1890.10	印委各员	宴请湖北藩宪
1887.12	出使日本大臣	暂驻	1890.12	出使大臣	暂驻

统计结果显示，在这六年间河南路天后宫全部被官方占用，所举办的活动也均是由政府组织。在这些举办的活动中，近70%是作为出使各国的大臣或高级官员下榻之处，其余为接洽外宾、商议涉外事务，等等。通过检索1884年至民国建立以前的《申报》，其余年份河南路天后宫内所举办的活动和这六年的频度、内容相差无几。①

以上所作统计实际上表明了，河南路天后宫在建成后所扮演的角色是作为一个中外双方交涉的场所，在这里可以洽谈、解决涉及双方利益的事宜。例如，河南路天后宫刚建成的1884年，上海道道宪为太夫人祝寿，在天后宫设宴款待旅沪西人凡十几个国家的领事以及税务司。

> 邵道道宪为其太夫人祝寿，连日设宴演剧，宴请各官已列前报。兹悉初十日仍在虹口天后宫请沪上西员凡十数国领事暨税务司等共三十余人，并邀请制造局总办蔡、厘金局总办苏、招商局总办唐，又邀知宾十余员。上海县黎邑尊海防刘、分府会审委员黄、太守翁、太守暨洋务委员陈君宝渠、张君翰卿、邝君容阶、葛君番甫、程君敬吾、前翻译委员曹君润甫等一时肆筵，欢叙华员，各洽其仪西馔，特隆其礼，梨园演彩，异邦人亦乐，解颐桃酌添筹。在座者群欣饱德，自七点钟入席至十点钟后散席，或谓沪上官场宴叙而客者，当以此会为

① 《申报》数据库1884—1890年。

冠云。①

这样盛大的聚会，宴请中外官员、领事等，恰恰选择的地点是位于公共租界内、归属上海县管辖的天后宫，可见河南路天后宫的地位远不同于其他一般的祠庙，尽管仍然充当众人祭拜的对象，但祭拜形式已经与中国传统的祠庙有了不同。

> 重阳令节，粤省绅商之寓沪者咸赴天后宫迎神赛会。除旗锣扇伞外，又有西乐一班游行租界，中观者颇形热闹。②

中国传统的迎神赛会以锣、鼓、旗、扇等为娱乐形式，辅以神像游行，而河南路天后宫的迎神赛会却已经突破传统，加上西乐一班游行，这与天后宫位于租界之内又归属上海县管辖的特殊地位密切相关。

河南路天后宫的特殊地位至1907年开始发生转变。

> 昨日为商务总会选举总协理开筒之期。午后三时半，由巡视华侨大臣杨杏城钦使监视开筒。得票最多者为周金箴君，推为总理。……又与会中各职员讨论一切，闻该会因租赁房屋地位狭窄，此后拟借沪北天后宫出使行辕为会所。③

商务总会决定租借河南路天后宫出使行辕为会所，中断了天后宫在外交上的特殊地位，天后宫也因此年久失修。

> 沪北天后宫年久失修，住持羽士蔡润霖拟欲修理，被工部局出为干预。爰即具禀沪道，蔡观察准词。委派英文翻译陈世光带同匠头到庙勘估，拨款兴修。一面照会领事转饬英工部局妥为照料勿再干预。④

河南路天后宫从修建一开始因为其空间位置的特殊而使得它与其他祠庙不同，尽管沿袭了小东门顺济庙天后神像的祭拜功能，但是它本身伴有政治上的意象，这使得在河南路天后宫的管理上往往中外双方产生矛盾、冲突。在河南路天后宫修建不久的光绪年间，这里频频举办规格较高的政治活动，而未受到租界政府的阻扰。至清代末年，河南路天后宫年久失修时，它的修缮却受到公共租界工部局的干涉。因此，可以看出河南路天后宫在建成以后的兴废其实是上海县、公共租界双方势力一个博弈的过程。

从上文的论述来看，这一时期的《申报》关于河南路天后宫内举办活动的记载均是接待官员、官员祭拜，等等，天后宫的政治属性明显。而与此同时，同乡或其他普通民众在河南路天后宫的公共活动未见记载，这些群体祭拜天后活动均是转移到各自的会馆内举行。

四、余　论

上海开埠以后，原本上海城市存在的民间信仰或因祠庙被城市化、由于战争的破坏而消亡，

---

① 《中并宴会》,《申报》,1884年6月5日。

② 《海上闲谈》,《申报》,1886年10月7日。

③ 《商务总会举定总协理》,《申报》,1907年10月19日。

④ 《修理天后宫之预备》,《申报》,1910年6月2日。

或因外来移民的迁进而带入新的神祇种类、建立新的祠庙，从而丰富了上海城市的民间信仰内容，例如旅沪湖南人将瞿真人信仰带进上海，并由地方民间信仰向城市乡土神转变。社会变迁除了影响民间信仰的种类和数量外，部分民间信仰本身也发生了变化，例如上海城市的鲁班信仰、天后信仰及虹庙信仰。天后信仰早在开埠之前就已在上海城市存在了很长一段时间，但开埠后由于地域人群的需要，其在更大范围内的会馆中被祭拜，并且因为移民在异乡的社会凝聚需要，由原来的海神信仰转变为城市内同一籍贯来源移民的城市乡土神信仰。同时，由于社会状况的转变，原本上海城市内的天后宫祭拜的功能在减退，转而披上了政治色彩。凡此种种，都是开埠以后整个社会状况变迁给上海城市民间信仰所带来的影响，也是传统文化在上海城市开埠以后转变的缩影。

Research on Tin Hau Faith in Modern Shanghai City

Chen Yunxia

Abstract: The folk beliefs have been influenced by the war, immigration and religion policy after the opening of Shanghai city. The spread of Tin Hau Faith was the best example. The Tin Hau temples was destroyed and rebuilt in the influence of war and religion policy. The faith spreaded because of the immigration from the Fujian and Guangdong Province. During the period, the immigrations from this two provinces turned to be the main believers, which mingled the profession and local differences. Meanwhile, the new temple had the political meaning because of the government.
Keywords: Tin Hau Faith, Time and Space distribution, the Immigrations from Fujian and Guangzhou Province, Areal Distribution

明代江南水系的变迁、刘家港的兴衰及郑和下西洋*

梁志平**

摘　要：明初夏原吉"掣淞入刘"，将吴淞江上游引入娄江，直接出海。因此，娄江河道变得深阔，刘家港成为长江入海处最佳港口，被郑和选为下西洋始发港，其港口贸易达到高度繁荣。但是，夏原吉"掣淞入刘"并非是为了郑和下西洋所进行的工程。相反，在传统的三江导水观念影响下，夏原吉又"掣淞入浦"，开凿范家浜，由此形成了由东南流向西北的黄浦江，并使其迅速成为太湖流域最主要的出水通道。结果，娄江水势越来越弱。在潮汐带来泥沙的影响下，娄江河道逐渐淤积，河口则形成拦门沙。同时，受地球科氏力和海潮的影响，刘家港沿江河岸在明代中后期崩塌入海。因而，从水系变迁角度来讲，刘家港在此后的衰落是历史的必然。但是，郑和下西洋的终止与这一水系环境的变化并无直接的关系，而主要是因为夏原吉及其后继的官员极力反对所致。

关键词：三江　夏原吉　刘家港　郑和下西洋

郑和下西洋举世瞩目，一直是学界津津乐道的话题，其中刘家港的兴衰与郑和下西洋的关系也是学界讨论的热点之一。由于郑和的船队通常以刘家港作为从长江出海、七下西洋的起锚点，学界对刘家港的自然地理条件、社会、政治及经济状况都展开了深入的讨论，成果斐然。其中代表性的研究包括张忠民、林承坤、马湘泳、茅伯科、田南帆、陈忠平诸先生的论著。① 这些研究细致入微，颇有见地。不过，上述学者对太湖整体水系环境的变化，特别是明初夏原吉治理太湖水利与刘家港兴衰及郑和下西洋之间的关系还缺乏系统的分析。本文拟就此作一专题研究。

---

* 本文为教育部人文社会科学研究青年基金项目"开埠以来江南城市水质环境变迁与饮水改良(1840—1980)"(项目编号：12YJC770035)、上海市哲学社会科学"十二五"规划一般课题"饮用水管理与上海城市政治空间的生产(1840—1949)"(项目编号：2014BLS003)成果。

** 作者简介：梁志平，上海工程技术大学社会科学学院副教授。

① 张忠民：《江南地区的"口岸变迁"：公元750—1840年》，《社会科学》2010年第12期，第141—148页；林承坤：《古代刘家港崛起与衰落的探讨》，《地理研究》1996年第2期，第61—66页；茅伯科、田南帆：《郑和下西洋时的刘家港》，《上海大学学报》1985年第2期，第71—76页；马湘泳：《元明时期刘家港的地理条件分析》，《中国历史地理论丛》1995年第4期，第69—73页；陈忠平：《刘河镇及其港口海运贸易的兴衰》，《南京师范大学学报》1991年第3期，第50—56页。

一、夏原吉治理江南水系及其对刘河和刘家港的影响

明初名臣夏原吉在郑和下西洋的活动中扮演了极其复杂的角色。在永乐年间,他曾长期为郑和船队的造船和远航积极筹措经费,“原吉悉心计应之,国用不绌”①;但他也是永乐末年财政危机中反对这一航海活动最为坚决的高级官员,在明成祖驾崩后,夏原吉建议太子朱高炽“罢西洋取宝船”②。同样,他治理江南水系,特别是开通夏驾浦和范家浜,对郑和船队赖以出海的刘河港的先盛后衰产生了深远影响。

江南太湖流域是一个周边高、中间低的碟状洼地。其西部为山区,属天目山山区及茅山山区的一部分,中间为平原河网和以太湖为中心的洼地及湖泊,北、东、南三面受长江和杭州湾泥沙堆积影响,地势高亢,形成碟边(见图1)。该区域内太湖及其他主要湖泊湖底高程一般为1.0米,其中部和东部洼地包括阳澄淀泖、青松、嘉北等区,地面高程一般为3—4.5米,最低处仅2.5—3米;其他平原区地面高程为5—8米;西部山丘区丘陵高程约10—30米,山丘高程一般200—500米,最高峰天目山主峰高程约1 500米。太湖东部区是一个出水之地,但该区地面坡降过于平坦,又受海潮倒灌顶托,排水困难。③ 因此,在太湖东部,水从低地向高地涌涨,即进入冈身中的吴淞江故道低区以后才由高处向低处流出海。除此以外,出海水流还受潮水倒灌顶托。这两种因素使水流总体上呈缓流状态。④

太湖流域在江南开发初期因地多人少,积水虽多,但排水良好,唐代几乎无大水灾。五代时期圩田系统发达,水利管理到位,水灾也没有形成影响。宋代水利不兴,水灾加剧,如太湖东部“积雨之时,湖溢而江壅,横没诸邑”⑤,因而治水者开始出谋划策。由于受唐代著名学者张守节关于三江概念的影响,宋代太湖治水者认为《禹贡》“三江”即太湖三江,一味模仿大禹,疏导出水,导致治水失败。⑥ 其原因是治水者刻意导江治水,开挖已经淤塞的所谓娄江和东江,使其中的任一排水河道都缺乏足够水源冲刷其本身淤泥和海潮倒灌的泥沙,保持畅通。的确,宋代以来,受《禹贡》“三江既入,震泽底定”说法的影响,人们普遍认为太湖有三条出水通道,即居中的吴淞江、北边的娄江、南边的东江,并以为宋代以前南、北二江淤塞,需要重点疏浚。这种根深蒂固的三江导水观念制约了宋代以后太湖流域东部的治水过程。

但是,宋元两代的治水者基本上仍是以疏治吴淞江为主,兼而疏浚周边港浦,引导诸浦之水入吴淞江,然后由吴淞江入海。但也有人主张疏治东北诸浦,借以减轻吴淞江逐渐不能胜任的排水负担,如宋代范仲淹治理太湖水利时称:

> 姑苏四郊略平,窊而为湖者十之二三。西南为泽尤大,谓之太湖,纳数郡之水。湖东一

---

① (清)张廷玉等:《明史》卷一四九《夏原吉传》,中华书局1974年,第4151页。

② (清)张廷玉等:《明史》卷一四九《夏原吉传》,第4153页。

③ 黄宣伟编著:《太湖流域规划与综合治理》,中国水利水电出版社2000年,第2页。

④ 王建革:《水乡生态与江南社会(9—20世纪)》,北京大学出版社2013年,第3页。

⑤ (宋)范仲淹:《上吕相公并呈中丞咨目》,载(明)姚文灏编辑,汪家伦校注《浙西水利书校注》,农业出版社1984年,第1页。

⑥ 王建革:《水乡生态与江南社会(9—20世纪)》,第42页。

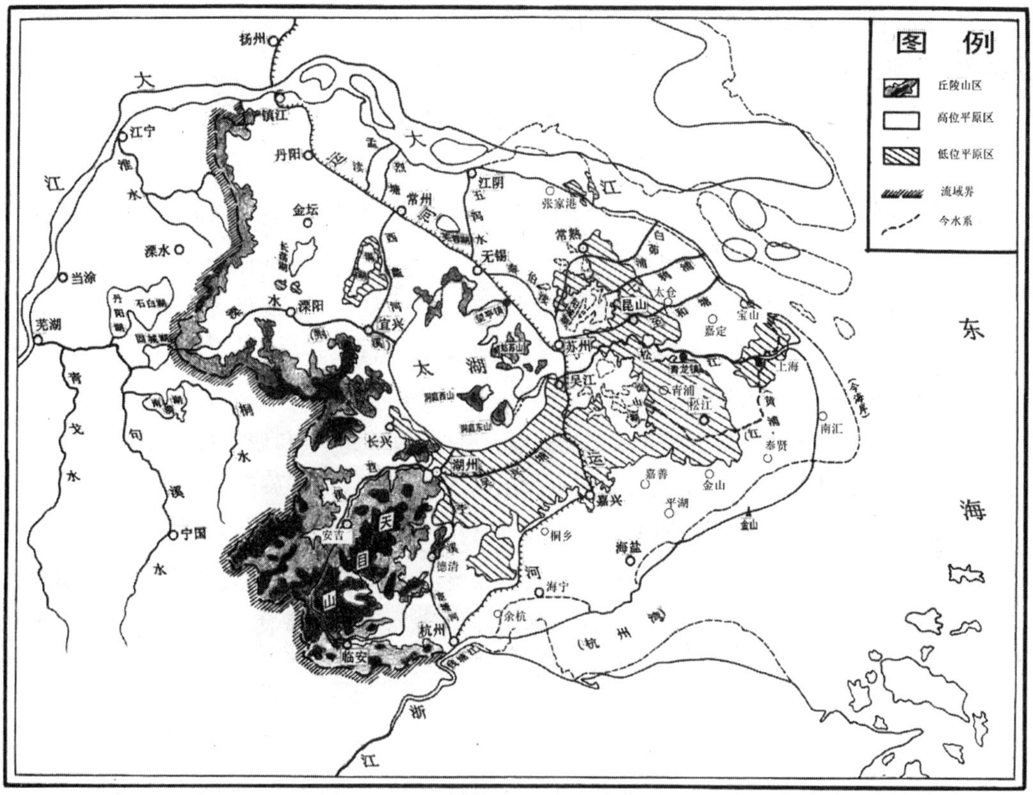

图1　太湖流域地势分区图

资料来源：中国科学院南京地理研究所、水利电力部太湖流域管理局《太湖流域水系与地形图》(1∶400 000)，1987年。本图由陈伟庆改绘。

派，浚入于海，谓之松江。积雨之时，湖溢而江壅，横没诸邑。虽北压扬子江而东抵巨浸，河渠至多，湮塞已久，莫能分其势矣。惟松江退落，漫流始下。或一岁大水，久而未耗，来年暑雨，复为沴焉，人必荐饥，可不经画？今疏导者不惟使东南入于松江，又使东北入于扬子江与海也，其利在此。夫水之为物，畜而渟之，何为而不害？决而流之，何为而不利？①

不过，导太湖东北诸浦从江入海也有一个弊端，就是减少了吴淞江下水量，在某种程度上进一步加剧了吴淞江的淤塞。元代时吴淞江因为“清水日弱，浑潮日盛，沙泥日积”，所以“日就淤塞”②。因而，有人称范仲淹浙西治水“终无寸成”，对此元代都水庸田副使任仁发进行了反驳：

昔范文正公请开海浦，议者沮之。公力排浮议，疏浚积潦，数年大稔，民受其赐。载之方册，照然可考。谓之无成，可乎？③

其实，范仲淹治导东北诸浦是符合当时实际情况的，但宋代吴江长桥的修筑和宋元时期淀

① (宋)范仲淹：《上吕相公并呈中丞咨目》，载《浙西水利书校注》，第1页。
② (元)任仁发：《水利议答》，载《浙西水利书校注》，第61页。
③ (元)任仁发：《水利议答》，第62页。

山湖的围垦,使得太湖出水更加受阻,水流在吴淞江三江口偏北方向漫流增强。① 元代都水庸田使麻合马指出:

今太湖之水不流于[吴淞]江,而北流入于至和塘,由太仓出刘家等港入海,并淀山湖水东南流于大曹港、柘泽塘、东西横泖,由新泾、上海浦注江达海。②

故而,此时治水者开始在吴淞江南北两个方向寻找另外两个出水通道,元代都水庸田副使任仁发也按照三江导水的思想对娄江出海口定位:

今东南有上海浦泄放淀山湖、三泖之水,东北有刘家港、耿泾,疏通昆城等湖之水。吴淞江置闸十座以居其中,潮平则闭闸而拒之,潮退则开闸而放之,滔滔不息,势若建瓴,直趋于海,实疏导潴水之上策也。与古之三江,其势相埒。③

此后,元代太湖东北水系由至和塘经刘家港入海,正因如此,至和塘常被人说成是娄江,治水者也开始试图从所谓三江中的娄江方向寻找出水通道。元代周文英在太仓刘家港及吴淞江等地实地考察后,提出了太湖之水由夏驾浦入娄江,弃吴淞江东南段不治的主张:

刘家港南有一港,名南石桥港,近年天然深阔,直通刘家港,西南通横塘,以至夏驾浦入吴淞江,其中间有迂回窄狭处,若使疏浚深阔,则太湖泄水一大路也。某今弃吴淞江东南涂涨之地姑置勿论,而专意于江之东北刘家港、白茅浦等处,追寻水脉,开浚入海者,盖刘家港即古娄江,三江之一也,水深港阔,此三吴东北泄水之尾闾。斯所谓顺天之时、随地之宜也。④

明代户部尚书夏原吉在治理太湖流域水道之初将周文英的想法付诸实践。明初浙西大水,"有司治不效",永乐元年(1403),明成祖朱棣"命原吉治之"⑤。现有史料虽未表明明成祖朱棣命夏原吉治理太湖水系是为了随后的郑和下西洋,但夏原吉治水之初的结果在客观上为郑和下西洋创造了一个重要的有利条件。

夏原吉认为治水关键是疏浚下游河道,使洪水畅流入海。但以往泄水干道吴淞江已严重淤塞,从吴江长桥至夏驾浦一百二十余里的上游河段虽可通水,但多有浅狭之处。自夏驾浦至上海县南跄浦口(吴淞江入海旧口,在今吴淞江口之南)的一百三十余里河道已是"潮沙障塞,已成平陆",重新使之通畅,则工费浩大。因此,他着重疏浚吴淞江上游河段,引诸水入刘家河、白茆港出海。他的计划是:

按吴淞江旧袤二百五十余里,广一百五十余丈,西接太湖,东通大海,前代屡浚屡塞,不

---

① 郦道元称:"松江自湖东北流,迳七十里,江水奇分,谓之三江口。"即太湖下泄之水在此分为三股,故称为三江口,见郦道元著,杨守敬、熊会贞疏,段熙仲点校《水经注疏》卷二九,江苏人民出版社 1999 年,第 2446 页。实际上,吴淞江在出太湖口到三江口后,因遭遇东来浑潮,形成一个汇水区,这一汇水区有三个分流方向,一是通过吴淞江高地地区成为吴淞江主流,南、北两个方向分流进入南北湖泊沼泽地带。详见王建革《水乡生态与江南社会(9—20 世纪)》,第 32—42 页。

② (元) 麻合马:《都水庸田使麻合马治水方略》,载《浙西水利书校注》,第 70 页。

③ (元) 任仁发:《水利集》,载苏州大学历史系苏州地方史研究室、太仓县纪念郑和下西洋筹备委员会编《古代刘家港资料集》,南京大学出版社 1985 年,第 51 页。

④ (元) 周文英:《三吴水利》,载《浙西水利书校注》,第 87、88 页。

⑤ (清) 张廷玉:《明史》卷一四九《夏原吉传》,第 4150 页。

能经久。自吴江长桥至夏驾浦，约百二十余里，虽云通流，多有浅狭之处。自夏驾浦抵上海县南跄浦口，百三十余里，潮沙障塞，已成平陆。欲即开浚，工费浩大；且滟沙淤泥，浮泛动荡，难以施工。臣等相视，得嘉定之刘家港，即古娄江，径通大海；常熟之白茆港，径入大江，皆系大川，水流迅急。宜浚吴淞南北两岸安亭等浦，引太湖诸水入刘家、白茆二港，使直注江海。①

永乐元年，夏原吉“役十余万人”，对太湖水系进行治理，至第二年九月完工，此后“水泄，苏、松农田大利”②。这就是所谓的“掣淞入刘”(见图 2)。其直接结果是夏原吉着重疏导的刘河在此后一度宽深通畅，成为太湖之水从东北进入长江和东海的一条主要泄水道。如下所述，刘河港因此成为郑和船队由长江入东海的重要航海基地。

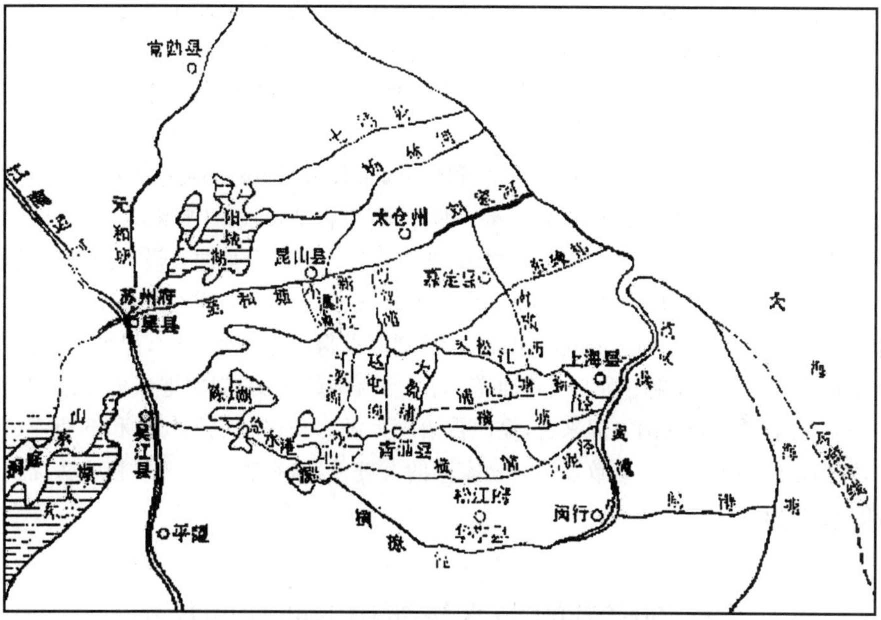

图 2　明初夏原吉治太湖水利后太湖下游水系示意图

资料来源：水利水电科学研究院《中国水利史稿》编写组《中国水利史稿》下册，水利电力出版社 1989 年，第 73 页。注：加粗部分为刘(家)河。

但是，夏原吉治太湖水利仍然深受《禹贡》“三江”观念的影响，他亦认为太湖有三条出水通道，即居中的吴淞江、北边的娄江、南边的东江。在治水之初，夏原吉也希望“循禹三江入海故迹”，“浚吴淞下流”。③ 他认为已找到《禹贡》“三江”，认定上述刘家港即古娄江，范家浜或上海县东的万家河即古东江。故而，在开夏驾浦引吴淞上流经刘家河从江入海之后，永乐二年，夏原吉采纳松江叶宗人的建议，进而“浚范家港引浦水入海”④，即开凿范家浜，使黄浦江截过吴淞江

① 《夏忠靖公治水始末》，载《浙西水利书校注》，第 91 页。

② (清) 张廷玉：《明史》，第 4150 页。按：另据其他史料记载，夏原吉“役民夫五十余万”，见(清) 金端表纂《刘河镇记略》，第 299 页。

③ (清) 张廷玉：《明史》卷一四九《夏原吉传》，第 4150 页。

④ (清) 张廷玉：《明史》卷二八一《叶宗人传》，第 7195 页。

下游之水,北流从今日上海附近入海。夏原吉声称:

又松江大黄浦,乃吴淞要道,今下流壅遏难疏。旁有范家浜,至南跄浦口,可径达海。宜浚令深阔,上接大黄浦,以达湖泖之水。此即《禹贡》三江入海之迹。①

这就是对后来太湖东部水利产生极大影响的"掣淞入浦"(见图2),它进一步改变了太湖下游泄水道的基本格局。黄浦江的上端紧接淀泖湖群,而淀山湖、泖湖一带地势较低,大小湖泊很多,成为太湖下游众水汇集之所,水域面积广,清水水源较多;加上吴淞江逐渐淤狭,宣泄不畅,淀泖地区之水长期没有出路,水位逐渐壅高。范家浜一开,下游通利,黄浦江总汇杭嘉之水,又有淀山泖荡诸水成建瓴之势,水量大,足以敌浑潮,所以黄浦得以自然扩大。范家浜未开之前,黄浦之广不及吴淞江之半。范家浜浚治之后,太湖下水主要从黄浦江入海。崇祯末年,刘河七十里河身"竟成平陆"②。成为"平陆"当然是略带夸张的说法,但此时刘河已是"一线细流"③,仅为一条无足轻重的塘浦;而黄浦则逐渐发展成为太湖下游的唯一大河。结果,黄浦江从夏原吉最初开浚的三十丈(约100米)宽度,主要依靠自身的冲刷,河身逐渐加宽,最后取代刘河成为太湖泄水的主干河道。④

由此看来,夏原吉"掣淞入刘"的目的是想让刘河来代替吴淞江,使之成为太湖主要出水通道,并非是为了郑和下西洋。若是为了郑和下西洋,夏原吉就不应该"掣淞入浦",开范家浜,疏黄浦,夺刘河之水入海并承接吴淞江下游之水,北流直接入海。令夏原吉没有想到的是,在刘河一度成为太湖最主要出水通道之后,刘家港随之兴起,成为郑和下西洋的重要基地。

夏原吉一方面"掣淞入刘",使刘河水流变大,刘家港得以进一步繁荣,但另一方面"掣淞入浦",使黄浦江成为太湖水流下泄的主要通道,刘河水流渐趋微弱,刘家港作为良港的自然条件一点点丧失。因而,综合这两方面来看,夏原吉治理太湖水利在主观上与郑和下西洋可能没有必然联系,但他的治水活动却导致了明初刘家港的一度鼎盛,在客观上为郑和船队提供了从长江入海的主要港口。

二、刘家港的兴盛与郑和下西洋的壮举

刘家港的兴起并不开始于明代郑和下西洋时期,而是经历了一个长期的历史过程。但本文要强调的是该港口在明初的航运贸易和城镇发展方面的突然鼎盛直接得益于夏原吉对于江南水道的治理及此后郑和七下西洋的活动。虽然夏原吉治理包括刘河在内的江南水系的活动并不一定是在主观上为拓展刘家港及郑和下西洋服务的,但他曾经对这一航海壮举在财政上提供长期支持。

因刘河一名刘家河,刘河港也称为刘家港,并以该港为基础发展了刘河镇。刘家港从元代

① 《夏忠靖公治水始末》,第91页。

② (清)顾士琏:《娄江志》卷上《初浚刘河申督抚按三台》,《四库全书存目丛书》史部第224册,齐鲁书社1996年影印本,第217页。

③ (清)顾士琏:《娄江志》,第214页。

④ 水利水电科学研究院《中国水利史稿》编写组:《中国水利史稿》下册,水利电力出版社1989年,第74页。

已经开始成为江南地区重要的航运、漕运和贸易港口，在夏原吉治理江南水系和拓宽刘河河道之后交通更为便利，并因此成为郑和船队从长江进入东海的基地。在郑和下西洋的大规模航海活动影响之下，刘河港达到历史鼎盛阶段。

在元代以前，太湖东北流域没有出现过像刘河那样重要的出海干流。① 也许是受上述自范仲淹到任仁发治理太湖东北水利的影响，元代刘家港开始兴起，并为人们所注意。特别是元至元二十四年(1287)，宣慰使朱清导娄江以通海运，“娄江始大”②，此时，“太仓刘家港及诸港汊，潮汐汹涌，可容万斛之舟”③。元末，刘家港附近的南石桥港也是“天然深阔”④。

正因为元代刘家港及附近便利的水运和港口条件，该港成为江南漕运的起始点，“海运千艘所聚”⑤。每年春夏之际，海船“毕集刘家港”⑥，形成当时江南的重要港区。因太仓港区“外通琉球、日本等六国”⑦，故有“六国码头”之称：

> 元至元十九年，宣慰朱清、张瑄自崇明徙居太仓，创开海道漕运，而海外诸番，因得于此交通市易，是以四关居民闾阎相接，粮艘海舶，蛮商夷贾，辐凑而云集，当时谓之“六国码头”。⑧

明初，刘家港依旧是重要的漕运港口。洪武十二年(1379)，从该港由海道运粮七十余万石达辽东。洪武二十一年，航海侯张赫督江阴等卫官军八万二千余人，由此出海运粮。洪武二十六年，建海运仓于太仓大南门外，计九百一十九间，并设海运总兵署于半泾湾口。永乐元年三月，平江伯陈瑄在此总督运粮五十万石，赴北京。⑨

夏原吉“掣淞入刘”后，进一步改善了刘河的通水条件。由于清水量增加，水流迅急，其势更大，刘河变得“面势宏阔，泷涛奔壮”，成为“西水入海孔道”，⑩进一步增强了刘家港的贸易地位。

历史似乎充满巧合：虽无明确史料说明夏原吉“掣淞入刘”是为了郑和下西洋，但他的活动的确对刘家港的兴起和郑和下西洋产生了积极的影响。《明史》载，永乐三年六月，郑和下西洋“将士卒二万七千八百余人”，其大号宝船“修四十四丈，广十八丈”，计 62 艘。⑪ 郑和庞大的船队对母港的水运、物资、人员等条件无疑要求极高，而刘家港正具有这样的自然条件：

> 刘家港在州城东七十里，港外即大海，水面宏广，与他港浦不同。⑫

按明制一尺为 0.311 米计，郑和宝船长度为 44 丈，折合 138 米，62 艘总长度为 8 484 米；船队其

---

① 郑肇经主编：《太湖水利技术史》，农业出版社 1987 年，第 28 页。
② (清) 顾士琏：《娄江志》，第 281 页。
③ (明) 弘治《太仓州志》卷九《杂志》，《日本藏中国罕见地方志丛刊续编》第 3 册，北京图书馆出版社 2003 年影印本，第 245 页。
④ (元) 周文英：《三吴水利》，第 87 页。
⑤ (清) 金端表：《刘河镇记略》，第 304 页。
⑥ (元) 郑元佑：《重建路漕天妃碑》，顾沅辑《吴郡文编》卷九二《坛庙》，载《古代刘家港资料集》，第 113 页。
⑦ (明) 嘉靖《太仓州志》卷一《建置沿革》，《天一阁藏明代方志选刊续编》第 20 册，上海书店 1990 年影印本，第 110 页。
⑧ (明) 弘治《太仓州志》，第 12 页。
⑨ (清) 金端表：《刘河镇记略》，第 299 页。
⑩ 因刘河河水从西向东流，故称西水，见(清) 金端表《刘河镇记略》，第 304 页。
⑪ (清) 张廷玉：《明史》卷三四〇《郑和传》，第 7767 页。
⑫ (明) 嘉靖《太仓州志》，第 115 页。

余大小船舶约150艘,这些船若按平均长度60米计,郑和船队需用岸线的长度约为20千米。① 虽然元代刘家港已是"海运千艘所聚"②,但这只是文学性的描述,仅凭刘河镇一个港口显然无法停泊郑和的庞大船队。不过,江南河流密布,水网纵横,在刘家港口上下也有一系列水口,如薛敬塘口、新塘口、杨林口、七丫(鸦)口,等等(见图3)。这些水口在当时也是重要码头,它们一起组成了刘河港港区:

> 海在州城东七十里。自刘家港南,环七鸦浦北百余里,东北至崇明县二百六十里,水面两岸距四十里。③

当然,郑和选择刘家港港区作为起锚地,除了其通江达海的良好港口和贸易条件,还与该港基础设施(漕运与仓储基地)健全及其宽广而富庶的江南腹地密不可分。④ 故而,刘家港的兴起为郑和下西洋奠定了坚实的基础。在郑和下西洋的带动下,外国贡使"络绎而来",番商洋贾"慕刘河口之名",刘家港"帆樯林立",⑤越发繁荣:

> 维时艨艟番舶,奇珍玮宝,络绎侯馆,鲛人海贾之利几遍天下,田肥民富足,供国家百万之财赋,其利赖于东南者甚巨。⑥

郑和下西洋导致刘家港的社会经济以至于地貌景观和城镇建筑都产生了重要变化。张泾附近沿刘河一带,元朝被称为南码头,海运粮仓即建在附近,永乐初年也贮米数百万石于海运仓。一般来说,仓库、码头等基础设施多集中在太仓城郊与刘家港南北两岸,而以刘家港为主。⑦ 在刘家港天妃宫两侧分布着不少码头,如大码头、南货码头、看仓码头、大型海船码头等,各具职能,分工明确。郑和下西洋后,刘家港的对外贸易已跃居沿海各港的前列。郑和下西洋的壮举刺激了刘家港的繁荣,加快了港口市镇的建设。⑧

郑和船队七次下西洋期间,对该地的主要宗教建筑天妃宫,"每至于斯,即为葺理"。特别是在宣德五年(1430)冬郑和第七次下西洋前夕,郑和庞大舰队的百余艘船只停泊于刘家港天妃宫之前的港口,万余名"官军人等,瞻礼勤诚,祀享络绎,神之殿堂,益加修饰,弘胜旧规"。在原来的天妃宫之后,又重建"岨山小姐之神祠于宫之后",即天妃的神祠。⑨

当然,刘河港及其周围的太仓在郑和船队航运活动中所起的作用也是极其重要的。如永乐九年六月,榜葛剌国(今孟加拉国)遣使朝贡,"令至太仓,上命遣行人往宴劳之"⑩。

关于郑和船队船只的类型,学界曾有过沙船与福船的争议。现在基本形成了共识,即主要

---

① 林承坤:《古代刘家港崛起与衰落的探讨》,第61页。
② (清)金端表:《刘河镇记略》,第304页。
③ 崇祯《太仓州志》卷七《水道》,明崇祯十五年钱肃乐定刻本,载《古代刘家港资料集》,第34页。
④ 马湘泳:《元明时期刘家港的地理条件分析》,第69—73页。
⑤ (清)金端表:《刘河镇记略》,第367页。
⑥ (清)金端表:《刘河镇记略》,第304页。
⑦ 马湘泳:《元明时期刘家港的地理条件分析》,第73页。
⑧ 茅伯科、田南帆:《郑和下西洋时的刘家港》,第71—76页。
⑨ 郑和等:《娄东刘家港天妃宫石刻通番事迹碑》,载郑鹤声、郑一钧编《郑和下西洋资料汇编:增编本》(上册),海洋出版社2005年,第17页。
⑩ 《明太宗实录》卷一一六,第1475页。

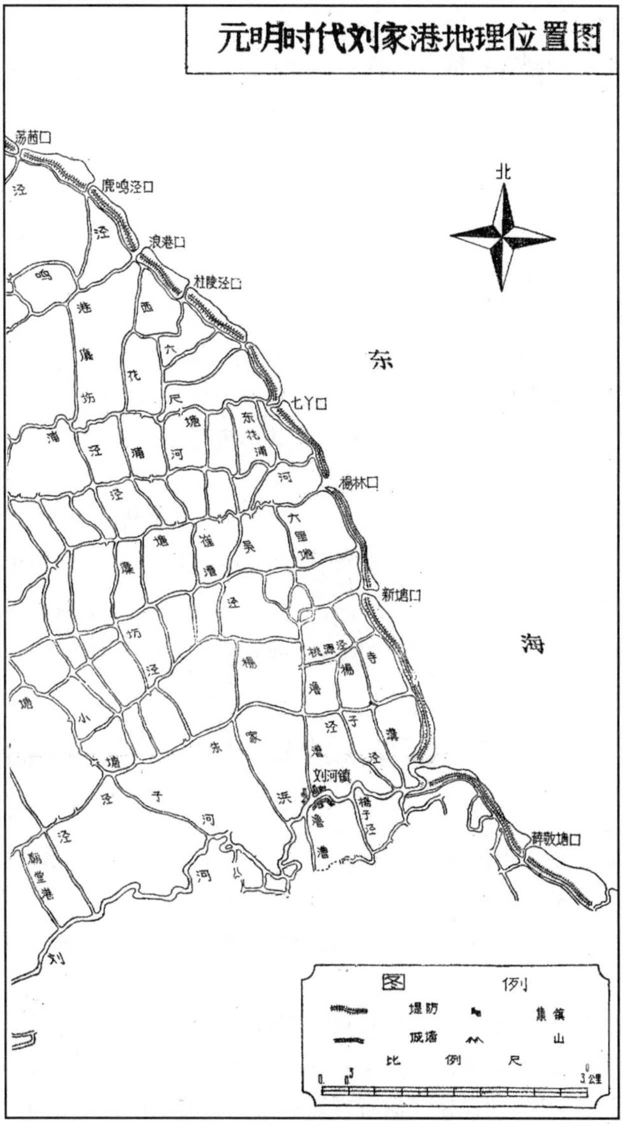

图 3　元明时代刘家港地理位置图

资料来源：苏州大学历史系苏州地方史研究室、太仓县纪念郑和下西洋筹备委员会编《古代刘家港资料集》附图，1985 年。

船型是福船，但也有少量用于上岸的沙船。这些沙船主要来自太仓附近。①

此外，太仓一带为江南水乡，习水性者颇多。善下海完航者，不在少数。更有一批水军官兵以漕运为业，久经海浪风波。这正是下西洋所需的理想成员。因此，郑和船队中的官军和水手，人都来自太仓及其周围地区，如费信、周闻即是当地人。太仓军士费信，曾三次跟随出使西洋，

① 席龙飞、何国卫：《试论郑和宝船》，《武汉水运工程学院学报》1983 年第 3 期，第 9—18 页；金秋鹏、杨丽凡：《关于郑和宝船船型的探讨》，《自然科学史研究》1997 年第 2 期，第 183—196 页；席龙飞：《大型郑和宝船的存在及其出现的年代探析》，《海交史研究》2010 年第 1 期，第 55—65 页。

著有《星槎胜览》;周闻系太仓卫副千户,曾五次跟随出使西洋。①

由于郑和在下西洋期间曾经携带东南亚、南亚、西亚甚至东非的大量使臣回到中国或在出洋时将他们送归本国,可以想象当时他的船队在出国和回国停靠刘家港时,这些外国使臣也必定曾在当地从事贸易或与当地人民进行其他交往活动。当时该镇的繁荣程度,也肯定远远超过元朝的所谓"六国码头"时期。

值得注意的是,夏原吉治理江南水系而在客观上帮助刘河港兴起,也曾长期为郑和下西洋筹集经费,还撰文赞颂朝贡外交取得的成就。明成祖朱棣即位不久,夏原吉出任户部尚书。这一时期,朱棣迁都北京、增置武卫百司、派郑和下西洋,费用以亿万计,全由夏原吉筹措。夏原吉设立盐务衙门,以盐卡收税,谨防贪官,又将户口、府库、田赋等数字写成小条,放于袖中,以便随时参阅。②

永乐十三年,麻林(今肯尼亚麻林地)贡麒麟,夏原吉撰《麒麟赋》,曰:"永乐十二年秋,榜葛剌国来朝,献麒麟。今年秋麻林国复以麒麟来献,其形色与古之传记所载及前所献者无异。臣闻麒麟瑞物也,中国有圣人则至。"③

虽然夏原吉当时可能仅仅是永乐帝周围的大臣,对所谓麒麟献瑞撰文赞颂,但联想到他在财政方面对郑和下西洋的帮助,他对这一航海壮举的支持态度是显而易见的。然而后来夏原吉联合朝廷其他高级文官转而反对郑和下西洋却导致了这一大规模航海活动的终止,他在江南治理水系的措施也导致了与郑和下西洋密切相关的刘河港最后的衰落。

三、郑和下西洋的终结与刘家港的衰落

郑和下西洋突然停止于明初宣德八年(1433),而刘家港的最终衰落是在明代末期,这二者之间似乎并无直接的关系,学界对它们各自发生的多种历史和环境方面的原因已有深入讨论。但实际上,这两种历史现象仍然有一定的相互影响,并都与夏原吉在永乐和宣德时期的活动具有不同程度的关系。

关于郑和下西洋突然终止的原因,传统观点或者认为是明代实行海禁政策的结果,或认为是郑和船队七次远航印度洋,造成永乐末年之后国库空虚,遭到夏原吉等诸多大臣的反对所致。但是,万明的研究证明郑和下西洋期间的官方海外贸易和朝贡外交活动与针对国内商人海上活动的海禁政策并不直接相关,而且明朝政府通过郑和船队输入大量胡椒、苏木等海外物品,以高价折算纸质宝钞,用来支付官俸、军饷甚至工匠和民夫的工资,既解决了当时宝钞贬值的财政危机,又为政府取得了上百倍的高额利润。不过,这种使用海外物品折俸转嫁政府财政危机的政策使得官员和将士收到的实际俸禄大为降低,引起他们的不满和对下西洋活动的敌视,群起反对。此外,郑和下西洋使得东西方贸易集散中心地转移到满剌加(今马六甲),明朝在此后也不

---

① 沈鲁民、郭松林、吴红艳:《郑和下西洋与太仓》,《郑和下西洋论文集》(第二集),南京大学出版社1985年,第15—26页。

② 翁礼华:《夏原吉:支持迁都的功勋财长》,《钱江晚报》2010年11月3日,第3版。

③ 夏元吉:《麒麟赋》,见(清)陈梦雷编《古今图书集成》第51册禽虫典上,鼎文书局1977年影印本,第563页;参见张之杰《永乐十二年榜葛剌贡麒麟之起因与影响》,《中华科技史学会会刊》第8期,2005年,第66—72页。

必通过远航印度洋取得胡椒等海外物品。①

无论如何，夏原吉等明廷大臣在永乐末年开始对郑和下西洋表示公开反对，是这一大规模航海活动终止的直接原因。作为一位清廉正直的朝廷大臣，夏原吉从支持转向反对郑和下西洋显然并不仅仅代表官员的私人利益，而且也是由于他关心当时的经济危机和国计民生。

明成祖朱棣迁都北京、增置武卫百司、派郑和下西洋，费用以亿万计。永乐十九年秋，朱棣决定第三次亲征漠北的鞑靼。这时国库早已空虚，夏原吉反对讨伐。朱棣大怒，系之大狱。在明成祖驾崩后，太子朱高炽问"赦诏所宜"，夏原吉对以：

> 振饥，省赋役，罢西洋取宝船及云南、交趾采办诸道金银。②

夏原吉的出发点显然是减少朝廷的开支，太子"悉从之"。永乐二十二年，明仁宗朱高炽即位，以经济空虚为由，下令停止下西洋的行动。

明仁宗在位不足一年。明宣宗即位后，翰林院编修周叙为杨士奇出策，让他乘交趾退兵之时，继续联络朝中重臣杨荣、夏原吉、蹇义和英国公张辅等人再次请求停下西洋：

> 协心一词，从容恳款，达于圣上：凡中官之在天下者，惟边防、镇守存之，余一切买办磁器、颜料、纸札、迤西、西洋等事者，悉皆停罢取归。一遵洪武故事，永不差遣。③

因此，宣德初年夏原吉、杨士奇等老臣在朝廷继续保持着政治影响，郑和下西洋的活动也一直因他们的反对而难以恢复。但是，在宣德五年夏原吉去世后，明宣宗立即重新启动了第七次下西洋，即使杨士奇等大臣反对，也无法阻止宣宗这一耗费巨大的航海活动。在宣宗于宣德十年去世后，年仅九岁的英宗登位，杨士奇、杨荣等重臣实际执政，他们当然可以继承夏原吉遗志，使下西洋的活动无法恢复。

此外，由于太湖下泄水量只够维持一条江的水量，夏原吉三江导水注定不能长久。直而宽的娄江河道极易迅速感潮淤塞，因为清流在大面积的河漕上无法取得对强潮的优势。在夏原吉"掣淞入浦"后，进入娄江的水量越来越少，西来的太湖清水不敌浑潮的力量，导致浑潮影响越来越大，娄江严重淤积，趋向萎缩。康熙《崇明县志》载：

> 明永乐三年，太监郑和下西洋，海船二百八艘集崇明。永乐二十二年八月，诏下西洋诸船悉停止，船大难进刘河，复泊崇明。④

由此可见，在永乐二十二年八月"下西洋诸番国宝船悉皆停止"的诏令下达后，郑和船队照例驶向太仓刘家港安泊，结果在停泊刘河口时，较小的宝船尚能驶入，而最大的宝船则"难进刘河"，不得不拨转船头，驶向长江出口处崇明安泊。其时距郑和第一次下西洋仅二十年，刘河经过初期的淤积，河道已经变窄，原先一向能通过大号宝船的刘河，这次照旧再往里开，竟意外地发现"难进"了。

---

① 万明：《郑和下西洋终止相关史实考辨》，《暨南学报》（哲学社会科版）2005 年第 6 期，第 119—120 页。

② （清）张廷玉：《明史》卷一四九《夏原吉传》，第 4153 页。

③ （明）周叙：《石溪集》卷一《奉少傅东里杨先生第二书》，《北京图书馆古籍珍本丛刊》第 102 册，书目文献出版社 1998 年影印本，第 9 页。

④ （清）康熙《崇明县志》卷一四《逸事志》，《中国地方志集成》（上海府县志辑）第 10 册，上海书店 1991 年影印本，第 489 页。

从环境变迁的视角来全面分析,刘家港的衰落不仅是因夏原吉"掣淞入浦"之后刘河水量减少,逐渐淤塞,而且也是江南内河排水与近海潮水倒灌之间互相作用的结果。此外,长江河口南岸的严重崩塌也是重要原因。不过,这些环境变化和刘家港的最终衰落主要是在郑和下西洋终结之后。

总的说来,太湖下泄水量只够维持一条江的水量,其下泄水道受潮汐影响范围很大。太湖流域东北部正是最主要的感潮区域(见图4)。[①] 在水文条件上,太湖流域滨江沿海水域受东海潮汐的剧烈影响,长江口和黄浦江属中等强度的潮汐河口、河流。由于受潮流和太湖泄水的双重影响,水流在出海河口显往复流动。

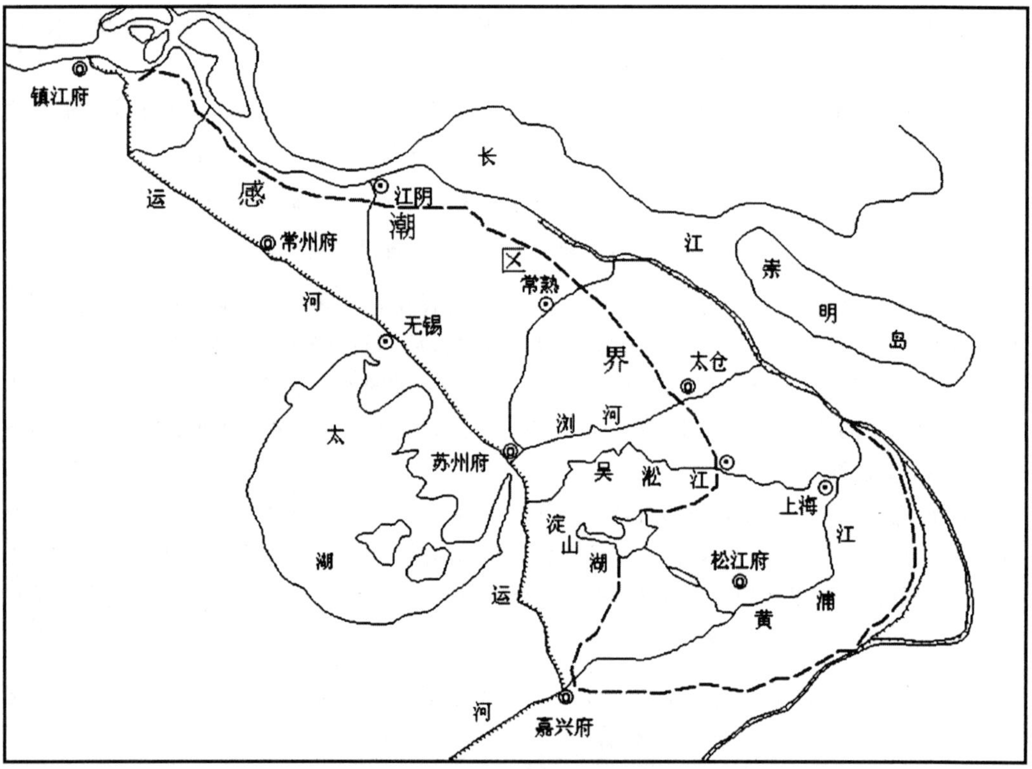

图4 清代太湖流域感潮区范围示意图

资料来源:孙景超《技术、环境与社会——宋以降太湖流域水利史的新探索》,复旦大学博士学位论文,2009年,第63页。注:虚线以北为清代太湖流域感潮区。

这些河口地区是内河淡水与海洋盐水相互混合和作用的水域。由于江水和海水之间存在密度差并发生混合,造成河口区的水体含盐度变化。河水轻于含盐海水,使得前者"浮"在后者之上流动而形成盐水楔,其位置随潮汐的变化而上下移动。通常是丰水期盐水楔向外海后退,枯水期迫近乃至入侵内河。同时由于淡、咸水含盐量不同,比重较大的海水在涨潮时会在淡水面下呈现楔形,借助于海潮的冲击,卷起水底的泥沙,从而形成浑潮。泥沙随潮流涌入内河,引

① 宋代以来太湖流域感潮区的范围与变化,可参孙景超《技术、环境与社会——宋以降太湖流域水利史的新探索》,复旦大学博士论文,2009年,第49—129页。

起河道淤塞。尤其是在水道繁杂的多口门河口，潮水四通八达，常发生潮流相汇，称为会潮点，这里水流缓慢，泥沙大量沉积。

吴淞口以上，由于长江河口宽阔，进潮量丰富，潮汐沿江而上可达镇江，故沿江的江阴、武进、常熟、太仓、嘉定、宝山、崇明等地也会受到影响。① 在太仓州境的水道首当其冲：

> [海潮在]南则刘家港入，迳昆山，西至信义界；北则[自]七丫港入，迳任阳西之石牌湾，潮水逆流过斜堰，入巴城，此潮汐之大者也。②

也就是说刘河(即所谓的娄江)为通潮干河，其影响最远可达昆山县治以西。浑潮所挟带的泥沙严重淤塞河道：

> 江流皆通潮汐，潮势汹涌迅激，挟泥沙而上，及其退也，水去沙停，日积日多，洪波渐成沮洳，沮洳渐成平陆。③

由于潮沙的影响，万历以后，刘家港"为潮沙壅积，仅存一线矣"④。太湖流域受季风影响，旱涝不均。崇祯末年，在连续干旱的影响下，刘河淤塞成为定局：

> 崇祯末年，连遭奇旱，湖水不下，潮汐日淀。自家塘至公塘口，五十余里，涨为平陆。公塘西至盐铁口，稍通水线。⑤

故而，从水环境来看，在夏原吉"掣淞入浦"后，刘河淤塞是必然的。正如王建革所指出的：刘河并不具备吴淞江那样的清流能力，不能压制浑潮，旋开旋淤。⑥

同时，明代以来长江口南岸不断坍塌入江，影响到刘家港附近的海岸，这也是刘河港衰落的另一重要原因。长江口南岸坍塌是科里奥利力(Coriolis Force)和海潮(特别是风暴潮)共同作用的结果。科里奥利力亦称哥里奥利力、科里奥里斯力，简称科氏力，是对旋转体系中进行直线运动的质点由于惯性相对于旋转体系产生的直线运动的偏移的一种描述。它会使江河左右岸受力不均(在北半球作用于右岸)，所谓"左岸江倒右岸扶"就是这个道理。⑦

北半球受地球科氏力的影响，河流一般冲刷右岸，长江也一样。因此，科氏力是"促使长江入海主流向南偏移的重要因素之一"，而"江流是促使江口段两岸变迁的主导因素"。⑧ 长江河

---

① 孙景超：《技术、环境与社会——宋以降太湖流域水利史的新探索》，第60页。

② (清)宣统《太仓州镇洋县志·太仓州志》卷五《水利上》，《中国地方志集成》(江苏府县志辑)第18辑，江苏古籍出版社1991年影印本，第57页。

③ 《余起霞三江水利论》，光绪《昆新两县续修合志》卷四八《艺文六》，《中国地方志丛书》(华中地方)第19号，成文出版社1970年，第871页。

④ (清)严如煜：《洋防辑要》卷五《江南沿海舆地考》，载《郑和下西洋资料汇编》(下册)，齐鲁书社1980年，第18页。

⑤ (清)顾士琏：《娄江志》，第282页。

⑥ 王建革：《水乡生态与江南社会(9—20世纪)》，第47页。

⑦ 张子桢主编：《地理基础知识》，中国青年出版社1982年，第192页。

⑧ 陈吉余：《长江三角洲江口段的地形发育》，陈吉余：《陈吉余(伊石)2000：从事河口海岸研究五十五年论文选》，华东师范大学出版社2000年，第26、29页。陈家麟先生并不认为长江主流走向导致历史时期长江口两岸坍涨，而认为是控制节点和沙洲的变化引起深流内移直接冲刷岸壁，从而导致了江岸的崩塌(参陈家麟《长江口南岸岸线的变迁》，《复旦学报》1980年历史地理专辑，第71页)。笔者以为陈家麟先生所言现象的背后还是科氏力在起作用。

口由崇明岛分为北支与南支,刘家港位于南支的南岸。长江河口南支的河床与河岸均由全新世松散冲积物组成,可动性较大。明代中期长江河口的河势发生变化,在崇明岛的西北部暨北支进口处沉积了平洋沙和西三沙,使北支进口河床宽度束窄了近一半,导致进入北支的江流流量减少,进入南支的流量增加,流速也随之增大。南支江流与落潮流的动力轴线,在科氏力的作用下偏向南支的右岸(南岸),使得刘家港所在的河岸发生崩塌。①

除了科氏力,海潮对刘家港海岸崩塌的影响也极大。波浪(尤其伴随着风潮)是三角洲发育过程中主导的破坏因素。波浪受潮流以及江口季节增水的影响,力量增强,经常冲刷江槽的两岸,以及三角洲的陆缘部分。当台风过境时,如再遇到大潮汛,侵蚀力量就异常强大,海滨江岸坍塌的情况甚为惊人。② 刘河是当时著名的风口,常受到风暴潮(飓风)的袭击:

飓风之发各口皆有,惟吾刘河口为更甚。③

明代刘河被视为"三吴门户"④。门户若淤塞,其后果可想而知。在刘河淤塞、河口拦门沙和江岸崩坍的共同作用以及清初战乱的影响下,刘河镇一片萧条,与明初郑和下西洋时期的繁荣相比,犹如两重天:

漕漕至天妃镇,出刘河镇,在昔年,江涛汹涌,万艘云集,鱼盐之利,闽越之货,为一郡饶。神宫金碧照耀,最为壮丽;圣妃灵迹,著在碑碣。自洪流不波,镇民凋残,戎马所过,十室九空,神宫倾圮,江干间寂。⑤

综上所述,夏原吉在永乐初年治理江南水系的活动对刘家港的兴盛和郑和下西洋产生过一定的影响,郑和船队的远航活动也曾受到夏原吉的长期支持,导致刘家港的一度鼎盛。但是,夏原吉等官员在永乐末年的财政危机中开始转而反对郑和下西洋,使这一远洋航海活动无以为继。他的治水措施也在一定程度上导致刘河的淤塞与刘家港在郑和下西洋结束之后的衰落,但这种水系的变迁又有更为复杂的自然环境方面的原因。

四、结　　语

本文主要从江南水系与人类活动的互动关系的角度来解释刘家港兴衰的原因及其与郑和下西洋的关系。夏原吉沿袭宋代以来治理"三江"的传统水利政策,导致了娄江的一度畅通和刘河港的兴盛,并为郑和下西洋创造了客观条件。但他在永乐末年和宣德初年又因财政危机,出于对国计民生的考虑,与其他官员联合,终止了耗费巨大的下西洋活动。此外,他的治水方针也为后来娄江淤塞和刘河港最终衰落埋下了隐患。

---

① 林承坤:《古代刘家港崛起与衰落的探讨》,第 64 页。

② 陈吉余:《长江三角洲江口段的地形发育》,第 25、29、31 页。

③ (清) 金端表:《刘河镇记略》,第 468 页。

④ (清) 顾士琏:《娄江志》,第 273 页。

⑤ (清) 顾士琏:《新刘河志》附集《浚迹》,《四库全书存目丛书》史部第 224 册,齐鲁书社 1996 年影印本,第 171 页。金端表称"自康熙二十四年开海运通商以来,帆樯林立",但这只是昙花一现,从水环境来看,在刘家港繁荣的同时,刘河不可能随着闭关锁国而"又衰",参(清) 金端表《刘河镇记略》,第 372 页。

但对刘家港来说，自然环境的变迁起了更为决定性的作用。张忠民认为，“江河之变迁乃是口岸变迁之先决条件”，江南河道水系的变迁决定了公元750—1840年江南地区的“口岸”变迁，没有刘河就没有刘家港，没有吴淞江就没有青龙镇，没有黄浦就没有上海。① 虽然刘家港衰落了，但江南与世界的联系并没有因此而中断。在刘家港衰落的过程中，上海港日渐兴起，并在近代开埠以后演变成为中国第一大港，成为中国与世界连接的桥头堡。

致谢：文章在写作过程中得到陈忠平先生的悉心指导，在此表示感谢！

---

① 张忠民：《江南地区的“口岸变迁”：公元750—1840年》，第141—148页。

The Changes of the Rivers of Jiangnan, the Vicissitudes of Liujia Port and the ZhengHe's Voyages to the Western Seas in the Ming Dynasty

Liang Zhiping

Abstract: In the early Ming Dynasty, As Xia Yuanji introduced the upstream of the Wusong River to the Lou River, Lou River became wide and deep. So Liujia Port became the best port of the Yangtze River. Therefore ZhengHe chose Liujia Port as the port of departure to the Western Seas and Liujia Port became prosperity. However, the purpose of Xia Yuanji was not for ZhengHe's Voyages to the Western Seas. As the influence of the concept of Three Rivers, Xia Yuanji constructed FanJia River, Huangpu River became the main water channel of Taihu Lake instead the Lou River. As the result, the Lou River became sedimentation and the Liujia Port declined. So the decline of the Liujia Port was inevitable. The termination of ZhengHe's Voyages has no direct relationship to the changes of the rivers of Jiangnan, the main reason was the strongly oppose of Xia Yuanji and his successor officials.

Keywords: Three Rivers, Xia Yuanji, Liujia Port, ZhengHe's Voyages to the Western Seas

近代中国灯塔空间体系初探

伍伶飞*

摘　要：受限于海关史分析框架和由于连续、系统的灯塔数据的缺乏，已有研究忽视了一些非中国海关的主体在灯塔建设管理中的作用。本文发现，外国政府和其他非海关主体建设管理的灯塔数量较多，往往位于贸易繁荣的口岸且率先使用现代设备和新式能源。外国政府和其他主体建设管理的灯塔在近代中国灯塔格局中具有重要地位，从航海史视角观察，它们与海关建设管理的灯塔共同构成了近代中国灯塔体系。

关键词：灯塔　航标　海关　航海史

一、引　　言

海关以其在多个领域不可或缺的中介者或参与者的角色，对近代中国历史进程产生了至关重要的影响。海关的工作内容涉及邮政、教育、外交、军事等，而其核心业务主要有两部分：税收和海务。就海务而言，具体负责的部门为船钞部（1912 年后称海政局），主要任务包括港务工作、航标建设和航道管理等。① 自 1865 年起将一成船钞用于改善航运事业，以航标建设为主，1868 年增至七成船钞，实际支出远远超出此比重。② 海关从欧洲采购最新式的灯塔，雇佣专业人士进行灯塔管理，并及时对灯塔相关设备更新换代。在海关主导下建设的航标是近代中国航标体系最重要的组成部分。基于以上认识，相关讨论往往直接将航标建设与海关联系，甚至将海关所建设的航标作为近代中国航标体系的全部内容。但是，在近代中国沿海沿江地带，存在着许多航标归属海关以外的部门、地方政府甚至是私人管理的情况；近代中国还存在许多外国占领区或租借地，这些地方的航标建设和管理权往往掌握在相关国家手中。且由于战争和社会变动的影响，各个地方航标的管理权屡有更迭。这使得在近代的很长时间内，存在着一些非中国海关建设和管理的航标。

---

* 作者简介：伍伶飞，复旦大学历史地理研究中心博士生。

① 陈诗启：《中国海关的近代化设施及其对清政府的改造》，《中国近代海关史问题初探》，中国展望出版社 1987 年，第 105 页。

② 《为附送有关船钞使用之两件节略由》，《旧中国海关总税务司署通令选编》（第一卷），中国海关出版社 2003 年，第 117、129 页。

令人遗憾的是,现有的关于近代中国航标的研究中,对外国政府和其他主体建设和管理的航标不够重视甚至缺乏关注。对近代中国航标进行研究最早的一本著作是班思德的《中国沿海灯塔志》①,书中述及近百个灯塔,但几乎全部为二十世纪三十年代已归中华民国海关管理的灯塔,对于该时段仍在英、日等国管理下的中国沿海航标罕有涉及,由此可见该书内容仅仅覆盖中华民国海关管辖区域,书名"中国沿海"并不符实。《中国航标史》②作为当代一部研究航标的重要作品,其近代部分也几乎没有涉及非中国海关管理的航标。其他航标相关研究论文③也基本都是站在中国海关的立场进行讨论。以上论著并没有将参与航标建设管理的外国政府以及其他主体放在与中国海关对等的位置对待,甚至避而不谈。

归结起来,已有研究对非中国海关管理的航标认识不足,主要有两个原因:

第一是资料的缺乏,没有外国政府和其他主体管理下的航标连续的、系统的数据,甚至没有近代海关管理下航标的完整数据。近代中国海关有大量出版物,分为第一类统计丛书(Statistical Series)、第二类特种丛书(Special Series)、第三类杂项丛书(Miscellaneous Series)、第四类公务丛书(Service Series)、第五类办公丛书(Office Series)、第六类督察丛书(Inspectorate Series)、第七类邮政丛书(Postal Series),④其中对航标、税收等各类数据有详细统计。此外还有大量调查报告和专题著作。但这些出版物主要供海关内部使用,仅有少数赠送给相关机构或公开发行。长期以来,这些资料分散在全国各地以及国外的一些机构,研究者常常难以通过公开渠道获取这些出版物。早年出版的《中国旧海关史料》⑤为相关研究提供了许多可贵的信息,但只包括海关七类出版物中统计系列的一部分,尚有包括航标统计在内的大量其他统计和更多专题研究著作未被发现和利用。

第二是研究视角的局限。前述论著多以"近代中国航标"为题或为研究目标,但实际均以中国海关管理下的航标为对象,对非海关管理下的航标较少涉及;这些论著的共同特点是,对待原本错综复杂的航标管理问题,仅仅从中国海关的角度出发难以兼顾其他组织机构发挥的作用,也无法观察到包括中国海关、外国租借地或占领区政府及其他各类主体共同建设和管理下的近代中国航标的整体面貌。

前述研究中存在的上述不足,也就成为本文得以展开的前提。而灯塔因在航行安全中地位最为重要且建造成本高、管理复杂,是航标体系中最为重要的组成部分,故本文将利用新资料和新视角,以灯塔为中心,通过灯塔的情况管窥近代中国航标分布的基本格局。

---

① 班思德:《中国沿海灯塔志》,海关总税务司署统计科 1933 年。

② 叶嘉畲:《中国航标史》,中华人民共和国海事局 2000 年。

③ 这些论文包括陈诗启:《中国近代海关海务部门的设立和海务工作的设施》,《近代史研究》1986 年第 6 期;[英]毕可思:《石碑山——灯塔阴影里的生与死》,孙立新、石运瑞译,见孙立新、吕一旭主编《"殖民主义与中国近代社会"国际学术会议论文集》,人民出版社 2009 年,第 8—43 页;李芳:《晚清灯塔的建设与管理》,华中师范大学硕士学位论文,2011 年;张耀华:《中国近代海关之航标》,中国航海博物馆编《上海:海与城的交融》,上海古籍出版社 2012 年,第 252—265 页;江涛:《近代福建沿海助航标志探析》,福建师范大学硕士学位论文,2012 年;R. Bickers, "Infrastructural Globalization: Lighting the China Coast, 1860s - 1930s," *The Historical Journal*, 2013, 56(02), pp. 431 - 458.

④ 吴松弟:《中国旧海关出版物评述——以美国哈佛燕京图书馆收藏为中心》,《史学月刊》2011 年第 12 期。

⑤ 中国第二历史档案馆、中国海关总署办公厅编:《中国旧海关史料》,京华出版社 2001 年。

二、非海关管理的灯塔具有重要意义

针对已有研究所呈现出连续的、系统的灯塔数据缺乏的问题,《美国哈佛大学图书馆藏未刊中国旧海关史料(1860—1949)》①的出版提供了丰富的新资料,其中各个年份的《中国沿海及内河航路标识总册》(以下简称《航标总册》)不仅提供了更为详尽的海关管理下的灯塔②信息,也包括大量外国政府和其他主体管理下的灯塔数据。但仔细查对发现,其中仍缺少部分年份,而上海图书馆徐家汇藏书楼所藏《航标总册》正好可以补充前者的缺失。另外,前述资料中并无日治时期台湾的数据,本文亦将利用台湾总督府③和日本水路部④、递信省⑤、航路标识管理所⑥等机构的文献补全台湾的公私灯塔信息。多种来源的资料为本文进一步理清近代中国构建灯塔体系的进程、勾勒灯塔基本格局提供了可能。

但新资料的出现并非重新审视非海关管理灯塔的原因。之所以在近代中国灯塔体系的研究中不能忽视非海关管理的灯塔,是由于这部分灯塔本身具有无可替代的重要性。

(一) 非海关管理的灯塔数量较多

根据《航标总册》所提供的亮灯年份可知,中国最早的现代灯塔 1855 年亮灯,位于上海铜沙,⑦此后开始逐渐增加,不过总体增速较慢,到 1872 年 8 月,灯塔数量为 44 个,⑧这些灯塔均在海关管理之下,可以说已经初具规模。这一时期的灯塔主要分布在上海、宁波、广州、镇江、九江、汉口等关区。总体上,海关管理的灯塔数量在 1942 年之前保持了连续增长的势头(图 1)。

根据《航标总册》所提供的亮灯年份还可以知道,最早出现的非海关管理的灯塔是 1865 年亮灯的澳门 NOSSA SENHORA DA GUIA,⑨到 1911 年底,其他各国管理下的灯塔共有 41 个,⑩占纳入统计灯塔的 18.6%,且这一比例在接下来的年份里还有提高,在太平洋战争爆发、航标暂停统计之前,一直维持在 20%左右(图 1)。日治时期台湾的灯塔均属于非海关管理部分,但《航标总册》中并不包括这一时期台湾的数据。通过 1946 年台湾灯塔分布的情况可以管窥日治时期的大致情况:1895 年之前台湾灯塔极少,到 1946 年台湾有灯塔 40 个,可见其增长

① 吴松弟整理:《美国哈佛大学图书馆藏未刊中国旧海关史料(1860—1949)》,广西师范大学出版社 2014 年。

② 本文所指"灯塔"即各类亮灯航标,包括狭义的灯塔以及灯船、灯桩、灯浮等。

③ 台湾总督府交通局递信部:《递信志·航路标识编》,台湾总督府交通局递信部 1928 年。

④ 日本水路部编:《东洋灯台表·上卷》(昭和十三年十一月十二日调查),日本水路部 1938 年。

⑤ 日本递信省编:《递信事业史》(第六卷),日本递信协会 1944 年。

⑥ 日本航路标识管理所编:《日本航路标识便览表》(大正十年五月改正),日本航路标识管理所 1921 年。

⑦ *List of the Chinese Lighthouses, Lightvessels, Buoys and Beacons, 1872*, Shanghai: Customs Press, p. 7.

⑧ *List of the Chinese Lighthouses, Lightvessels, Buoys and Beacons, 1872*, pp. 6-15.

⑨ *List of Lighthouses, Light-vessels, Buoys and Beacons on the Coast and Rivers of China, 1903*, Shanghai: Statistical Department of the Inspectorate General of Customs, 1903, p. 11.

⑩ *List of Lighthouses, Light-vessels, Buoys and Beacons on the Coast and Rivers of China, 1912*, Shanghai: Statistical Department of the Inspectorate General of Customs, 1912, pp. 12—39.

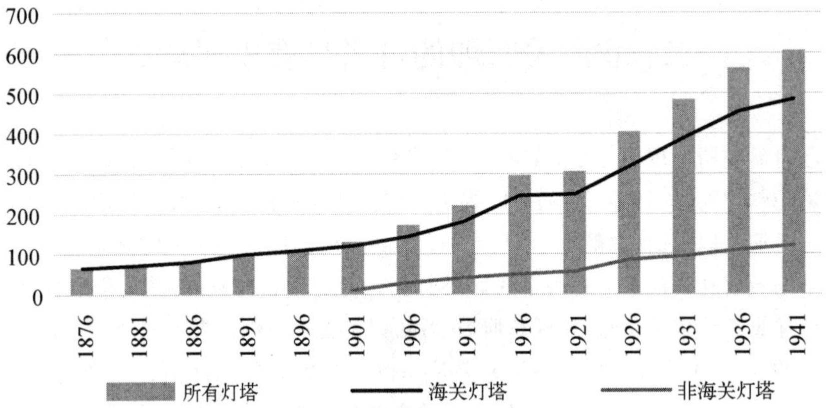

图1 各类灯塔增长情况

速度较快。若将台湾的灯塔亦计入,则非海关管理的灯塔占比还将更高。如将1921年台湾归总督府管理和归私人管理的24个灯塔①计入,则该年非海关管理的灯塔占比会上升至24.5%;而将1938年台湾灯塔数量②与其他非海关管理的灯塔数量合计,则该年非海关管理的灯塔占比更是达到25.3%。

总的来看,从早期灯塔兴建开始,多数灯塔的管理权均掌握在中国海关手中。但随着外国租借地和占领区出现和不断增加,不断有灯塔在这些区域兴建起来,也有部分灯塔随着租借地的交接而从中国海关转移到外国政府手中;外国政府之间也因为战争或其他协定而产生管理权的转换;同时,地方渔业协会等其他主体也开始建设和管理一部分灯塔。从十九世纪末被纳入《航标总册》开始,非海关管理的灯塔数量长期保持增长,其占总量之比长期保持在20%—30%之间,这些灯塔与海关管理的灯塔一道构建起了近代中国灯塔空间体系,二者均不可忽视。

(二)非海关管理的灯塔率先使用新技术和新能源

非海关管理的灯塔归属多种类型的主体,包括中国政府其他部门、外国政府、地方渔业协会甚至个人等,但从统计数字看,归属外国政府的灯塔长期占据绝对多数。而作为近代科技革命的发源地,欧美国家往往将新的技术成果和新式能源应用于本国管辖区域内,电力开始在灯塔中推广后,"欧美各处灯塔,比来相率设置电灯……惟中国灯塔,则尚未采用之耳"③,西方国家在其国内应用的同时,也在位于中国的租借地或占领区内率先采用了较为先进的设备和能源,所以可以发现电灯多出现在外国管区的灯塔上。以1937年日本管理的灯塔(含本土和海外)的能源结构看,使用电灯的灯塔是最多的。④ 日本管理下的大连在1941年有40个灯塔,其中23个已采用电力作为能源。而同一时期,海关管理下的灯塔鲜有使用电灯,还是以煤油灯为主,一

① 日本航路标识管理所编:《日本航路标识便览表》(大正十年五月改正),第154页。
② 日本递信省编:《递信事业史》(第六卷),第1293页。
③ 班思德:《巡工司及总工程司之灯塔释例》,《中国沿海灯塔志》,第9页。
④ 日本灯台局编:《灯台局年报》(第10回),日本灯台局1939年,第79页。

些灯塔工作人员仍在为煤油被盗而奔波。①

以外国管理的灯塔为主的非海关灯塔在新技术和新能源的应用上表现出明显的优势，这意味着相对于海关管理的灯塔而言，这些灯塔在维护船只航行方面可以更便利、更稳定，同时这也使得这些灯塔成为新技术传播的媒介和新能源应用上的标杆，对近代中国航标的发展乃至中国社会对世界近代文明成果的吸收起到了推动作用。若忽视非海关管理的灯塔，甚至对其避而不谈，则难以对近代中国灯塔的地位和作用有准确的认识。

（三）航海史分析视角需要整合各类主体管理的灯塔数据

各类主体管理下的灯塔数据对于呈现近代中国灯塔分布格局的必要性在于，原有的海关史的叙述模式存在明显的不足，而新的航海史的分析视角则需要利用多种主体的信息。与海关史叙述中仅以中国海关为主体讨论灯塔建设管理不同，航海学框架下的灯塔研究注重灯塔本身在航行安全、船只定位等方面的意义，而非灯塔具体由哪个主体建设、归哪个主体管理。从航海学的视角，可以将近代中国沿海地区和主要内河流域的各类主体管理下的灯塔看作一个体系，作为航海活动的重要组成部分进行观察和分析，从而对灯塔的空间分布和不同主体管理下所呈现的灯塔区域差异有一个更为清晰的认识。但由于种种原因，灯塔在传统航海史的研究中并非重点，②目前从航海史视角出发的近代灯塔研究难以寻觅。新发现的《航标总册》和《东洋灯台表》等资料可以提供详细的灯塔信息，包括灯塔所属关区、管理国家或机构类别、灯塔名称、地址、经纬度、灯光类型和射程、镜机等级、亮灯年份等。通过对中国海关、外国租借地或占领区政府、其他主体（如地方渔业协会、中华民国海岸巡防署等）管理下灯塔信息的整合，可得到较为完整的近代中国灯塔分布格局。

不论从数量、新技术和新能源的传播看，还是从航海史研究的需要看，外国和其他主体管理下的灯塔也是近代中国灯塔体系的重要组成部分，它们与中国海关管理下的灯塔一起在近代中国乃至东亚航海活动中对船只定位和航行安全发挥着重要作用。

三、近代中国灯塔的分布

以下对灯塔分布的论述中涉及的基本单位是关区，即各个海关所管辖的区域范围。1868年沿海航标管理被划分为南、中、北三段，各段巡工司“分别常驻上海、福州与芝罘”③。各段分别管理多个关区：

> 北段包括奉天、直隶与山东之海岸，自北纬41°至34°，包括条约规定之通商口岸牛庄、天津及芝罘。中段包括江苏与浙江之海岸，自北纬34°至27°，包括上海与宁波两口岸以及长江之商埠镇江、南京、九江及汉口。南段包括福建、广东之海岸，自北纬27°至20°，包括福

① 1936年南通境内“灯船迭遭盗匪搜劫，常阴沙十一圩港外灯船又于十三日夜间被江盗侵入，劫去煤油及管理人衣服用物等项”（《南通十一圩港灯船被劫》，《申报（上海版）》1936年5月17日）。

② 彭德清：《中国航海史·近代航海史》，人民交通出版社1989年；章巽：《中国航海科技史》，海洋出版社1991年。

③ 《为船钞部巡查司之任命及其职责事》，《旧中国海关总税务司署通令选编》（第一卷），第64页。

州、厦门、淡水、基隆、台南、打狗、汕头、广州及琼州。①

1878年将航标管理由三段合并为两段,“南段系指温州以南之海岸,北段系指温州以北之海岸”②,巡工司分别驻上海和厦门。在“关区”概念的具体应用中,需要说明的是,香港、澳门等外国租借地或占领区也分别作为独立的关区对待。而由于日治时期不同阶段、不同机构对台湾的灯塔区域划分很不一样(如《日本航路标识便览表》分为“台湾北岸及东岸”、“台湾南岸及西岸”和“澎湖列岛”,③而《东洋灯台表》则分为“台湾北岸”、“台湾西岸”和“台湾东岸”④),这些与中国政府管理时期以关区为单位的划分方式很不一样,为统一起见,本文将整个台湾地区(含澎湖列岛)合为台湾关区。

通过整合多源数据,可以得到1881、1901、1921和1941(暂未发现该年台湾数据,以1938年数据代替)四个代表性年份以关区为单位的灯塔分布情况(图2)。

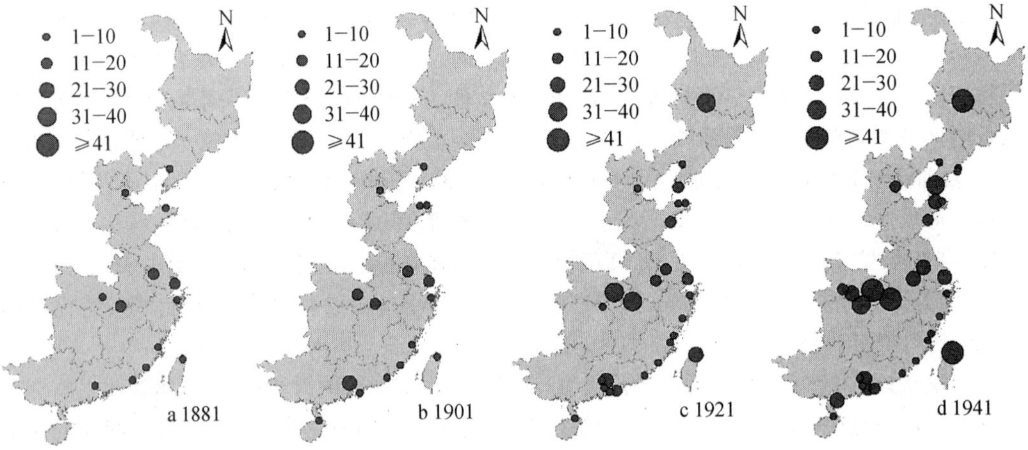

图2　近代中国灯塔分布

截至1881年,灯塔分属13个关区,包括广州、汕头、厦门、台湾、福州、宁波、上海、镇江、九江、汉口、芝罘、天津、牛庄。若以单个关区的灯塔数量而论,上海、镇江、九江处于领先地位,这些关区均分布于长江流域,反映出这一时期长江沿线区域灯塔发展要快于沿海其他区域,这与同时期船钞支出的区域分布一致。到1901年,上海、镇江、九江仍然保持着灯塔数量方面的优势,但广州关区内的灯塔建设却突飞猛进,一跃而成为灯塔数量最多的区域。从1902—1921年间的灯塔数量增长看,上海、镇江的灯塔建设进展缓慢,以至于香港、大连、芜湖、青岛、天津均达到与前二者并驾齐驱的程度;九江、汉口、台湾继续增长,广州也取得一定发展,此四个关区均领先于前述各区。最引人注目的是哈尔滨及其属关构成的关区,该区1913年首次出现在《航标总册》中,一举成为灯塔数量最多的关区。⑤ 从1941年的情况看,哈尔滨关区继续保持着数量上

① 《为发船钞部编制事》,《旧中国海关总税务司署通令选编》(第一卷),第56—57页。
② 《为南北两段沿海灯塔分由厦门上海两关管理由》,《旧中国海关总税务司署通令选编》(第一卷),第222页。
③ 日本航路标识管理所编:《日本航路标识便览表》(大正十年五月改正),第106—112页。
④ 日本水路部编:《东洋灯台表·上卷》(大正十五年十月十五日调查),日本水路部1926年,第84—93页。
⑤ *List of Lighthouses, Light-vessels, Buoys and Beacons on the Coast and Rivers of China, 1913*, Shanghai: Statistical Department of the Inspectorate General of Customs, 1913, pp. 40-41.

的领先优势，①九江、汉口、台湾持续发展，继续保持仅次于哈尔滨的位置，大连关区发展较快并紧随前述四区之后，广州湾、广州、上海、镇江、芜湖、芝罘、沙市、岳州则又次之。

当然，在对图2的观察中也会发现一些不同寻常的地方。由于灯塔建设经费有限，“为确保航行安全并力求节约资金，建造灯塔之位置务必认真测定、选择”②，海关会优先选择航运最繁忙且较为危险的航段设置灯塔，也就是说，灯塔的增长应当与行船数量多、贸易繁荣的口岸存在明显的相关性。1860—1870年间，上海的船钞支出占用于改善航运船钞支出总数的83%，③而这一比例与上海的贸易额、商船数量占全国的比重情况是一致的。但通过对各关区灯塔数量与各通商口岸船舶数量关系的分析发现，前述观点似乎并不成立。作为航运最繁忙的口岸，上海的灯塔数量在1901年前尚可勉强与广州、镇江、九江、汉口持平或者说差距不大，但到1921年及以后，从数量上看，则连第二梯队的水平都无法达到。

这一现象产生的原因，一定程度上可以通过灯塔的镜机等级来解释。根据尺寸的不同，中国海关管理下灯塔的镜机最初分为特等至五等，后为特等至六等，再后增加为特等至七等，此外还有大量因尺寸小而未分级的灯塔镜机；而非中国海关管理的灯塔中，部分也依据此分级确定了镜机等级。正如《中国沿海灯塔志》所言“各处灯塔及其地位之重要如何，或可由其镜机等级推而知之”④，即分级清晰的镜机等级可以作为判断灯塔之间差异的核心指标。《中国航标史》的表格“海关建造及管理的沿海主要灯塔”⑤中也仅列出镜机等级一项指标，可见一般研究中对其重要性的认识。通过观察镜机等级发现，哈尔滨关区的灯塔镜机均属于未分级类型，而上海关区灯塔中高等级镜机比例远远高于一般关区。这也就解释了上海等贸易繁荣口岸所在的关区虽然有大量船钞投入，但灯塔数量却不占优势的原因。

灯塔初设时镜机等级与灯光大小和射程直接相关，往往根据镜机等级即可以判断灯塔的灯光射程和重要性。而通过对《航标总册》统计数据的分析发现，这种观点仅仅在灯塔建设的早期阶段成立。到后期，随着技术的革新和新式能源的使用，仅仅依据镜机尺寸而定的镜机等级越来越无法准确反映灯塔的真实水平。表现在《航标总册》中，大量采用新技术和新能源的灯塔（主要是非海关管理的灯塔）并无镜机等级信息。故镜机等级难以作为反映灯塔的真实水平和重要性的统一标准；何种指标更可行更准确，将另有专文讨论。

四、小　结

海务工作是近代中国海关的两项核心业务之一。作为海务工作的承担者，船钞部的主要任

① *List of Lighthouses, Light-vessels, Buoys, Beacons, ETC., on the Coast and Rivers of China, 1941*, Shanghai: Statistical Department of the Inspectorate General of Customs, 1941, pp. 8 - 83; *Addenda ET Corrigenda to List of Lighthouses, Light-vessels, Buoys, Beacons, etc., on the Coast and Rivers of China, 1941*, Shanghai: Statistical Department of the Inspectorate General of Customs, 1941.

② 《为发船钞部编制事》,《旧中国海关总税务司署通令选编》(第一卷),第56页。

③ 《为附送有关船钞使用之两件节略由》,《旧中国海关总税务司署通令选编》(第一卷),第121—122页。

④ 班思德:《巡工司及总工程司之灯塔释例》,《中国沿海灯塔志》,第4页。

⑤ 叶嘉畲:《中国航标史》,第24—25页。

务包括航标建设和航道疏浚，其中航标建设和管理是利用海关征收的船钞为经费而展开的。这是近代航标相关研究中一种常见的叙述方式，这种叙述话语往往忽视了在近代中国沿海的租借地和外国占领区还存在着大量长期处于外国政府管理下的航标；同时，也忽视了在近代中国内河流域和海域内同时存在着大量长期或短期处于地方渔业协会、中华民国海岸巡防署和地方政府管理下的航标。出现这种对外国政府和其他主体管理下的航标缺乏关注、将近代中国海关管理下的航标直接等同于“近代中国航标”的全部情形，主要有两方面的原因，一是相关航标详细资料的缺乏，另一个是现有论著中，海关史的研究以海关为研究对象，往往不涉及其他参与航标管理的主体。

由于航海活动在空间上具有连续性特点，故航海学将特定区域内航线上的航标归为一个系统进行观察。利用新发掘的航标资料，从航海史的研究视角出发，将近代中国沿海各类主体管理下的航标中最重要的组成部分——灯塔作为一个体系进行观察可以发现，近代中国灯塔空间体系的形成经历了一个漫长的过程，其中中国海关、多个外国政府和其他主体参与其中，尽管中间存在力量的消长和灯塔管理权的转移，但各方均为近代中国灯塔建设和管理不可或缺的组成部分。

外国政府管理下的灯塔往往最先采用欧洲新式设备和新式能源，且外国所属的关区内的口岸多为贸易额排名靠前的商埠，而其他主体管理的灯塔也往往在重要的航运线路上、在近代中国海航活动中具有明显的作用；从设备更新和技术传播的角度来看，外国政府管理下的灯塔甚至比中国海关管理下灯塔的意义更为重要。故这些非海关主体的灯塔与中国海关的灯塔不应因管理主体的不同而被区别对待甚至被忽视；只有综合考虑中国海关、外国政府和其他主体在建造管理灯塔中的作用，方能描绘出近代中国灯塔空间体系的完整图景。

Analysis on Spatial System of Lighthouses in Modern China

Wu Lingfei

Abstract：Under the frame of customs history，previous studies on lighthouses concentrate on China Customs and possibly neglect of some factors that parallel with China Customs. Using new data of lighthouses，by navigational perspective，China Customs，foreign governments and other institutes commonly establish spatial system of lighthouses in modern China. In occupied areas and leased territories，lighthouses controlled by foreign governments account for a considerable proportion. These lighthouses have a large number，further light range and mostly are located in busy ports. Advanced technology and new energy are firstly used in western countries' internal lighthouses and secondly used in China's lighthouses controlled by foreign governments. From the view of equipment renewal and technology spreading，lighthouses controlled by foreign governments are more significant than those controlled by China Customs.

Keywords：Lighthouse，Aids to navigation，Customs，history of navigation

南海北望：争端语境中如何看待极地和海洋的意义

周 雷*

摘 要：通过比较挪威奥斯陆、日本北海道、中国南海周边国家（越南）的海洋治理情境和知识生产，本论文试图分析不同海域的地缘政治和海缘政治模式，尤其对这种现有政治解决模式的文化细节和社会组织细节进行考察，部分讨论也关涉族群政治生成史的现状，通过这个文化、传播、民族志的进路，旨在对南海的争端提出更能弥合跨区域矛盾的新机制。本文的核心观点在于：人本身就是一个开放型政体，陆地型的地缘政治和亲属关系与海洋型的海缘政治及关系范型都可用于人类社会，对海洋的深入研究可为这一论断提出进一步确证。

关键词：南海 奥斯陆 北海道 南极记 极地治理 南岛 海缘政治

本文试图从一种新的“海缘视角”（Oceanic Politics）来重新审视中国周边海洋和海岛型国家与中国的关系，并尝试使用一些田野材料来说明一种新型海洋格局观念。

一、“海上三角洲”与“南岛族群”

我曾经从上海的洋山深水港前往嵊泗列岛，这些零星的岛屿，距离上海近海其实就一个半小时左右的航行时间，但是对于上海人来说，还要加上两个小时的车程，才能进入上海核心城区。而从上海乘坐飞机，在四个小时之内，就能抵达菲律宾的马尼拉。也就是在这个意义上，现代的交通工具组合，形成了一个新的“地缘”加“海缘”格局和形制：上海距离嵊泗列岛和距离菲律宾一样遥远。而如果从中国台湾出发，到达菲律宾的飞行时间就是两个小时，基本上是从上海市区到洋山深水港的时间。所以，我们讨论海洋问题，应该有“相对海洋”和“绝对海洋”观念。

菲律宾马尼拉的 Ayala 博物馆在笔者调查菲律宾舆情期间，正在进行菲律宾被殖民前的历史资料和金器展，展厅中陈列了一个有关南岛语族和南岛大迁徙的系列展板，其中提到了

---

* 作者简介：周雷，中国南海研究协同创新中心、南京大学新闻传播学院双聘研究员。

著名的南岛族群(Austronesia)，也就是一个从长三角地区一路沿着海洋南下，穿过福建和台湾海域，沿着南中国海一路而下，进而扩散到南太平洋、南亚、大洋洲、马达加斯加的广阔迁徙的族群。

2013 年，台湾的一本杂志《科学展望》第 489 期，专门刊登了一篇有关南岛语族和南岛迁徙的文章，①该文的讲法与菲律宾人的展览术语不一致，称南岛语族的北界位于台湾——这明显是不准确的，如果不把长三角的海域算进，至少也要算上福建一带的海域。

在菲律宾博物馆的描述中，将这些 6 000 年前的航海者称为新石器时代的殖民者(Neolithic Colonizer)，他们大约在 4 500 年前抵达菲律宾，并再经过 1 000 年进入大洋洲三大岛群；逐渐再进入苏门答腊岛、马来半岛、越南南部，甚至一度抵达马达加斯加和复活节岛。

这个描述颇有趣味，这些南岛迁徙者为什么没有一路南下到达澳大利亚，甚至在稍微温暖的时段进入南极的海域？另外，如果只是出于好奇心、贸易、战争、灾难等原因的大迁徙，这些中国东南沿海的海民为何不同时向北部进入日本，并将南岛(Austronesia)的分布区域扩展为一个“人”字型(北到日本，南到大洋洲，西到马达加斯加，东到波利尼西亚群岛)？

同样在菲律宾 Ayala 博物馆，另一个有关菲律宾历史的展示中，提到生活在菲律宾的中国人被称为 sangley，据说这个词源自广东话的 kiang 和 ley，意思是游走的商人或“商旅”，也被理解成“常来”的意思——如果是“常来”，那应当是南海周边国家土著对远来的中国商队的招呼才对，中国人于是在菲律宾的历史中被描述为一个外来型的商人团体。

除了考古证据、基因和语言人类学研究，这个所谓的南岛迁徙还有另一个动物证据，那就是“缅甸小鼠”——因为这种老鼠明显不能泅渡海洋，而它又事实上能在整个南岛文化区找到，说明这些动物是通过频繁往来的船队四处扩散开来的。

与文化意义上的海上三角洲相反，南海周边许多国家并没有把中国视为一个文化的原始模板，这一点在越南就很明显。我在 2015 年 4—5 月，对缅甸和越南进行了考察，从民间和官方的历史记忆中可以找到一些证据。

图 1 的越南白马大王神庙是具有城隍庙功能的土地神庙，这个神据宗教人类学研究与汉朝的伏波将军马援有关，这在某种程度上和中国西南少数民族对诸葛亮的历史记忆建构相同——诸葛亮在征服的同时，也产生了现实的治理作用，使被征服地出现了整饬的史乘和文明。

后来，越南开始系统地在官方历史叙述中驱逐“汉痕迹”：原来的白马大王通常被尊为主神，与二徵女王(马援的镇压对象)混合崇祀，此后为了追求民族独立的神性，对白马大王的祭祀日益减少，甚至将其逐渐清除出官方系统，取而代之的是对占城国王、王妃的祭祀。②

所以，在所谓的南岛迁徙或大航海叙述中，有关主体文明和输入文明的历史表述，时常和本地文明及土著文明形成交融叙事，外来者可以不断被“逐客令”驱逐出史乘，甚至成为被遗忘的记忆残片。但是，这个区域的整个政治神学系统和民间信仰体系还是保留了许多原始性输入文化的特点，具体来说就是中国、印度、缅甸等早期文明的身影和烙印。从这个角度来看，南海问题是相当长时间以来，有关亚洲族群生成史的叙述之争和正统之争的局部显现。

---

① 可参见 http：//ejournal. stpi. narl. org. tw/NSC_INDEX/Journal/EJ0001/10209/10209 - 02. pdf。

② 许文堂：《越南民间信仰——白马大王神话》，《南方华裔研究杂志》第四卷，2010 年。https：//chl-old. anu. edu. au/publications/csds/csds2010/18 - 3C_CSDS_2010_Shiu. pdf。

图 1　越南河内的白马神庙

二、西太平洋的航海者与希腊的金羊毛远征

人类学家马林诺夫斯基的成名作 *Argonaut of the West Pacific*，在引进中国之后通常被翻译成《西太平洋的航海者》，但是这个 Argonaut 并不应该理解成普通的航海者，或者是任何以航海为业的人，它在古希腊文化中专门指称寻找金羊毛的那些远征军，也就是在这个意义上，它应该仿照《伊利亚特》的造句法翻译成“阿格诺特”。

古希腊神话中，克里特岛(Crete)的一个巨大罐子被打开，造成瘟疫四处流布，生灵涂炭；与此同时，古希腊神用来测量地球中心的脐石(Naval Stone)同时也被理解为一个“塞子”，它像是堵住巨大水池的塞子，被拔开之后造成了大洪水的泛滥。这些史前神话的阐释，比把那些 6 000 年前，甚至更早的洲际航行，理解为做生意和换取物品具有更强的说服力。也就是说，洲际航行作为一种救命或逃命式的旅行似乎更为可信。

另外，重新回到阿格诺特上面，argo 并不是任何一条船，它至少有如下要素：a. 前往黑海之边，也就是最东边的海洋——colchis；b. 用阿波罗神谕发生地点的橡树木头制成；c. Dodona 之神在转述阿波罗神谕时，通过橡树树叶的婆娑之声传递，所以这种树的木头具有先天的预示性；d. 参与阿格诺特远距离航行的并不是渔民和农夫，而是特洛伊战争发生之前最为伟大的英雄，包括 Orpheus、Telamon、Peleus、Herakles、Twin Kastor、Polydeukes 等；e. 在出发之前，半人马 Cheiron 说明此行不仅是取金羊毛，而且是成人的必经之路，半人半马证明了文明和野蛮这两个支柱合体的形态，通过长距离航行，最终缺点被克服，成为真正的英雄；f. 获得金羊毛要先播下蛇牙，播种之前要用喷火之牛犁地，蛇为 Kadmos 建立底比斯（Thebes）时所杀；g. 金羊毛由巨蛇把守，Medea 用一个毒苹果诱惑巨蛇，将其毒死；h. 找到金羊毛后的回程，是漫长痛苦的奥德赛。①

因此，马林诺夫斯基在描述南岛区域的波利尼西亚群岛时，把那些库拉圈的礼物（以及礼物之灵）流动称为超越贸易和现世功利动机的贸易行为，更像是马林诺夫斯基在西太平洋看到了一个古希腊阿格诺特式的寻找金羊毛权力的结构和活着的叙事。

这个有关阿格诺特的描述关涉南岛大航海的关键区域波利尼西亚，因此也和南海区域的历史生成和元叙事产生了关联。

三、南海现实政治叙事的困境

长期以来，南中国海区域缺少富有探索、探险、知识增长意义的科学系统考察；对于这一地区地理、生物、地质、宗教、神话、人类学等方面的知识空缺，鲜有真正的求知欲；即使已经开展了资源开发和利用，仍然是使用较为粗陋的、攫取性的开发模式。

我曾经在 2014 年的自然力研究院"文化原生地和极地自然文化遗产"项目中，对挪威奥斯陆等地进行了考察和走访，也因此从斯堪的纳维亚国家的历史和极地生态史当中看到了值得南中国海借鉴的经验。

与南中国海研究、探险、互动交往的破碎性、断裂和实用主义不同，北欧国家对极地地带的好奇心和求知欲一直亢奋，并形成了人类历史上对这个未知地的多次大型探险，从十九世纪一直持续到现在，挪威的探险家和科学家，最初从因纽特人身上学习极地生活技巧，然后用非常简陋的方式，开始对极地进行探险，并持续使用古典探险船、热气球、飞艇、飞机、极地航船等最新技术成果持续探索这一占据地球 15％面积的区域。

在挪威的奥斯陆，当地人已经把 1893—1896 年的挪威极地探险神话，理解为维京人后代持续探索未知世界的承续，那个著名的探险号 FRAM 也被完整开进一个建筑里，成为一个"船舶木乃伊"，它不断被强化为北欧人知识探究的源动力显现。

在《北方之极：远见探索者的史诗之旅》（*Farthest North: The Epic Adventure of a Visionary Explorer*）②一书中，记载了当事人南森（Fridtjof Nansen）的精细描述，记述了北欧人——具体来说是挪威人——开创的北极元叙事，一场持续三年的北极远征，启动了北极的时间机器。在这部书中，同时也在 FRAM 博物馆里，知识是一种圣物，探险和记述是超凡入圣的方式，也是生产族群元叙事的重要方式。

据不完全统计，这一地区的多国科考，已经为地球生成史、气候变迁、冰川发育、地质科学、极地生物学、极地民族学、萨满教、海洋学、大气洋流学、航运学、分子生物学、海洋生物学、制图学、考古学等多种学科提供了最为前沿的研究资料。

亚洲也有许多类似的极限地区，例如海沟、地陷、地球板块构造带、古地震遗址、巨型冰川发

---

① Richard Buxton, *The Complete World of Greek Mythology*, Thames & Hudson, 2004, pp. 108 - 114.

② Fridtjof Nansen, *Farthest North: The Epic Adventure of a Visionary Explorer*, Harper & Brothers, 1897. Reprinted by Skyhorse Publishing Inc., 2008.

育地、国际河流源头地、岛屿热带雨林、宗教发生学原生地等，但是围绕这些共同环境和精神遗产，亚洲国家鲜有长期性和建设性的合作，较少从知识增长的意义上去竞争、冒险、探险，而总是因为石油、矿藏、天然气、物流航路等利益大动干戈。

南中国海地区曾经出现的航海人物——郑和，虽然进行了跨洲远距离航行，但他及其团队的地理发现并没有产生认识世界的革命性影响。这些跨文明的航行(郑和基本上航行的是“南岛大迁徙/航行”的西段)，虽然其沿线有关郑和的历史遗迹和传说很多，但是没有形成这一区域跨族群的心理认同。

晚近时期有关南中国海海权的重要人物是美国人阿尔弗莱德·马翰，他最早提出海权(Sea Power)的概念，马翰式的海洋地图学、政治治理架构、经济主导海军协同模式似乎才是南中国海治理的现实模式。①

而在北欧极地区域，由于美国、俄罗斯、挪威、丹麦、瑞典、英国、加拿大等国对这一区域持续的研究和探险，客观上形成了一个区域的知识共同体和极地知识探险社区。在知识贡献意义上，每个国家都有其独特之处，而这种围绕一个区域，在经济开发之前的长期智力投入是欧美社会的“高明”之处——这是我所定义的同感型认知共同体(Consensual Epistemic Community)。

极地国家形成了极地委员会这一较为有效的治理架构，成立于1996年的委员会包括加拿大、丹麦、芬兰、冰岛、挪威、俄罗斯、瑞典、美国这些环极地国家，同时还吸收了6个少数民族团体作为永久性参与者。2010年，挪威和俄罗斯还在海洋法(Law of Sea)的圭臬之下，解决了巴伦支海的划界问题。

在挪威，各种有关极地探险的博物馆、海洋馆、文化馆、民俗馆林立，这些博物馆的知识架构既是结果也是一种开始，它在总结的同时昭示着作为一种区域、族群、文化、文明的共同性区域(Regional Commons)，其最重要的价值在于精神意义、知识增长、跨文明认知，经济利益和开发虽然重要，但不应该以此为鹄的。

四、日本的殖民式航海探险

当我在挪威考察的时候，在挪威的极地航海博物馆里看到了日本的一本极地考察书，名为《南极记》，②英文译作 *The Japanese South Polar Expedition 1910 - 1912: A Record of Antarctica*。这本书记载了1910年日本的白濑矗乘坐“开南丸”以亚洲第一人身份对南极进行探险，并得到日军陆军大将乃木希典的祝贺嘉奖。这次南极远征是日本当时的远航梦，这些参与探险的日本人被当时的日本媒体称为“快男儿”，在出发时大批日本民众前往送行并高呼万岁。

在这本书的前言当中，作者不仅介绍了日本的南极“壮举”，还对日本的北部海洋进行了描述，尤其是在千岛群岛和库页岛问题上与俄国的多次遭遇，并把阿依努人(Ainu)视为这些群岛

① 参见拙著《东方的消失和马航现象学》(上海社会科学院出版社2015年)。

② 我在另一本书中详细论述了作为一种海上权力的知识生产模式和观念形制，具体可见《出中国记——乘桴崛起》，上海社会科学院出版社2015年。

的原住民，在南极探险的过程中，阿依努人也被邀请成为探险队员。

我于2012年对日本北海道进行了考察，相比较北欧国家，北海道地区已经出现了北欧化的相似文化形貌：传统渔业区、历史文化遗产展示、海洋和温泉旅游、以北海道大学为核心的极地研究、日本"极北"的军事战略部署等。日本的北海道大学已经在极地大气、海洋与气候变化、海洋酸化、海洋生物学、极地冰盖学、地形学、地质学、极地动物学、冰冻圈(Cryosphere)、北海航线、资源发展、极地社会学、土著文化人类学等领域进行了系统研究。

与北极和南极有关的研究除了上述学科之外，还有大量的研究与免疫学、流行病学、病毒学有关，因为极地已经不是一个浪漫的远方，而已经是一个被高度污染的风险区域，生活在这个区域的因纽特人的身体农药六氯苯(Hexachlorobenzene)含量比加拿大温暖区域的居民要高70倍，由于食用被污染的海产品，当地人的婴儿基本上从小就在摄入农药。该区域的二噁英(Dioxin)和多氯联苯(PCBS)、氯化有机农药(OCPS)已经严重超标，通过焚烧、排放进入水体、大气环流等方式，这些因为金属化工、造纸、垃圾焚烧等排放出的重污染已经在极地聚集。①

在日本，阿依努人守卫着日本最北部的海岛和海域(即北海道)，旧称Ezo(虾夷)，同时也为日本在南极的开疆破土立下"功勋"——在这本书中，日本人将南极的大片冰盖命名为"大和雪原"，并同时提出鲸湾、大隈湾、开南湾、大冰堤等日式命名。虽然被日本人自己描述成人类勇敢征服荒野的壮举，但是它实际的目的是为日本"扩张帝国"做好知识储备。

在海洋和极地问题上，日本存在一个"双重殖民"：对土著的殖民和对外域文化的殖民。在阿依努人聚居的区域，早在二十世纪五十年代就因为过度捕捞，当地的鲱鱼近乎绝迹，同时，商业性的林场种植造成了原生林的破坏，这进一步造成了当地物种黑熊的灭绝。总体来说，北海道区域的日本内部殖民发生了三次污染浪潮：第一次为1880—1900年，当时的铜矿开采造成大量污染物进入土壤和水体，日本当时的发展方式是完全西方式的军事主义、帝国主义和殖民主义模式；第二次污染发生在1910—1920年，表现为水体严重污染，原因也是工业化浪潮；第三次是1960年代，当时重金属镉造成流行病大爆发，通常被称为"痛痛病"(itai-itai)。②

值得注意的是，日本的南极探险，虽然是"向南"，但是在当时这本书所附地图中被描述成"向北"的旅行：从濠洲出发，箭头向上穿过新西兰陆地边缘，进入南太平洋、南冰洋，进而深入南极圈，在"大和雪原"沿线辗转行进之后，箭头向下，贴着170°东经线"下行"，穿越库克海峡返回。

此次的"开南"，日本记述了南极的动物标本搜集情况、大气信息、岩石地质，做出了极寒区域的装备报告、雪橇狗研究报告、开南丸的特殊破冰设计报告等。与南岛大航行中缅甸小鼠的证据相似，日本的"开南"探险通过解剖南极企鹅，分析其胃液中的矿石成分，来分析企鹅胃液记录的"南极宇宙"和地理格局。与这种海洋动物有关的海洋殖民，还在日本的捕鲸和海豚湾事件上形成回响。

---

① 参见网上文献：http：//www.ratical.org/ratville/TrashingArctic.html。

② Patrick Hein, *How the Japanese Became Foreign to Themselves: The Impact of Globalization on Japan's Public Policies*, Edwin Mellen Press, 2008, pp. 157 - 160.

五、中国需要的海洋权力观念转型：海洋和人作为一种开放型政体

从建构主义角度来说，什么是我理解的海洋性权力，可以用人类学观点来展开：人类学的基础研究是亲属关系，研究亲属关系才能理解为什么中国人或者任何一个群体会基于其生活半径去发展他们的远近亲疏关系，这就是费孝通的水滴涟漪同心圆隐喻。中国人按照基于地权的居住以及亲属关系的血亲关系来维护共同利益，这容易把传统权力理解为跟土地有关的单一型权力。

但是在海洋时代，我觉得可以有另外一种看法，或许可以造一个词 aquaship，相对于 kinship，就是基于水的信仰和亲属关系。我们在很小的时候学自然课，提到中国水系发自山川，经过地表径流、地下径流流到海洋，海水蒸腾，降雨，水再回到陆地，这是一种新的水亲属关系。所以如果把权力也放到这个场景里，以保护每个已经流出中国土地界域的人，其实就是在保护疆土。比如说，把每一个移动出中国的中国人当作一滴水和一个土地的占有者去保护他们，在保护每个中国人时，我们也在捍卫中国权力的海洋。

美国国父说的话某种程度上反映了这个意思，美国的《独立宣言》说道：We hold this truth to be self evident，that all men are created equal(我们认为这是一个自明之理，每个人都是平等的)。这就意味着任何侵犯美国人的行为将被视为侵犯美国人的领土和主权，也就是说，这些国家创立人是把每个具体的美国人当作一个“历史之岛”，或是历史权力的“水滴”。中国人毫无疑问更应该如此。

整个东南亚本来就是中国文化的三角洲。中国人从很早就开始去海外做生意，最终选择在那里生，在那里死。中国人已经渗透到整个世界的肌理中，这也是一种看法，可以把它看成是中国的侨民和海外华人世界，我们按照土地型亲属关系来看，他们的背井离乡使得他们成为我们的远亲，回来只是在祭祖，所以按照土地型亲属关系去管理他们就出现了侨办这类机构。如果把移动出中国的人当作每一个保存中国元素的文化性的水滴，他们就是以另外一种方式，实现了一个海上中国，所以我们要用海洋性亲属关系来理解这个庞大人群。

我在缅甸和越南的时候看到海外华人的宗庙宗祠的时候是特别震撼的，我在中国很多地方也没有看到过那么完整的祭祀系统。在缅甸的一个特别破旧的华人街区里，我路过的时候看到有一面墙，整面墙堆满了灵牌，一直堆到墙顶，似乎是一个宗族的灵牌全部在那儿。但是那个场所又是卖塑料盆的，也就是说这个墙没有被拆掉，在固定的宗庙祭祀场所当地人还会在那儿进行活动，但是整个空间已经被当作商业场所使用了——卖塑料盆、卫生纸。我们或许会发现缅甸华人之间的矛盾有时比国与国的矛盾还要严重，这就是为什么从国内的角度去看海外华人的时候，发现他们不能“粘连”，因为他们是基于血缘和土地型亲属关系来发展他们的宗族关系，所以一个宗派和另外一个宗派可能会打起来，不会按照“中国”和“中国人”的概念来凝聚。更重要的是，当他们在排华事件中遭受灭顶之灾时，中国本土的权力不足以保护他们，这也是调查期间这些报告人时常提到的事情。我在缅甸和马来西亚做调查的时候，尤其在马来西亚就多次碰到这样的报告人，一位八十多岁的老人，他连续问我几个问题，问得我哑口无言，他提到很多对中

国有重大贡献的海外华人，我根本不知道这些人。他问我：当我们说抗日救国的时候，你说我们救的是什么国？不是救马来西亚，是救中国！在当时他们压根儿没有把他们生活的“当地”当作“他们的国”。所以马来西亚另外一个华人领袖林连玉把他们生活在马来西亚说成是“作客滞南洲”，他把自己的宗族和祖国理解成中国。但事实上，这些人又作为一个创立新马来西亚的族群建构了马来西亚——与马来人、印度族裔一道。也就是说，从中国视角我们一方面强调自己对东南亚或“南岛文化圈”的早期启蒙地位，但是又经常把自己在这一区域的居留当作“放逐”，缺乏植根意识。

因此，如果把每一个出去的中国人当作中国的历史性疆土和历史性水滴，那就是一个水流形态的权力，那才是真正的新型海洋权力，也就是要积极捍卫所有中国人的合法权益和历史记忆。对任何一个中国人的轻慢和侮辱、对于中国历史书写的涂抹和遮蔽，都可以视为一种“攻击”。

亚洲的海洋时代历史生成和现实秩序重塑，需要回归到一种开放性政体（Open Regime），就像人本来就是一个开放的政体一样，我们必须同时捍卫族类、非族类、人类、非人类的关联，并保证它的开放性。解决海洋问题，开始中国人知识生产的海洋世纪是一个漫长的努力，而作为开始，我们要开始勾连古希腊神话、南岛航海叙述、极地治理、海洋权力之间的知识通道和阐释进路，仰观其始，方能俯察其所终。

海洋时代我们应该有这样的地理观：海洋的海水是一个融释型的界域，你中有我，我中有你，无我即无你。在这种观念之下，看到一个新的中国（Chinesia）、新的亚洲（ASEA）和新的世界（Sea Jie or Seapia），若要让古希腊人也看得懂，那便是：θάλασσα（*thalassa*，海洋之意）τόπος（*topia*，*place* 之意）。

Northern Gaze in the South: Reconsidering an Oceanic Politics in the Age of South China Sea Cauldron

Zhou Lei

Abstract: This paper is aimed at proposing a new mechanism to better solve the transregional problems of South China sea dispute on the basis of comparison in oceanic governance situation and related knowledge production among Oslo of Norway, Hokkaido of Japan and surrounding countries of China, Vietnam, for example. In addition, this paper tries to analyse different geopolitics and ocean politics styles of various ocean areas, cultural and social structure details in particular, and status quo of ethnic politics forming history partly discussed. Thus, this paper attempts to show its aims by presenting culture, dissemination and ethnography facts.

Keywords: South China Sea, Oslo, Hokkaido, Antarctica, Polar governance, Austronesia, Oceanic politics

海洋史研究的佳作

——评《死亡之海：航海时代大西洋的渔业》

万　澍*

在二十世纪末以来的西方史学编纂中，海洋史是一个快速发展且朝气蓬勃的研究领域。其中，美国史学最高奖——班克罗夫特奖的 2013 年获奖作品，新罕布什尔大学历史系教授杰弗里·博尔斯特(W. Jeffrey Bolster)所撰写的《死亡之海：航海时代大西洋的渔业》，则是其中的佳作。

二十世纪的西方史学史，并不乏研究海洋的名著佳作，例如年鉴学派第二代领导者布罗代尔的《菲利普二世时代的地中海和地中海世界》。他所主张的“长时段”理论，将地质时间水平的海陆变迁视为历史变化的基础和核心。但是，在布罗代尔的笔下，居于历史深层的海洋变迁与历史表层的人类活动如何具体互动，并未得到应有的重视。人类和海洋仿佛在同一时间、同一舞台上表演的两出独立剧目，互相少有干涉。传统海洋史的特点及其局限就在于，海洋始终不是研究的核心对象。虽名为海洋史，实际重心仍在陆地。与之不同，《死亡之海》则以海洋本身为主题，并视之为“历史舞台上的一个演员”①。

根据美国海洋史学者约翰·哈滕多夫(John B. Hattendorf)的观点，“在二十世纪八十年代，美国的海洋史研究几近灭绝”②。自二十世纪九十年代以来，新海洋史在学界逐步兴起，其核心主张就是将海洋置于海洋史研究的中心。与陆地一样，海洋也是人类活动的重要舞台。陆地史和海洋史之间的关系，并非依附，而是平行。

以时间为例，在传统研究中，海洋史的叙事往往附属于陆地。以政治史为本的时间框架，无论是王朝兴替抑或现代化的谱系，也运用于海洋。但是在阅读《死亡之海》时，我们不难发现，海洋史有着自己的时间结构，而且能够修正我们传统基于陆地的认识。此书的空间范围，是以北大西洋及其沿岸的北美新英格兰地区为中心，因此我们可以大致将其纳入美国史的范畴。但在此书的叙事中，“美国革命”、“内战和重建”等美国史叙事的核心事件和“断代”范畴，在这片海洋

---

* 作者简介：万澍，美国爱荷华大学(University of Iowa)历史系博士生。

① W. Jeffrey Bolster, *The Mortal Sea: Fishing the Atlantic in the Age of Sail*, Cambridge: Belknap Press, 2012, p. 3.

② John B. Hattendorf, “Maritime History Today,” *Perspectives on History*, Feb. 2012, available on https://www.historians.org/publications-and-directories/perspectives-on-history/february-2012/maritime-history-today, 2015 年 11 月 20 日下载。

的历史演变中影响很小。海洋,有着自己的历史演进路径。其中,人类、技术与海洋自然环境的互动,构成了《死亡之海》叙事的核心因素。综合全书内容,我们大致可以总结出由四部曲所构成的时间脉络:中世纪维京人的早期探索、十七到十八世纪西欧渔民大量涌入这片"丰饶之海"、十九世纪渔业技术和捕捞规模迅速发展所导致的鱼类枯竭,以及十九世纪末美国政府开始加强对海洋资源的控制。显然,渔业资源,或者更加广义上的生态平衡的逐步打破,构成了这部海洋史的主线。

《死亡之海》从海洋史的角度出发,修正了我们对于近代北美历史的理解。具体而言,杰弗里·博尔斯特至少有以下三方面的贡献。

第一,将西欧人探索北美的历史,追溯至中世纪维京人的活动。在传统观点中,哥伦布等"大航海时代"的航海者被认为是最早到达或曰"发现"新大陆的欧洲人。在环境史的先驱克罗斯比的笔下,"哥伦布大交换"则具有沟通新旧大陆之间的物种和生态系统的巨大作用。但是,博尔斯特在其书的第一章,通过对于航海和渔业史料的梳理发现:其实早在中世纪时期,北欧的维京人曾经在寻找和追赶鱼群的过程中到达过新大陆,只不过,他们并未在北美定居并加以开发。我们可以简单地对比一下哥伦布与维京人发现"新大陆",笔者称之为"陆基"和"海基"的两种叙事。哥伦布的航海行为,是建立在近代早期西方王朝国家追求东方财富和贸易机会的基础上,换言之,它发端于陆上政权的决策。维京人的远航,发端于海洋活动,则是长期生活在海上的渔民在追逐渔业资源中的偶然发现。①

第二,将北大西洋渔业资源的枯竭问题提升到了人与自然关系的高度上。正如《新英格兰季刊》(*New England Quarterly*)发表的一篇书评所言,传统观点多将十九世纪末北大西洋的渔业问题恶化,归咎于渔业经济的资本化。②《死亡之海》则丰富了对其背后原因的探讨。在十八和十九世纪的西欧和北美,无论学界或普通人,都将北大西洋视为一片"无限、莫测、难静且野性"的海洋。③ 在征服这片海域并攫取"无限"的渔业资源的过程中,渔民、科学家与渔业企业一道,共同参与了过度开发并导致资源枯竭。在某种意义上,他们一起代表了时人对于海洋的普遍态度,这才是资源枯竭的根源所在。在博尔斯特的笔下,渔业资源问题,并非简单的经济问题,而是更深层次的环境观念问题。

第三,海洋是美国环保意识的兴起之地。在传统的美国环境史叙事中,环保意识和活动的兴起往往和"进步运动"中的环保活动相联系。但是,《死亡之海》从海洋史的角度出发,修正了这种观点。在以陆地为中心的环境史叙事中,发端于海洋的环保运动难免居于视域之外。在本书中,博尔斯特则揭示了:早在十九世纪后半叶,美国生物和生态学家早已注意到了北大西洋的资源枯竭问题,并呼吁限制渔业活动。④

在研究方法和材料层面,笔者以为《死亡之海》一书,至少有以下三方面的贡献。

第一,打破了科技史和海洋史之间的界限。在传统的海洋史书写中,人类的科学技术发展如何影响海洋,这一问题长期受到忽视。不过正如美国学者卡伦·魏根(Karen Wigen)所指出的,在

---

① W. Jeffrey Bolster, *The Mortal Sea: Fishing the Atlantic in the Age of Sail*, p. 119.

② J. R. McNeill, "Review: The Mortal Sea: Fishing the Atlantic in the Age of Sail," by W. Jeffrey Bolster, *New England Quarterly*, Cambridge: Belknap, 2012, p. 515.

③ W. Jeffrey Bolster, *The Mortal Sea: Fishing the Atlantic in the Age of Sail*, p. 119.

④ W. Jeffrey Bolster, *The Mortal Sea: Fishing the Atlantic in the Age of Sail*, chapter 5.

最近的海洋史研究中，跨学科研究是一个重要趋势。① 博尔斯特就试图将科技史的研究角度引入海洋史研究之中。在《死亡之海》中，关于渔业、造船和航海技术的发展及其影响的论述，占据了大量篇幅。例如在十九世纪，鲭鱼夹具（Mackerel Jig）和围网（Purse Seine）、内燃机渔船等先进技术的使用与普及，在推动渔业发展并降低渔民风险的同时，也加速了水产资源的枯竭。

在书中，博尔斯特试图引导我们反思科学"进步"的辩证性。从人类自身的角度看，技术进步让我们成为海洋的主人，"死亡之海"成了"安全之海"。在现代化的渔船面前，北大西洋的风浪暗礁不再是致命威胁。但是，对于海洋以及生活其中的水族而言，技术进步却是一场灾难。因此，从环境史的角度反观科技史，我们不难发现无论是传统的线性进化解释或库恩的"范式"理论，都似乎过于乐观，忽视了科技发展所可能带来的负面作用。

第二，将海洋史放归全球史。在"二战"后的西方历史编纂中，打破传统民族国家的地理界限是一个显著趋势。无论是以杰里·本特利和威廉·麦克尼尔领导的全球史（World History）还是入江昭和托马斯·本德领导的"国际史和跨国史"（International and Transnational History）运动，都在试图将专业历史书写放归人类历史的广阔天地。在这一新趋势中，逐步加速的全球化进程，构成了人类历史的主线。

在传统的海洋史研究中，"地方和民族国家的历史得到持续关注"的视角局限长期未被克服。②《死亡之海》则从全球史的角度，重新阐释了北大西洋的历史。按照博尔斯特所写，西欧渔民传统的捕鱼区域是地中海及北海，但是在近代早期，由于海洋资源的枯竭，渔民将目光转向了北大西洋的北美一侧。在十八世纪西欧人的心目中，那里的渔业资源无穷无尽。正是在渔业利益的驱动下，西欧渔民和资本大步向西北大西洋地区拓展。"在 1800 年之前，西北大西洋开始融入了欧洲诸海之中。"③与此同时，同在北大西洋西侧的加拿大，也在《死亡之海》的叙事中占据着重要的篇幅。西欧和北美殖民地，以及后来的美加两国，共同在书中扮演了重要角色。不可否认，相较于"陆地史"，海洋史天生具有全球性。正如葡萄牙学者阿米莉娅·波隆（Amelia Polon）所言，"就其最广义而言，海洋史具有'整体史'意义上的全球性"④。海洋的这种"全球性"，在博尔斯特笔下体现得淋漓尽致。

第三，在史料方面，大量地参考了文学材料。一般说来，小说等"虚构性"史料在社会史和文化史中运用较为广泛。相较之下，在更为强调科学性的环境史中，这种史料的应用似乎较少。但是，海洋史研究的史料相对匮乏的情形，迫使学者必须扩展史料范围。《死亡之海》的做法，提示海洋史学者，在研究中应当打破视野局限，从跨学科资源中搜寻证据。由于海洋史研究的特殊性，它的史料自然不同于以陆地为中心的历史书写。笔者浅见，除了历史上各种以海洋为主题的文学作品之外，渔民、海员等长期生活在海上的群体的口述史料、海洋考古的研究成果以及水文、气象方面的各种科技资料等"特殊"材料都应为海洋史学者所重视。

总而言之，《死亡之海》作为一部海洋史研究的佳作，值得向国内同仁引介。

---

① Karen Wigen, "Ocean of History: Introduction," *American Historical Reviews*, Vol. 111, No. 3, 2006, p. 717.

② Lewis R. Fischer, "Are We in Danger of Being left with Our Journals and Not Much Else: The Future of Maritime History?" *The Mariner's Mirror*, May 2013, p. 370.

③ W. Jeffrey Bolster, *The Mortal Sea: Fishing the Atlantic in the Age of Sail*, p. 87.

④ Maria Fusaro and Amelia Polonia eds., *Maritime History as Global History*, St. John's: International Maritime Economic History Association, p. 279.

“碧海明珠——上海城市与海洋文明”学术研讨会综述

陈 斌*

2015年11月21日，上海师范大学人文与传播学院在上海师范大学举办了首届“碧海明珠——上海城市与海洋文明”学术研讨会。来自复旦大学、上海社科院、上海师范大学、上海交通大学、上海海洋大学等高校和科研机构的专家学者出席了会议。会议共收到论文13篇。

上海这座城市的海洋文明色彩十分浓郁，从地理上看，上海具有位于中国南北之中、江海之汇的有利地位，因此其作用才能充分发挥，内贸、外贸可以同时得到很好的发展。上海城市的发展，海洋因素不可小觑，无论是地理上上海的成陆还是之后对上海发展产生深刻影响的口岸开放，这些上海历史上的大事都与海洋息息相关。上海史的研究取得了令人瞩目的成果，但是却很少从海洋文明切入，还缺少一个海洋视角。

上海市历史学会副会长、上海师范大学人文与传播学院院长苏智良教授主持会议开幕式，复旦大学历史学系戴鞍钢教授、冯贤亮教授，复旦大学历史地理研究中心张晓虹教授，上海外国语大学马克思主义学院于新娟教授，上海社会科学院历史研究所副研究员江文君，上海海洋大学经济管理学院陈晔博士，上海交通大学历史系丁雁南博士等分别作了精彩报告，围绕“上海与海洋文明”这一主题，在海洋与上海城市近代化、海洋与上海商业发展以及民间信仰等领域展开了热烈而卓有成效的讨论。

本次会议主要从三个方面展开。第一，海洋与上海城市近代化及其影响。上海的近代化与海洋关系密切。无论是开埠以前的丝绵贸易还是开埠之后西方文明的进入，都和海洋有关。冯贤亮在其《上海繁华：民国江南城镇的社会变化与人生追求》一文中指出自晚清以来，由于上海成为全国第一商埠和外国文化的重要输入地，所以上海的发展程度远超江南地区的其他城市，上海的生活方式和经济发展对江南其他城乡民众生活产生了重大影响，上海成了周边城市民众所向往的中心城市。江文君《东方明珠：海洋中国与近代上海城市发展》一文认为上海作为“海洋中国”的代表接受西方文明的浸染，上海的工业是在国外资本的带动下而产生发展，由此带动一系列现代产业部门进入早期工业化时代。丁雁南《都市社会性的复兴：上海的社交俱乐部》以在上海的社交俱乐部为中心，通过对上海社交俱乐部的分析，探讨在华外国人在上海的社交活动，对上海的都市性、社会性进行了深入研究，视角独特，同时，也从这一角度分析了外国人租

---

* 作者简介：陈斌，上海师范大学人文与传播学院硕士生。

界活动对上海社会生活的影响。上海城市的近代化受到各种思潮的影响，特别是很多来自大洋彼岸的学说，对上海的发展有一定影响。张晓虹《新村的命运：1950年前上海新村的发展及其时空分布》一文指出新村的理论来源主要是日本的新村运动。文中梳理了十九世纪二十至五十年代这三十年间新村在上海的发展脉络，从上海城市工人新村这一集体居住形式的分布情况入手，阐释了上海近代城市空间建构中的历史文化渊源。陈熙《近代上海的人口集聚与城市化》着力研究了近代化背景下上海人口的变化，指出上海近代化的发展是由人口从农村向城市的集聚这一过程推动的。上海开埠后，近代资本主义工商业的发展为沿海口岸城市注入活力，吸引外地人口和农村人口进入城市，从而促进了城市的进一步发展。方书生《近代上海经济转型的路径：基于社会再生产的视角》一文着眼于近代上海经济转型的路径，对上海经济史上第一次瞩目的经济转型作了详细的解释和分析。作者认为，上海的经济转型是一种质变，具有相对清晰的逻辑和轨迹，即从一个传统的手工业、商业经济，逐渐转向现代工商业经济，这是近代中国唯一的一例。

第二，海洋因素与上海商业发展。上海是一座典型的以港兴市的城市，地处长江三角洲东缘，太平洋西岸，也是我国南北海岸的中心。优良的地理环境使得上海在商业贸易发展中具有得天独厚的地利优势。无论是在开埠前还是开埠后，上海始终作为周边地区的贸易枢纽，联动着周边经济发展。戴鞍钢《近代上海与浙东海运往来》一文，通过对上海与浙东沿海航线的研究，指出开埠后的上海成为进出口贸易的中心所在。上海在对外贸易中是浙江及江南市镇的贸易枢纽。李玉铭《交通通讯工具的变革与近代上海远洋航运》指出，1869年苏伊士运河的通航以及1871年欧亚海底电缆的铺设，使上海的远洋航运业产生了深刻的变革。远洋航运的运输方式、运输主体以及贸易方式发生了彻底的改变。轮船成了远洋航运的主角；新式轮船公司的出现，也加速了中西贸易发展。海洋因素在刺激上海商业发展的同时，也带来了挑战。于新娟《挑战与机遇：国际化背景下的上海棉商研究》一文指出了近代中国对外开放后，国际市场的运销法则给中国传统产业和商业贸易带来了前所未有的冲击，挑战与机遇并存。由于外国棉商的竞争，华棉的运营十分被动，但另一方面在国际贸易的示范和刺激下，棉业市场在多个领域率先与国际接轨，从而促进了上海棉业的更大发展。

第三，海洋文化与民间信仰。当人类活动与海洋产生交集，这一过程中海洋文化就萌发了。海洋文化，是指人跟海洋发生关系后形成的生产方式和生活方式，以及在此基础上再形成的一些习惯、规范、意识、思想、理论和信仰。正因为我们对海洋的利用或者与海洋打交道的方式不同，所以才产生了不同的海洋文化。因此海洋文化的内涵和外延相当广泛。妈祖信仰是海洋文化的重要内容，沿海渔民视妈祖为海洋保护神。妈祖又称天后。农历三月二十三，为天后诞辰。上海因通海通商的缘故，崇祀天后，以祈求天后神佑，闽粤客商无不殚其财力以奉神，搭灯棚，邀戏班，“灯彩辉煌，笙歌喧沸”①。上海很早就设有天后庙宇，自宋元开拓海运以来，对天后庙的奉祀十分虔诚。尤其是清乾隆、嘉庆、道光上海海运称盛时期，天后宫经几次修葺重建，庙宇巍焕，规制宏大。民间船商敬奉异常，地方官府也每岁崇祀。随着上海逐渐成为南北海运中心后，有着护海神力的天后便拥有了更崇高的地位，获得人们虔诚的祈祷。太仓刘家港是元明时期重要的漕运和贸易港口，郑和下西洋从刘家港起航前，必先在此进香祈求妈祖护航。同时太仓刘家

① 马学强：《上海通史》第2卷，上海人民出版社1999年，第221页。

港天妃宫也成了妈祖信仰北传的一个标志。梁志平《江苏太仓刘家港天妃宫创建时间与迁建原因考》一文考证了明代江苏太仓刘家港天妃宫的具体地址及其迁建时间及其原因，指出刘家港天妃宫的始建时间是元至元二十八年(1291)，并对刘家港天妃宫的三次迁址作了具体说明。陈云霞《1937—1948年间上海城市民间信仰传播和分异研究》一文指出了抗日战争爆发后上海城市内部各区域间民间信仰的空间分布格局。文中认为战争爆发后，受破坏严重的省份移民进入上海，将各地的民间信仰带进上海，从而促进了新的民间信仰种类向上海城市的传播，并分析了1937—1948年间，政策、社会环境、移民对上海城市民间信仰在区域空间分布上的差异，透过民间信仰这一重要文化形式，探讨上海城市文化的形成过程。

除以上三个方面的探讨外，还有从历史地理角度梳理上海与海洋之间的密切关系。吴俊范《海塘庇护与海疆地区的聚落兴起：以今上海浦东为例》一文通过GIS方法获得里护塘、钦公塘修筑前后的聚落分布情况，指出了上海浦东地区海塘的修筑促使人类活动和聚落扩展进入活跃期，表现出以人们越出海塘开发滩涂或煮盐为引领、聚落扩展速度与规模加快、人口流动活跃，具有显著的区域发展活力。

陈晔《因海而生、依海而兴、人海相依：上海与海洋的不解之缘》一文详细论述了上海与海洋的关系。从古代上海以渔业而兴和近代上海因口岸开放而繁荣，到当代如何发展海洋经济以及国家海洋强国战略的展望，进行了深入的探讨。

本次研讨会就上海与海洋文明这一话题展开了宏富的论述，对开展和深化上海海洋文明的研究产生了较大作用，对开拓上海与海洋文明史的研究有重要引导作用，为进一步研究上海海洋文明的发生与发展、如何构建上海海洋文明史叙事方法等作了一定的学术铺垫。与会人员一致呼吁应加强类似交流，将上海与海洋文明的研究不断深入下去。

图书在版编目(CIP)数据

海洋文明研究. 第一辑 / 苏智良主编. —上海：中西书局，2016.8
ISBN 978-7-5475-1132-9

Ⅰ.①海… Ⅱ.①苏… Ⅲ.①海洋—文化史—研究—中国 Ⅳ.①P7-092

中国版本图书馆CIP数据核字(2016)第173429号

海洋文明研究(第一辑)

苏智良 主编　薛理禹 执行主编

责任编辑 邓益明
装帧设计 黄 骏
出　　版 上海世纪出版集团
中西書局(www.zxpress.com.cn)
地　　址 上海市打浦路443号荣科大厦17F(200023)
发　　行 上海世纪出版股份有限公司发行中心
经　　销 各地新华书店
印　　刷 上海天地海设计印刷有限公司
开　　本 787×1092毫米 1/16
印　　张 13.5
版　　次 2016年8月第1版 2016年8月第1次印刷
书　　号 ISBN 978-7-5475-1132-9/P·003
定　　价 48.00元